普通高等教育"十二五"规划教材

大学计算机基础

冯战申　姬朝阳　主编

电子工业出版社
Publishing House of Electronics Industry
北京·BEIJING

内容简介

本教材按照教育部高等学校计算机基础教学指导委员会编写的《高等学校大学计算机教学要求》,依据大学生对计算机知识的实际需要而精心策划并编写。全书共分 9 章,第 1 章介绍计算机的基础知识;第 2 章介绍操作系统基础知识及其应用;第 3 章介绍文字处理软件 Word 2010 的使用;第 4 章介绍电子表格处理软件 Excel 2010 的使用;第 5 章演示文稿制作软件 PowerPoint 2010 的使用;第 6 章介绍数据库系统基础知识及 Access 2010 的基本操作;第 7 章介绍计算机网络基础知识、Internet 的应用及计算机信息安全基础;第 8 章介绍常用的工具软件;第 9 章介绍软件技术基础知识。

本书既适合作为各类高等院校计算机文化基础课程教材,也可作为各类计算机培训班和计算机一级等级考试教材。

未经许可,不得以任何方式复制或抄袭本书之部分或全部内容。
版权所有,侵权必究。

图书在版编目(CIP)数据

大学计算机基础 / 冯战申,姬朝阳主编. —北京:电子工业出版社,2015.7
ISBN 978-7-121-26306-4

Ⅰ. ①大… Ⅱ. ①冯… ②姬… Ⅲ. ①电子计算机—高等学校—教材 Ⅳ. ①TP3

中国版本图书馆 CIP 数据核字(2015)第 127821 号

策划编辑:袁 玺
责任编辑:袁 玺   特约编辑:刘宪兰
印　　刷:三河市鑫金马印装有限公司
装　　订:三河市鑫金马印装有限公司
出版发行:电子工业出版社
　　　　　北京市海淀区万寿路 173 信箱　邮编　100036
开　　本:787×1 092　1/16　印张:18.5　字数:473.6 千字
版　　次:2015 年 7 月第 1 版
印　　次:2017 年 7 月第 4 次印刷
定　　价:38.50 元

凡所购买电子工业出版社图书有缺损问题,请向购买书店调换。若书店售缺,请与本社发行部联系,联系及邮购电话:(010)88254888,88258888。
质量投诉请发邮件至 zlts@phei.com.cn,盗版侵权举报请发邮件至 dbqq@phei.com.cn。
本书咨询联系方式:dcc@phei.com.cn。

前言

大学计算机基础是面向大学非计算机专业开设的公共必修课程，该课程既要保持与中学信息技术课程的衔接性，又要为后续其他计算机基础课程的学习打下扎实的基础，是大学计算机基础教学的基础和重点。通过本课程的学习，学生应理解计算机的基本原理、技术和方法；了解计算机的新技术和发展趋势；拓宽计算机基础知识面；掌握计算机的基本使用技能，以及网络、数据库等技术的基本知识和应用；理解信息安全方面的基本知识，提高计算机的综合应用能力；通过实践培养创新意识和动手能力，为后继课程的学习夯实基础；培养学生在各自专业领域中应用计算机解决问题的意识和能力。

本教材按照教育部高等学校计算机基础教学指导委员会编写的《高等学校大学计算机教学要求》，依据大学生对计算机知识的实际需要精心策划，定位准确、概念清晰、实例丰富，突出了教材内容的针对性、系统性和实用性，注重学生基本技能、创新能力和综合应用能力的培养，体现出大学计算机基础教育的特点和要求。

全书共分 9 章。第 1 章介绍计算机的基础知识，主要内容包括计算机的发展、特点和应用，计算机系统的组成，计算机的工作原理及性能指标，计算机中信息的表示与存储等。第 2 章介绍操作系统基础知识及其应用，主要内容包括操作系统的概念、功能及分类，Windows 7 的启动与退出，Windows 7 的文件和文件夹操作，系统的设置及附件等。第 3 章介绍文字处理软件 Word 2010 的使用。第 4 章介绍电子表格处理软件 Excel 2010 的使用。第 5 章介绍演示文稿制作软件 PowerPoint 2010 的使用。第 6 章介绍数据库系统基础知识及 Access 2010 的基本操作。第 7 章介绍计算机网络基础知识、Internet 的应用及计算机信息安全基础。第 8 章介绍常用的工具软件，内容主要包括常用工具软件的分类、安装与卸载，常用工具软件的使用方法。第 9 章介绍软件技术基础知识，内容主要包括程序设计、数据结构、算法和软件工程的基础知识。

参加本教材编写的人员有姬朝阳、赵艳杰、黄晓巧、张铃丽、赵纪涛、姚林、白国枝、张燕、谢党恩、于妍，全书由冯战申统稿。在本教材编写过程中，参考了大量的文献资料，在此向这些资料的作者表示衷心的感谢。

由于编者水平有限，时间仓促，书中难免存在不足之处，敬请专家及读者批评指正。

编　者
2015 年 7 月

目录

前言

第1章 计算机基础知识 ……1
1.1 计算机概述 ……1
1.1.1 计算机的产生与发展 ……1
1.1.2 计算机的特点与分类 ……3
1.1.3 计算机的应用 ……4
1.2 计算机系统组成 ……5
1.2.1 冯·诺依曼型计算机体系结构 ……6
1.2.2 计算机硬件系统 ……6
1.2.3 计算机软件系统 ……8
1.2.4 微型计算机系统 ……8
1.3 计算机工作原理及性能指标 ……11
1.3.1 计算机工作原理 ……11
1.3.2 计算机的性能指标 ……12
1.4 计算机中信息的表示与存储 ……13
1.4.1 信息与数据 ……13
1.4.2 数制 ……13
1.4.3 数制的转换 ……15
1.4.4 信息存储单位 ……18
1.4.5 数据在计算机中的表示 ……18

第2章 操作系统 Windows 7 ……21
2.1 操作系统概述 ……21
2.1.1 操作系统的基本概念 ……21
2.1.2 操作系统的功能 ……22
2.1.3 操作系统的分类 ……22
2.2 Windows 7 的基本操作 ……24
2.2.1 Windows 的发展历史 ……24
2.2.2 Windows 7 简介 ……25
2.2.3 Windows 7 的启动 ……26
2.2.4 Windows 7 组成元素 ……26
2.2.5 中文版 Windows 7 的窗口 ……28
2.2.6 使用对话框 ……30
2.2.7 Windows 7 的退出 ……32
2.3 Windows 7 的文件和文件夹操作 ……32
2.3.1 文件和文件夹的概念 ……32
2.3.2 文件和文件夹的操作 ……35
2.4 Windows 7 的设置 ……38
2.4.1 显示属性的设置 ……38
2.4.2 系统设置 ……39
2.4.3 用户管理 ……40
2.4.4 磁盘管理 ……41
2.4.5 打印机安装 ……42
2.5 Windows 7 附件 ……45
2.5.1 写字板和记事本 ……45
2.5.2 画图 ……46
2.5.3 计算器 ……48

第3章 文字处理软件 Word 2010 ……50
3.1 Word 2010 简介 ……50
3.1.1 Word 2010 新增功能 ……50
3.1.2 Word 2010 启动与退出 ……52
3.1.3 Word 2010 的工作界面 ……52
3.2 文档操作 ……54
3.2.1 创建文档 ……54
3.2.2 文本输入 ……56
3.2.3 保存文档 ……58
3.2.4 打开和关闭文档 ……60
3.2.5 文档视图及显示设置 ……61

3.2.6　文档编辑 ………………… 63
　　　3.2.7　打印输出 ………………… 66
　3.3　页面设计 …………………………… 67
　　　3.3.1　页面大小设置 …………… 68
　　　3.3.2　纸张方向设置 …………… 68
　　　3.3.3　页边距设置 ……………… 68
　　　3.3.4　文档分节设置 …………… 68
　　　3.3.5　页码和页眉/页脚设置 … 69
　　　3.3.6　页面背景 ………………… 70
　3.4　文本格式 …………………………… 72
　　　3.4.1　字符格式 ………………… 72
　　　3.4.2　段落格式 ………………… 74
　　　3.4.3　分栏 ……………………… 75
　　　3.4.4　边框与底纹 ……………… 75
　　　3.4.5　项目符号与编号 ………… 76
　　　3.4.6　首字下沉 ………………… 77
　3.5　表格 ………………………………… 77
　　　3.5.1　创建表格 ………………… 77
　　　3.5.2　编辑表格 ………………… 79
　　　3.5.3　表格的格式化 …………… 81
　　　3.5.4　文本的对齐方式及
　　　　　　 环绕 ………………………… 82
　　　3.5.5　表格中的数据处理 ……… 82
　　　3.5.6　表格与文字之间的
　　　　　　 相互转换 …………………… 83
　3.6　图文混排 …………………………… 84
　　　3.6.1　图片 ……………………… 84
　　　3.6.2　艺术字 …………………… 87
　　　3.6.3　绘制图形 ………………… 87
　　　3.6.4　文本框 …………………… 88
　　　3.6.5　插入 SmartArt 图形 …… 89
　　　3.6.6　插入公式 ………………… 90
　　　3.6.7　统计与校对 ……………… 90
　3.7　高级应用 …………………………… 91
　　　3.7.1　样式的创建及使用 ……… 91
　　　3.7.2　超链接 …………………… 92
　　　3.7.3　目录制作 ………………… 93
　　　3.7.4　宏 ………………………… 93
　　　3.7.5　邮件合并 ………………… 94

　习题 3 ……………………………………… 96

第 4 章　电子表格处理软件 Excel 2010 ………………………… 98

　4.1　Excel 2010 的基本知识 …………… 98
　　　4.1.1　Excel 2010 功能 ………… 98
　　　4.1.2　Excel 2010 的启动与
　　　　　　 退出 ………………………… 99
　　　4.1.3　Excel 2010 工作界面 … 100
　　　4.1.4　Excel 组成元素 ………… 102
　4.2　Excel 2010 工作簿的基本
　　　 操作 ………………………………… 103
　　　4.2.1　工作簿的创建 …………… 103
　　　4.2.2　工作簿的打开和关闭 …… 105
　　　4.2.3　工作簿的保存 …………… 106
　　　4.2.4　工作簿的移动和复制 …… 106
　　　4.2.5　工作簿的隐藏与显示 …… 107
　4.3　工作表的编辑和操作 ……………… 108
　　　4.3.1　常见的单元格数据
　　　　　　 类型 ………………………… 108
　　　4.3.2　数据的输入 ……………… 110
　　　4.3.3　数据填充 ………………… 110
　　　4.3.4　选择区域 ………………… 112
　　　4.3.5　数据的编辑 ……………… 112
　　　4.3.6　单元格的合并与拆分 …… 115
　　　4.3.7　工作表的创建 …………… 117
　　　4.3.8　选择单个或多个工作表
　　　　　　 …………………………… 118
　　　4.3.9　工作表的复制和移动 …… 118
　　　4.3.10　工作表删除 …………… 120
　　　4.3.11　工作表的重命名 ……… 120
　4.4　公式与函数 ………………………… 121
　　　4.4.1　公式 ……………………… 121
　　　4.4.2　函数 ……………………… 122
　4.5　工作表的格式设置 ………………… 126
　　　4.5.1　行和列的设置 …………… 127
　　　4.5.2　工作表的格式化 ………… 127
　　　4.5.3　条件格式 ………………… 128

4.6 数据管理 …………………………… 129
　4.6.1 数据清单 ………………………… 130
　4.6.2 数据排列 ………………………… 130
　4.6.3 数据筛选 ………………………… 131
　4.6.4 分类汇总 ………………………… 132
　4.6.5 数据透视表 ……………………… 133
4.7 图表 ………………………………… 134
　4.7.1 图表的组成 ……………………… 134
　4.7.2 创建图表 ………………………… 136
　4.7.3 图表的编辑 ……………………… 137
　4.7.4 图表格式化 ……………………… 138
4.8 打印工作表 ………………………… 139
　4.8.1 选择打印区域 …………………… 139
　4.8.2 页面设置 ………………………… 140
　4.8.3 打印工作簿 ……………………… 141
4.9 Excel 2010 高级应用实例 ………… 141
习题 4 …………………………………… 146

第 5 章 演示文稿 PowerPoint 2010 …… 148

5.1 PowerPoint 2010 演示文稿概述 …… 148
　5.1.1 PowerPoint 2010 的启动与退出 … 148
　5.1.2 PowerPoint 工作窗口介绍 ……… 149
　5.1.3 PowerPoint 编辑窗口 …………… 150
　5.1.4 视图方式 ………………………… 150
5.2 PowerPoint 演示文稿的操作 ……… 151
　5.2.1 新建演示文稿 …………………… 152
　5.2.2 幻灯片的基本操作 ……………… 153
　5.2.3 幻灯片文本的输入、编辑及格式化 …………………… 154
　5.2.4 图形/影片和声音/视频的编辑 ………………………… 154
　5.2.5 插入 Excel 表格/Word 表格 …… 155
　5.2.6 幻灯片整体框架更改 …………… 156

5.3 幻灯片的放映 ……………………… 159
　5.3.1 动画设置 ………………………… 160
　5.3.2 幻灯片的切换动画 ……………… 161
　5.3.3 动作按钮设置 …………………… 162
　5.3.4 超链接设置 ……………………… 162
　5.3.5 演示文稿的放映 ………………… 164
5.4 演示文稿的打印与发布 …………… 165
　5.4.1 打印 ……………………………… 165
　5.4.2 演示文稿的打包 ………………… 166
　5.4.3 保存并发送 ……………………… 167

第 6 章 数据库基础及 Access 2010 …… 168

6.1 数据库系统概述 …………………… 168
　6.1.1 数据库系统的产生与发展 ……… 168
　6.1.2 数据模型 ………………………… 169
　6.1.3 关系数据库 ……………………… 170
6.2 Access 2010 基本操作 ……………… 171
　6.2.1 Access 2010 数据库对象 ………… 171
　6.2.2 启动与退出 ……………………… 172
　6.2.3 数据类型与表达式生成器 ……… 173
6.3 数据库与表的操作 ………………… 176
　6.3.1 数据库的操作 …………………… 176
　6.3.2 表的创建 ………………………… 177
　6.3.3 表的编辑 ………………………… 179
　6.3.4 表间的关系 ……………………… 180
6.4 查询 ………………………………… 181
　6.4.1 创建查询的方法 ………………… 181
　6.4.2 选择查询 ………………………… 181
　6.4.3 参数查询 ………………………… 182
　6.4.4 交叉表查询 ……………………… 183
　6.4.5 操作查询 ………………………… 184
　6.4.6 SQL 查询 ………………………… 187

第 7 章 计算机网络与信息安全 ……… 190

7.1 计算机网络基础 …………………… 190

7.1.1 计算机网络的形成与发展 ……………………… 190
7.1.2 计算机网络的分类 ……… 191
7.1.3 计算机网络的体系结构 ………………… 193
7.1.4 网络通信设备 …………… 195
7.2 局域网基本技术 ……………… 198
7.2.1 拓扑结构 ………………… 199
7.2.2 局域网的组成 …………… 200
7.2.3 无线局域网 ……………… 202
7.2.4 虚拟局域网 ……………… 204
7.3 Internet 基础与资源服务 …… 206
7.3.1 TCP/IP 协议 …………… 207
7.3.2 IP 地址和域名 ………… 208
7.3.3 Internet 接入技术 ……… 210
7.3.4 Internet 资源服务 ……… 213
7.4 信息安全 ……………………… 220
7.4.1 信息安全概述 …………… 220
7.4.2 信息安全防范技术 ……… 222
7.4.3 计算机病毒的诊断与清除 ………………… 226
7.4.4 网络道德与相关法规 …… 231

第 8 章 常用工具软件 ………………… 234

8.1 常用工具软件及其分类 ……… 234
8.2 常用工具软件的获取、安装与卸载 …………………………… 236
  8.2.1 获取常用工具软件 ……… 236
  8.2.2 安装和卸载工具软件 …… 237
8.3 几款常用工具软件的使用 …… 239
  8.3.1 下载工具——迅雷 ……… 239
  8.3.2 文件压缩工具——WinRAR ……………………… 240
  8.3.3 阅读工具——Adobe Reader ………………… 241
  8.3.4 翻译工具——金山词霸 2014 ………………… 243

8.3.5 音频、视频播放工具 …… 244
8.3.6 图像浏览与捕捉工具——ACDSee ………………… 247
8.3.7 浏览器——QQ 浏览器 ………………………… 248
8.3.8 即时通信工具——腾讯 QQ 2013 正式版 SP6 …… 251
8.3.9 计算机安全与系统防护软件——腾讯计算机管家 ……………………… 253
8.3.10 系统的安装与备份 …… 256

第 9 章 软件技术基础 ………………… 258

9.1 程序设计 ……………………… 258
  9.1.1 程序设计基础 …………… 258
  9.1.2 结构化程序设计 ………… 260
  9.1.3 面向对象程序设计 ……… 261
9.2 数据结构 ……………………… 264
  9.2.1 数据结构的基本概念 …… 264
  9.2.2 线性结构与非线性结构 ………………………… 266
  9.2.3 线性表 …………………… 266
  9.2.4 栈和队列 ………………… 266
  9.2.5 树与二叉树 ……………… 268
  9.2.6 查找与排序方法 ………… 271
9.2 算法 …………………………… 274
  9.3.1 算法的概念 ……………… 274
  9.3.2 算法的特征 ……………… 274
  9.3.3 算法的表示 ……………… 274
  9.3.4 算法设计的基本方法 …… 276
  9.3.5 算法的评价 ……………… 277
9.4 软件工程 ……………………… 278
  9.4.1 软件工程的基本概念 …… 278
  9.4.2 软件开发方法 …………… 281
  9.4.3 软件测试 ………………… 282
  9.4.4 软件维护 ………………… 284

参考文献 ……………………………… 285

第 1 章 计算机基础知识

学习目标

- 了解计算机的产生历程与发展趋势，计算机的特点与分类，计算机的具体应用。
- 理解并掌握计算机的基本组成，熟悉微型计算机的组成部件。
- 理解和掌握计算机的基本工作原理及其主要性能指标。
- 掌握几种常用数制之间的转换方法及数制在计算机中的编码。

1.1 计算机概述

计算机（Computer）是一种能够存储程序和数据，按照程序自动、高速处理海量数据的现代化智能电子设备。计算机可以模仿人的一部分思维活动，代替人的部分脑力劳动，按照人们的意愿自动地工作，所以人们把计算机称为"电脑"。从第一台计算机 1946 年问世以来，其应用已渗透到人们生活、工作、学习和生产的各个领域，有力地推动了整个信息化社会的发展。所以，熟练使用计算机是现代大学生必备的基本素质。

1.1.1 计算机的产生与发展

在人类社会漫长的发展过程中，人类发明了很多计算工具，如算盘、计算尺、加法器、计算器等。20 世纪社会的发展及科学技术的进步，对计算工具提出了更多的需求，正是这种需求推动了计算机的发展。

1. 计算机的产生

计算是人类同自然做斗争的一项重要活动。早在 2000 多年前，古代中国人就发明了算筹，也是世界上最早的计算工具。

中国唐代发明的算盘是世界上第一种手动式计算工具，一直沿用至今。

1622 年，英国数学家威廉·奥特雷德（William Oughtred）发明了计算尺。

1642 年，法国哲学、数学家布莱斯·帕斯卡（Blaise Pascal）发明了第一台加法器，它采用齿轮旋转进位方式执行运算。

1673 年，德国数学家莱布尼茨（Gottfried Wilhelm Leibruiz）改进了帕斯卡的设计，制造了一种能演算加、减、乘、除和开方的计算器。

1822 年，英国数学家查尔斯·巴贝奇（Charles Babbage）设计了差分机和分析机。分析机的结构和设计思想初步体现了现代计算机的结构和设计思想，是现代通用计算机的雏形。美国哈佛大学的霍华德·艾肯（Howard Aiken）于 1944 年研制成功了著名的计算机 MARK I。

1854 年，英国逻辑学家、数学家乔治·布尔（George Boole）设计了一套符号，表示逻辑理论中的基本概念，并规定了运算法则，为现代计算机采用二进制数奠定了理论基础。

1936 年，英国数学家阿兰·麦席森·图灵（Alan Mathison Turing）在论文《论可计算数及其在判定问题中的应用》中给出了现代电子计算机的数学模型，在理论上论证了通用计算机产生的可行性。

1945 年，美籍匈牙利数学家冯·诺依曼（John von Neumann）提出了计算机"程序存储"的概念，奠定了现代计算机的结构理论。以"程序存储"为基础的各类计算机系统称为冯·诺依曼型计算机。经过几十年的发展，计算机系统在性能指标、运算速度、工作方式、应用领域等方面发生了很大的变化，但基本结构没有变，都是冯·诺依曼型计算机。

1946 年 2 月，世界上第一台电子计算机 ENIAC（Electronic Numerical Integrator And Calculator, 电子数字积分计算机）由美国宾夕法尼亚大学研制成功。这台电子计算机从 1946 年 2 月开始投入使用，到 1955 年 10 月切断电源，服役 9 年多。

ENIAC 体积庞大，约有 90 m^3，占地面积约 180 m^2，使用了 18 000 多只真空电子管，重量达 30 t，功率近 140 kW，运算速度 5 000 次每秒，它预示了科学家们将从奴隶般的计算中解脱出来。ENIAC 的研制成功，表明了计算机时代的到来，具有划时代意义。

2．计算机的发展

从 1946 年第一台计算机 ENIAC 诞生以来，计算机的体积在不断变小，但性能、速度却在不断提高。根据计算机采用的物理器件，一般将计算机的发展划分为 4 个阶段。

1）电子管计算机（1946—1957 年）

电子管计算机也称第一代计算机。主要特点是采用电子管作为基本逻辑部件；运算速度仅为数千次每秒；内存采用水银延迟线或电子射线管，容量仅为几 KB；使用机器语言或汇编语言编写程序。电子管计算机的运算速度很低，体积大，价格较高，维护困难，可靠性差，主要用于军事和科学研究工作。其代表机型有 IBM 650（小型机）、IBM 709（大型机）。

2）晶体管计算机（1958—1964 年）

晶体管计算机也称第二代计算机。主要特点是采用晶体管作为基本逻辑部件；运算速度为几十万次每秒；内存使用磁心，容量为几十 KB；外存使用磁盘和磁带，容量增加；出现了 FORTRAN、COBOL、ALGOL 等高级语言。与第一代计算机相比运算速度大幅提高，体积大大减小，能耗减小，成本降低，可靠性增强，应用范围扩大到数据处理和事务处理。其代表机型有 IBM 7090、IBM 7600。

3）中、小规模集成电路计算机（1965—1971 年）

中、小规模集成电路计算机也称第三代计算机。主要特点是采用中、小规模集成电路作为基本逻辑部件；运算速度为百万次每秒；内存采用半导体存储器，容量大幅度提高；系统软件有了很大发展，出现了操作系统和 BASIC、Pascal 等多种高级语言。第三代计算机体积更小、价格更低、软件更完善，同时计算机向标准化、多样化、通用化方向发展，计算机开始广泛应用于各个领域。其代表机型有 IBM 360。

4）大规模和超大规模集成电路计算机（1972 年至今）

大规模和超大规模集成电路计算机也称第四代计算机。主要特点是采用大规模、超大规模集成电路作为基本逻辑部件，计算机的各种硬件性能都空前提高；软件方面出现了数据库、面向对象等技术。微型计算机的出现，使得计算机走进了千家万户。

目前计算机朝着巨型化、微型化、网络化和智能化方向发展,未来有前景的计算机有:光计算机、生物计算机、分子计算机和量子计算机。

1.1.2 计算机的特点与分类

随着计算机技术的迅速发展,计算机的应用范围在不断扩大,不再仅用于军事和科学计算,而是广泛应用于信息处理、自动控制、人工智能等各个领域。未来计算机将进一步深入人们的生活,甚至改变人类现有的生活方式。

1. 计算机的特点

计算机的特点主要有以下几个方面。

1)运算速度快

目前计算机系统的运算速度可达百万亿次甚至千万亿次/每秒。美国的超级计算机 Titan(泰坦)的实测速度可达 1.759 千万亿次每秒。随着计算机技术的发展,计算机的运算速度还在不断提高。正是因为运算速度快,如天气预报、卫星轨道计算、大地测量的高阶线性代数方程的求解,导弹和其他飞行体运行参数的计算等大量复杂的科学计算问题得到解决。过去手工计算需要几年、几十年的计算任务,用计算机只需几分钟就可以完成。

2)运算精度高,数据准确度高

数据的精确度主要取决于计算机的字长,字长越长,运算精度越高。目前计算机的精度已达到小数点后上亿位,并且计算精度可以根据人们的需要来设置。如圆周率 π 的计算,在瞬间就能精确计算到小数点后 200 万位以上。

3)存储容量大,存取速度快

计算机的存储器可以存储大量的程序和数据,随着技术的进步,存储器容量会越来越大,存取速度也会越来越快。计算机所能存储的信息也由早期的文字、数据、程序发展到如今的图形、图像、声音、动画、视频等数据。

4)具有逻辑判断能力

计算机不仅能进行算术运算,还能进行各种逻辑运算;计算机在执行程序时能够根据各种条件来判断和分析,并根据分析结果自动确定下一步该做什么。例如,百年数学难题"四色猜想"(任何一张地图只用 4 种颜色就能使具有共同边界的区域着上不同的颜色)已经利用计算机得以验证。

5)自动化程度高

只要把特定功能的处理程序输入计算机,计算机就会按照程序自动运行,整个过程的操作不需要人工干预。

2. 计算机的分类

随着计算机技术的发展和应用的推动,尤其是微处理器的发展,计算机的类型越来越多样化,分类方式也很多。

根据信息的表示形式和处理方式,可以将计算机分为数字式计算机、模拟式计算机以及数字/模拟混合式计算机。根据计算机的用途及使用范围,将计算机分为专用计算机和通用计算机。通用机的特点是通用性强,具有强大的综合处理能力,能够解决各种类型的问题。目前,人们所使用的数字式计算机大都是通用计算机。专用计算机则功能单一,具有解决特定问题的软、硬件,能够高速、可靠地解决特定问题,主要适用于银行系统、军事系统等。

从计算机的运算速度和性能等指标来看,计算机可以分为:高性能计算机、微型计算机、工作站、服务器和嵌入式计算机。

1）高性能计算机

高性能计算机即巨型机或大型机，运算速度快，存储容量大，功能强。我国的超级计算机天河-IA，实测速度可达 1.72 千万亿次每秒，峰值可达 2.1 千万亿次每秒，我国已经成为拥有速度最快超级计算机的国家之一。高性能计算机数量不多，但有着重要的特殊用途，主要用于尖端科技领域和国防尖端技术中，也是衡量一个国家科学实力的重要标志之一。

2）微型计算机

微型计算机又称个人计算机，简称 PC（微机），出现于 20 世纪 70 年代。微机因其小、巧、轻，使用方便，价格便宜等优点成为计算机的主流。目前，微机的应用遍及人们生产和生活的各个领域：从工厂的生产控制到企业单位的办公自动化，从商店的数据处理到家庭娱乐，几乎无所不在。微机种类很多，主要有 4 类：台式计算机，笔记本电脑、平板式计算机和超便携式计算机。

3）工作站

工作站是一种介于微机和小型机之间的高档计算机系统，通常配有高分辨率的大屏幕显示器以及大容量的内外存储器。工作站具有较强的数据处理能力和高性能的图形、图像处理功能。此外，还具有大型机和小型机的多任务、多用户能力。

早期的工作站大多采用 Motorola 公司的 680X0 芯片，配置 UNIX 操作系统，称为"技术工作站"。现在工作站多数采用 Intel 芯片，配置 Windows 或 Linux 操作系统，价格更为便宜，称为"个人工作站"。

4）服务器

服务器是一种在网络环境中为多个用户提供服务的计算机系统。从狭义上讲，服务器专指某些高性能计算机，能通过网络专门对外提供服务。从广义上讲，一台微型计算机也可以充当服务器，关键是它要安装网络操作系统、网络协议和各种服务软件。相对于普通微型机，服务器在稳定性、安全性、性能等方面都要求更高，因此 CPU、芯片组、内存、磁盘系统、网络等硬件和普通微机有所不同。

5）嵌入式计算机

嵌入式计算机是指作为一个信息处理的部件被嵌入到应用系统中的计算机。嵌入式计算机运行固化的软件，用户很难或不能改变。嵌入式计算机的应用非常广泛，如家电、通信设备、控制设备等。

1.1.3 计算机的应用

计算机渗透到人们生产、生活的各个领域，并且正在改变着人们传统的工作、学习和生活方式以及观察世界的方式，并成为人们不可缺少的帮手。计算机的应用主要有以下几个方面。

1. 数值计算

数值计算也称科学计算，是计算机最原始的应用领域，也是计算机最重要的应用领域之一。数值计算是指用计算机解决科学研究和工程技术存在的各类数值计算问题，其主要特点是：数据量大、计算工作复杂。如天气预报、卫星发射、灾情预测等，这些用其他计算工具难以解决的问题，可以利用计算机来很好地解决。

2. 数据及事务处理

数据及事务处理泛指数据管理和计算处理，它是信息的收集、分类、整理、加工、存储等一系列活动的总称。其主要特点是：要处理的原始数据量大，而运算比较简单，有大量的逻辑与判断运算。目前，事务数据处理已广泛地应用于人事管理、库存管理、企业管理、银行日常账务管理等。

3．计算机辅助系统

常见的计算机辅助系统有计算机辅助设计、计算机辅助制造、计算机集成制造系统等。

计算机辅助设计（Computer Aided Design，CAD）是指利用计算机的计算、逻辑判断等功能，帮助设计人员进行设计，从而获得最佳设计效果的一种技术。由于计算机运算速度快，数据处理能力强，使用 CAD 技术可以提高产品的设计速度和质量，缩短设计周期，提高设计的自动化水平。CAD 技术应用广泛，如飞机或船舶设计、建筑设计、服装设计、机械设计、大规模集成电路设计等行业。

计算机辅助制造（Computer Aided Manufacturing，CAM）是指用计算机对生产设备进行管理、控制和操作的过程。在机器制造业中，CAM 是指利用计算机通过各种数值来控制生产设备，自动完成产品的加工、装配、检测、包装等制造过程的技术。使用 CAM 可提高产品质量，降低成本，缩短生产周期，减轻劳动强度。

除了 CAD、CAM 之外，计算机辅助系统还有计算机辅助教育（Computer Based Education，CBE），包括计算机辅助教学（Computer Aided Instruction，CAI）和计算机辅助管理教学（Computer Managed Instruction，CMI）两部分。此外，计算机还有其他的辅助功能，如计算机辅助测试、计算机辅助出版、计算机辅助管理、计算机辅助绘制、计算机辅助排版等。

计算机集成制造系统（Computer Integrated Manufacturing System，CIMS）是指以计算机为中心的现代化信息技术应用于企业管理与产品开发制造的新一代制造系统。CIMS 通过计算机的软硬件，综合运用现代管理技术、制造技术、信息技术、自动化技术、系统工程技术，将企业生产全部过程中有关的人、技术、经营管理三要素及其信息与物流有机集成并优化运行的复杂的系统，最终使企业实现整体最优效益。

4．人工智能

人工智能（Artificial Intelligence，AI）是研究、开发用于模拟、延伸和扩展人的智能的理论、方法、技术及应用系统的一门新的科学技术。人工智能旨在了解智能的实质，并生产出一种新的能以人类智能相似的方式做出反应的智能机器。该领域的研究包括机器人、语言识别、图像识别、自然语言处理和专家系统等。目前一些智能系统已经能够代替人类的部分脑力劳动。

人工智能最典型的应用案例是"深蓝"。"深蓝"是 IBM 公司生产的世界上第一台超级国际象棋计算机，是一台 RS6000SP2 超级并行处理计算机，计算能力惊人，平均每秒可计算棋局变化 200 万步。1997 年 5 月 11 日，仅用 1 小时便轻松战胜俄罗斯国际象棋世界冠军卡斯帕罗夫（Garry Kasparov），这是在国际象棋上人类智能第一次败给计算机。

5．网络应用

计算机网络是用物理链路将各个孤立的工作站或主机相连在一起，组成数据链路，从而达到资源共享和通信的目的。目前，因特网（Internet）通过 TCP/IP 将各种不同类型、不同规模、位于不同地理位置的物理网络连接成一个整体，从而实现世界范围内的资源共享。随着网络技术的发展，计算机的应用进一步深入到社会的各行各业，通过互联网实现远程教育、娱乐、电子商务、远程医疗等。网络的应用将进一步推动信息社会更快地向前发展。

1.2 计算机系统组成

一个完整的计算机系统由硬件系统和软件系统两大部分组成。计算机硬件系统是组成计算机的各种物理设备的总称,是计算机完成各项工作的物质基础。计算机软件系统是运行在硬件设备上的各种程序所需要的数据和相关文档的总称。硬件是软件运行的基础,软件指示计算机完成特定的工作任务,是计算机系统的灵魂。没有安装任何软件的计算机称为"裸机","裸机"只能识别由0和1组成的机器代码,几乎没有任何作用。

计算机硬件系统和软件系统组成一个完整的系统,两者相辅相成,缺一不可。当然,在计算机系统中,软件和硬件的功能没有一个明确的分界线。软件实现的功能也可以由硬件来实现,称为硬化或固化;同样,硬件实现的功能也可以用软件来实现,称为硬件软化。对于某些功能,用软件还是用硬件来实现,与系统价格、速度、所需存储容量及可靠性等诸多因素有关。计算机系统的基本组成如图1-1所示。

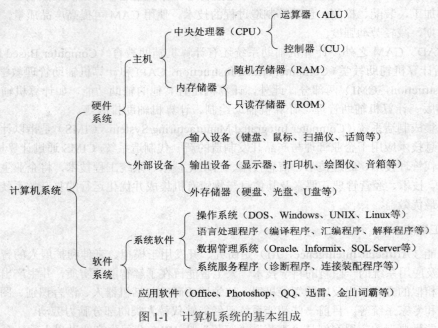

图1-1 计算机系统的基本组成

1.2.1 冯·诺依曼型计算机体系结构

1946年,美籍匈牙利科学家冯·诺依曼等人在《电子计算装置逻辑设计的初步讨论》一文中提出了"存储程序"的概念和二进制原理,这种设计思想正是电子计算机的设计原理。冯·诺依曼也因此被誉为"现代计算机之父"。

冯·诺依曼型计算机的基本思想主要包含3点:

(1)计算机的硬件系统由5个基本部分组成:控制器、运算器、存储器、输入设备和输出设备;

(2)计算机内部采用二进制数来表示程序和数据;

(3)控制器根据存放在存储器中的指令序列(程序)进行工作,并由一个程序计数器控制指令的执行,控制器具有判断能力,能根据计算结果选择不同的工作流程。

1.2.2 计算机硬件系统

计算机的硬件系统主要由运算器、控制器、存储器、输入设备和输出设备五大基本部分组成,如图 1-2 所示。

1. 运算器

运算器又称算术逻辑单元（Arithmetic and Logic Unit，ALU），其主要功能是进行算术运算和逻辑运算。算术运算和逻辑运算都是基本运算，复杂的计算都是通过基本运算一步一步实现的。然而，运算器的运算速度惊人，因而计算机才有高速的信息处理能力。

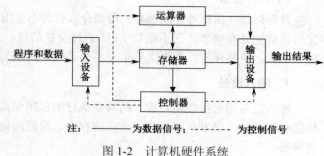

图 1-2 计算机硬件系统

运算器由算术逻辑单元（ALU）、累加器、状态寄存器、通用寄存器组等组成。算术逻辑运算单元（ALU）的基本功能为加、减、乘、除四则运算，与、或、非、异或等逻辑运算，以及移位、求补等运算。在运算过程中，运算器不断得到由内存提供的数据，运算后又把结果送回到内存。整个运算过程是在控制器的统一指挥下进行的。

2. 控制器

控制器（Control Unit，CU）是指挥计算机的各个部件按照指令的功能要求协调工作的部件，是计算机的指挥中心和神经枢纽。控制器主要由程序计数器（PC）、指令寄存器（IR）、指令译码器（ID）、时序控制电路和微操作控制电路组成。在系统运行过程中，由控制器依次从内存中取指令、分析指令、向计算机的各个部件发出微操作控制信号，指挥各部件有条不紊地协调工作。

中央处理器（CPU）由运算器和控制器组成，是计算机中最重要的部件。中央处理器是由超大规模集成电路制成的芯片，只能直接访问存储在内存中的数据，根据存储器中的程序逐条地执行程序所指定的操作。

3. 存储器

存储器是计算机用来存放程序和数据的记忆装置，其基本功能是能够按照指定位置存入和取出二进制信息。

存储器通常分为内存储器和外存储器。

1）内存储器

内存储器，又称主存储器（简称内存或主存），用来存放正在执行的程序和数据，可以与 CPU 直接交换信息。内存储器由许多存储单元组成，每个存储单元可以存放一定数量的二进制数据，各个存储单元按一定顺序编号，称为存储器的地址。当计算机要存取数据时，首先要提供存储单元的地址，然后才能进行信息的存取。内存要与计算机的各个部件进行数据传送，因此，内存的速度直接影响计算机的运算速度。

按照存取方式，主存储器又可分为以下两种。

（1）随机存取存储器。随机存取存储器（Random Access Memory，RAM）。通常指计算机的内存，用来存放正在运行的程序和数据，CPU 既可从 RAM 读出数据也可向其写入数据。RAM 存取速度快，集成度高，电路简单，但断电后，信息将自动丢失。

（2）只读存储器。只读存储器（Read Only Memory，ROM）。只能读不能写，用来存放监控程序、系统引导程序等专用程序，其中存放的信息一般由厂家写入并固化处理，用户无法修改。ROM 即使断电，其中的信息也不会丢失。

2）外存储器

外存储器（简称外存或辅存）用来存放暂时不使用的程序和数据，需要使用时就调入内存，用完后再放回外存储器，它不能与 CPU 直接交换信息。常见的外存有磁盘、光盘、U 盘等。外存存储容量大，价格便宜，断电之后信息不会丢失，只能与主存储器交换信息，存取速度慢。

4．输入设备

输入设备用来接收用户输入的将要执行的程序和需要处理的数据，它将程序和数据转换成计算机能够识别的二进制代码形式存放在内存中。常见的输入设备有键盘、鼠标、扫描仪、触摸屏、麦克风等。

5．输出设备

输出设备用于将内存中的计算机处理后的结果转变为用户需要的形式并输出。常见的输出设备有显示器、打印机、绘图仪、磁盘和耳机（音箱）等。

输入/输出设备（I/O 设备）是与计算机主机进行信息交换，实现人机交互的硬件环境。

输入/输出设备和外存储器统称为外围设备，是用户与计算机之间的桥梁。

1.2.3　计算机软件系统

软件指程序、程序运行所需要的数据以及开发、使用和维护这些程序所需要的文档的集合。计算机软件系统是计算机的灵魂，通常计算机软件系统分为系统软件和应用软件两大类。

1．系统软件

系统软件也称系统程序，是管理、控制和维护整个计算机系统，并支持计算机工作和服务的软件。在系统软件的支持下，用户才能运行各种应用软件。系统软件一般包括操作系统、数据库管理系统、语言处理程序和系统服务程序等。

2．应用软件

应用软件是利用计算机的软、硬件资源为某一专门的应用目的而开发的应用程序。例如，办公软件、图形和图像处理软件、Internet 服务软件、学习和娱乐软件等。

1.2.4　微型计算机系统

微型计算机简称微机，即个人计算机，属于第四代计算机。微机具有体积小、重量轻、价格低及可靠性高等优点，从而得以迅速普及，深入到当今社会的各个领域。下面以台式计算机为例，介绍微机硬件系统。

微机硬件的系统结构符合冯·诺依曼体系结构，微机的硬件组成也遵循"主机+外设"的原则。在微机中，习惯上把内存储器和 CPU 合称为主机；主机之外的装置被称为外围设备，包括输入设备、输出设备等。

1．主板

主板（Main Board）又称母板或系统板，是微机中最大的一块集成电路板，是微机的核心连接部件。CPU、内存、显卡等部件通过插槽安装在主板上，硬盘、光驱等外设在主板上也有相应的接口。有的主板还集成了声卡、显卡、网卡等部件。主板实物如图 1-3 所示。

主板主要有以下两大部分组成。

1）芯片

芯片组是主板的灵魂，它决定了主板的结构及 CPU 的类型。计算机系统的整体性能和功能在很大程度上由主板上的芯片组决定。芯片主要有南桥和北桥芯片、BIOS 芯片及若干集成芯片（如显卡、声卡和网卡）等。

所谓南桥、北桥，是根据芯片在主板上的位置而约定俗成的称谓。靠近主机的 CPU、内存，布局位置偏上的芯片称为"北桥"，靠近总线、接口部分，布局位置靠下的芯片称为"南桥"。

图1-3　主板

BIOS 芯片是一个固化了系统启动必需的基本输入/输出系统（BIOS）的只读存储器。BIOS 程序包括基本输入/输出的程序、系统设置信息、开机后自检程序和系统自启动程序。其主要功能是为计算机提供底层的、最直接的硬件设置和控制。

常见的芯片组生产厂家有 Intel（英特尔）、SIS（矽统）、Ali（扬智）和 VIA（威盛）等。

2）插槽/接口

插槽/接口主要有 CPU 插座、内存条插槽、PCI 插槽、AGP 插槽、PCI-E 插槽、IDE 接口、SATA 接口、键盘/鼠标接口、USB 接口、并行口和串行口等。

2. CPU

CPU 是微机的核心，在微机系统中特指微处理器芯片。计算机的 CPU 决定了计算机的性能，虽然目前主流 CPU 设计技术、工艺标准和参数指标存在差异，但都能满足微机的运行需求。CPU 的外观如图 1-4 所示。

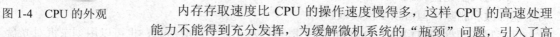

图1-4　CPU 的外观

内存存取速度比 CPU 的操作速度慢得多，这样 CPU 的高速处理能力不能得到充分发挥，为缓解微机系统的"瓶颈"问题，引入了高速缓存（Cache）。Cache 位于 CPU 和内存之间，它的容量比内存小，但交换速度接近于 CPU。Cache 的容量也是 CPU 性能的重要指标之一，同等条件下 Cache 容量越大，CPU 的速度越快。实际工作时，CPU 往往需要重复读取相同的数据块，把使用频率较高的内容放到 Cache 中，可以大幅度提高 CPU 读取数据的命中率，而不用到内存中寻找，从而提高系统性能。

3. 内存

内存的性能直接影响计算机系统的性能和速度。CPU 执行的程序和所需要的数据都存放在内存中，内存容量越大，系统的性能就越好。微机系统中的内存是将多个存储器芯片并列焊接在一块长方形的电路板上，构成内存组，一般称之为内存条。内存条通过主板的内存插槽接入系统。内存如图 1-5 所示。

内存储器可分为两类：随机存取存储器和只读存储器。在微机中，内存主要是指随机存取存储器 RAM。RAM 主要的性能指标有两个：存储容量和存取速度。

图1-5　内存

4. 外存储器

外存储器是一种辅助存储设备，也称为辅助存储器，由磁记录设备构成，存储容量大，但速度相对较慢。例如硬盘、光盘及 U 盘等。

1）硬盘

硬盘全称为硬磁盘存储器，是计算机的主要存储设备。绝大多数微机都配置硬盘。硬盘存储容量大、存取速度快、价格低。计算机的操作系统、应用软件、文档及数据等，都可以存放在硬盘上。

硬盘的技术指标有两个：存储容量和转速。

（1）存储容量：是硬盘最主要的参数，容量越大，能够存储的内容越多。微机常用的硬盘存储容量有 160GB、360GB、1000GB 等。

（2）转速：转速是指硬盘盘片每分钟转动的圈数。转速越快，存取速度越快。

硬盘由硬盘片、硬盘驱动器和接口组成。硬盘被封闭在一个金属体内，不能随便取出，如图 1-6 所示。生产硬盘的主要厂家有 Seagate（希捷）、Maxtor（迈拓）等。

2）光盘

光盘容量大、价格低、体积小，易于长期保存。读取光盘的内容需要光盘驱动器，简称光驱。光盘和光驱如图 1-7 所示。光盘一般分为：只读型光盘、一次写入型光盘和可擦写型光盘。

图 1-6　硬盘　　　　　　　　图 1-7　光盘和光驱

只读型光盘（CD-ROM、DVD-ROM）：内容由厂家写入，用户只能读不能写。

一次写入型光盘（CD-R、DVD-R）：一般由用户用光盘刻录机写入信息，但只能写一次，写入后不能修改和删除，但可以多次读取。

可擦写型光盘（CD-RW、DVD-RW）：既可以从光盘中读取信息，也可以用刻录机对光盘上的信息进行修改和删除。

光驱利用激光的投射与反射原理来实现对数据的读取和存储，分为两种：CD（Compact Disk）驱动器和 DVD（Digital Versatile Disk）驱动器。CD 光驱只能读取 CD 光盘，而 DVD 光驱既能读 CD 光盘也可以读 DVD 光盘。光盘的主要技术指标是读取数据的速率，光驱的读取速率使用倍速来表示，常见的有 8 倍速、24 倍速、40 倍速、52 倍速等。

5．输入/输出设备

输入/输出设备是计算机系统的重要组成部分。输入设备用来向计算机输入信息，常见的有键盘、鼠标、扫描仪等。输出设备用来将计算机处理后的结果输出。常见的输出设备有显示器、打印机、绘图仪、投影机等。

1）键盘

键盘是计算机必备的输入设备，通常连接在 PS/2 接口或 USB 接口上。近年来，利用"蓝牙"技术无线连接到计算机的无线键盘也越来越多。键盘可分为键盘区、功能键区、控制键区和数字键区。常规键盘具有 CapsLock（字母大小写锁定）、NumLock（数字小键盘锁定）、ScrollLock（滚动锁定键）三个指示灯，显示键盘的当前状态。

2）鼠标

鼠标是微机的基本输入设备，通常连接在 PS/2 接口或 USB 接口上。目前，无线鼠标也越来越多。鼠标根据工作原理可分为机械式鼠标和光电式鼠标。一般，光电式鼠标要比机械式鼠标要好，光电式鼠标更为精确、耐用和易于维护。

3）显示器

显示器是微机必备的输出设备，它可以显示出信息处理的过程和结果，显示器性能的优劣直接影响计算机信息的显示效果。目前，常用的显示器有阴极射线管显示器（CRT）和液晶显示器（LCD）。LCD 显示器技术已经成熟，开始取代 CRT 显示器。

显示器尺寸有 12、14、15、17、19 英寸等多种规格，显示器的主要技术指标有屏幕尺寸、分辨率、点间距、扫描频率和灰度等。

4）打印机

打印机是计算机基本的输出设备之一。目前使用的打印机主要有以下 3 类。

（1）针式打印机：针式打印机利用打印头内的点阵撞针来撞击色带，进而在打印纸上产生文字或图形。针式打印机噪声较大，质量不好，但它性能稳定，易于维护，耗材便宜，被银行、超市等广泛使用。

（2）喷墨打印机：喷墨打印机利用排列成阵列的微型喷墨机在纸上喷出墨点来形成打印效果。喷墨打印机体积小、重量轻、噪声小、打印精度高，特别是彩色印刷能力强，但成本高，适合小批量打印。

（3）激光打印机：激光打印机综合利用了复印机、计算机和激光技术来进行输出，打印速度快、质量高，但耗材和配件价格高。

1.3　计算机工作原理及性能指标

计算机的工作过程就是执行程序的过程。在冯·诺依曼型计算机体系结构中，数据和程序都存放在存储器中，控制器根据程序中的指令序列进行工作。要了解计算机是如何工作的，首先应理解指令和程序的概念。

1.3.1　计算机工作原理

1．指令和指令系统

指令是指能够被计算机识别并执行的二进制代码，它规定了计算机能完成的某一种操作。指令是用户对计算机进行程序控制的最小单位，用来表示计算机所要完成的基本操作。在计算机程序中，一条指令对应着一种基本操作，例如，加、减、取数、移位等。一条指令通常由两部分组成，一般格式如图 1-8 所示。

操作码指明该指令要完成的操作的类型和性质，如加法、输出数据等；地址码指明操作数地址、存放结果地址以及下一条指令的地址。

操作码	地址码

图 1-8　指令的一般格式

指令系统是一台计算机所有指令的集合，它描述了计算机内全部的控制信息和"逻辑判断"能力，它与计算机系统的运行性能、硬件的复杂程度密切相关。不同类型的计算机，其指令系统所包含的指令种类和数目也不同。但无论哪种类型的计算机，指令系统都应具有数据传送指令、数据处理指令、程序控制指令、输入/输出指令和硬件指令。

2. 程序和源程序

程序是指能完成一定功能的指令序列，即程序是计算机指令的有序集合。也可以说，程序是计算机为实现特定目标或解决特定问题而用计算机语言编写的命令序列的集合。要让计算机按照预定的要求工作，首先要编写好程序。

一个程序应包括以下两个方面的内容：数据结构和算法。数据结构是对数据的描述，指定数据的类型和数据的组织形式；算法即是操作步骤，是对操作的描述。

源程序是用户为解决一些实际问题而编写的程序，一个源程序可以由许多个源文件组成。

3. 计算机工作原理

计算机的工作过程实际上是快速地执行指令的过程。当计算机在工作时，有两种信息在执行指令的过程中流动：数据流和控制流。数据流是指各种原始数据、中间结果和程序等。原始数据和程序要由输入设备输入到计算机中，然后经运算器保存于存储器中，最后结果由运算器通过输出设备输出。在运行过程中，数据从存储器读入运算器进行运算，中间结果也要存入存储器中。控制流是控制器对指令进行分析、解释后向各个部件发出控制命令，指挥各部件协调地工作。

根据冯·诺依曼型计算机的设计思想，计算机有两个基本功能：一是能够存储程序；二是能够自动地执行程序，而执行程序又归结为逐条执行指令。指令的执行过程大致可分为以下3个步骤：

（1）取指令：按照程序计数器中的地址，从内存储器中取出要执行的指令送到 CPU 内部的指令寄存器。

（2）分析指令：对指令寄存器中的指令进行分析，由指令译码器对操作码进行分析，确定该指令对应的操作；由地址码确定操作数的地址。

（3）执行指令：由控制线路发出完成该操作所需要的一系列控制信息，去完成指令所要求的操作。

一条指令执行完成后，程序计数器加1或将转移地址码送到程序计数器中，继续重复执行下一条指令。

1.3.2 计算机的性能指标

计算机技术指标繁多，涉及整个计算机的体系结构、软/硬件配置、指令系统等多种因素，评价计算机的性能要结合多种因素，综合分析。以下是常见的计算机性能指标。

1. 字长

字长是 CPU 能够同时处理的二进制数据的位数。它直接关系到计算机的计算精度、功能和速度。字长越长，计算精度就越高，速度就越快。如果一台计算机的字长是另一台计算机的两倍，即使两台计算机的速度相同，在相同的时间内，前者能做的工作是后者的两倍。微机的字长一般有8位、16位、32位、64位等。例如，64位 CPU 是指 CPU 的字长为64位，也就是 CPU 中的通用寄存器为64位。

在计算机中，以字节（Byte）为基本存储单位，用大写B表示，1字节等于8位二进制位（bit），即 1B = 8 bit。

2. 主频

主频是 CPU 在单位时间内发出的脉冲数，即 CPU 的时钟频率，单位是 Hz，代表 CPU 的工作速度。主频越高，在单位时间内完成的指令数越多。CPU 的主频用来表示在 CPU 内数字脉冲信号振荡的速度，与 CPU 实际的运算能力并没有直接关系。实际上，CPU 的运算速度受到许多因素的影响，例如高速缓冲存储器，但提高主频对于提高 CPU 运算速度却是非常重要的。一般来说，主频越高，计算机的运算速度就越快，单位时间内完成的指令条数就越多。

3．运算速度

运算速度是指计算机每秒能执行的指令条数，执行不同的运算，计算机所需要的时间就不同，因此只能用等效速度和平均速度来衡量。一般用单位时间内执行的指令条数来表示运算速度，单位是 MIPS（百万条指令每秒）。

4．存储容量

存储容量是指存储器所能存储信息的总字节数，包括内存储器容量和外存储器容量，主要以 KB、MB、GB、TB 等为单位。内存储器容量越大，计算机运行速度就越快；硬盘存储容量越大，计算机的数据存储能力就越强，所以，内存储器容量的大小直接影响着计算机的整体性能。

5．存取周期

存取周期是指对内存进行一次读/写（取数据/存数据）操作所需的时间。目前，内存都由大规模集成电路制成，其存取周期很短，为几十到一百纳秒（ns）。

1.4 计算机中信息的表示与存储

信息是现实世界事物的存在方式或运动状态的反映。数据是信息的载体，是信息的具体表现形式。在计算机中，无论是数值型数据还是非数值型数据都是以二进制数形式存储的。

1.4.1 信息与数据

信息是对客观世界的一种反映，是经过加工的数据，是数据处理的结果。通常，我们称数字、文字、图形、图像、视频、声音等都是信息。

数据是表达现实世界中各种信息的一组可以记录、识别的记号或符号。数据是人们通过观察得来的事实和概念，是关于现实世界中的地方、事件、其他对象或概念的描述。数据形式可以是：文字、图形、图像、视频、声音等。数据分为数值型数据和非数值型数据。在计算机科学中，数据是指所有能输入到计算机并被计算机程序所处理的符号的总称，是用于输入计算机进行处理，具有一定意义的数字、字母、符号、文字、图形、图像、视频、声音等的通称。

数据经过解释并赋予一定的意义后，便是信息。信息是数据的内涵，数据是信息的外在表现形式，在计算机科学的专业范畴里，往往会不加区分地使用数据和信息这两个概念。

数据是信息在计算机内部的表现形式，在计算机中信息都是以二进制数的形式来表示和存储的。

1.4.2 数制

1．进位计数制

数制是用一组固定的数字和一套统一的规则来进行计数的方法。按照进位方式计数的数制称为进位计数制。信息在计算机内部是以二进制数形式表示的，为了表示和书写方便，还引入了八进制数和十六进制数。在日常生活中，存在不同进制的计数方法。例如，人们日常生活中常采用十进制来计数,即"逢十进一";表示时间的时分秒用六十进制来计数,"逢六十进一"(1小时有60分钟,1分钟有60秒)等。

数据无论采用哪种进位计数制表示,都涉及两个基本要素:基数和位权。

基数:数码的个数,用 R 表示。例如,十进制有 0,1,2,3,…,9 共 10 个数码,基数为 10,逢十进一。同样道理,二进制的基数是 2,逢二进一;八进制的基数是 8,逢八进一;十六进制的基数是 16,逢十六进一;R 进制的基数为 R,逢 R 进一。

位权:每一个固定位置对应的单位值称为位权(简称权)。某个位置上的数代表的数量大小,表示该数在整个数中所占的份量。各进位计数制中位权的值恰好是基数的若干次幂。如十进制数 345.6 中,3 所在的数位的位权为 10^2,4 所在的数位的位权为 10^1,5 所在的数位的位权为 10^0,6 所在数位的权为 10^{-1}。可以看出,位权是基数的幂。

对于任何一种进位制数都可以表示成按权展开的多项式之和的形式。

$$(X)_R = D_{n-1}R^{(n-1)} + D_{n-2}R^{(n-2)} + \cdots + D_0R^0 + D_{-1}R^{(-1)} + D_{-2}R^{(-2)} + \cdots + D_{-m}R^{-m}$$

式中,X 为 R 进制数,D 为数码,R 为基数,n 是整数位数,m 是小数位数,下标表示位置,上标表示幂的次数。

例如,$(100.11)_2 = 1 \times 2^2 + 0 \times 2^1 + 0 \times 2^0 + 1 \times 2^{-1} + 1 \times 2^{-2}$
$(345.12)_8 = 3 \times 8^2 + 4 \times 8^1 + 5 \times 8^0 + 1 \times 8^{-1} + 2 \times 8^{-2}$
$(678.45)_{10} = 6 \times 10^2 + 7 \times 10^1 + 8 \times 10^0 + 4 \times 10^{-1} + 5 \times 10^{-2}$
$(1AF.E)_{16} = 1 \times 16^2 + 10 \times 16^1 + 15 \times 16^0 + 14 \times 16^{-1}$

2. 计算机中常用的进位计数制

计算机中常用的进位计数制有:二进制、十进制、八进制、十六进制。表 1-1 是常见的进位计数制的基数和数码表。

表 1-1 常见的进位计数制的基数和数码表

进位制	基数	数码符号	标识
二进制	2	0,1	B
八进制	8	0,1,2,3,4,5,6,7	O 或 Q
十进制	10	0,1,2,3,4,5,6,7,8,9	D
十六进制	16	0,1,2,3,4,5,6,7,8,9,A,B,C,D,E,F(其中数符 A~F 分别对应十进制数的 10~15)	H

在书写上,为了区分不同计数制的数码,一般用"( )$_{下标}$"表示不同进制的数,或者在数字后面加上相应的英文字母来表示。例如:十六进制数 45 可以表示为 $(45)_{16}$ 或 45H。

3. 计算机内部采用二进制数的原因

在计算机内部,各种类型的数据的存储、计算和处理都必须以二进制数的形式进行,这也是由于二进制数的特点决定的。

1)物理上容易实现,可靠性高

采用二进制数,只有"0"和"1"两种状态,能够表示"0"和"1"两种状态的电子器件有很多。如开关的开和关、磁元件的正负极、电位电平的高与低、脉冲的有无等物理现象都可以用来表示"0"和"1"两个数码。

2)运算规则简单,通用性强

二进制数加法运算规则:0 + 0 = 0,0 + 1 = 1,1 + 0 = 1,1 + 1 = 0;(向高位进位)
二进制数减法运算规则:0 - 0 = 0,1 - 1 = 0,1 - 0 = 1,0 - 1 = 1;(向高位借位)
二进制数乘法运算规则:0 × 0 = 0,0 × 1 = 0,1 × 0 = 0,1 × 1 = 1;

二进制数除法运算规则：0÷1=0，（1÷0 无意义），1÷1=1。
总的看来，这些运算规则相对于其他进制都少的多。

3）二进制数适合逻辑运算

二进制都是以"0"和"1"组成的二进制代码来表示，而计算机中的逻辑运算值用"真"和"假"来表示，因此可以用二进制的两种状态"0"和"1"来表示"假"和"真"的逻辑值。所以，采用二进制数进行逻辑运算非常简便。

二进制数形式适用于对各种类型数据的编码，图、声、文、数字合为一体，使得数字化社会成为可能。进入计算机中的各种数据，都要进行二进制编码的转换；同样，从计算机中输出的数据，都要进行逆向转换。

1.4.3 数制的转换

各种数制之间都可以互相转换，表 1-2 列出了十进制数、二进制数、八进制数、十六进制数的对应关系。

表 1-2　各种进制数码对照表

十进制数	二进制数	八进制数	十六进制数	十进制数	二进制数	八进制数	十六进制数
0	0	0	0	8	1000	10	8
1	1	1	1	9	1001	11	9
2	10	2	2	10	1010	12	A
3	11	3	3	11	1011	13	B
4	100	4	4	12	1100	14	C
5	101	5	5	13	1101	15	D
6	110	6	6	14	1110	16	E
7	111	7	7	15	1111	17	F

1. R 进制数转换成十进制数

R 进制数转换为十进制数的方法是：将任意 R 进制数按权展开，各位数码乘以各自的权值，其积相加即可得到相应的十进制数。也即是"按权展开，依次相加"。

【例 1-1】将二进制数 $(101101.01)_2$ 转换为十进制数。

$$(101101.01)_2 = 1\times2^5 + 0\times2^4 + 1\times2^3 + 1\times2^2 + 0\times2^1 + 1\times2^0 + 0\times2^{-1} + 1\times2^{-2}$$
$$= 32 + 0 + 8 + 4 + 0 + 1 + 0 + 0.25$$
$$= (13.25)_{10}$$

【例 1-2】将八进制数 $(16.26)_8$ 转换为十进制数。

$$(16.26)_8 = 1\times8^1 + 6\times8^0 + 2\times8^{-1} + 6\times8^{-2}$$
$$= 8 + 6 + 0.25 + 0.09375$$
$$= (14.34375)_{10}$$

【例 1-3】将十六进制数 $(1F.A)_{16}$ 转换为十进制数。

$$(1F.A)_{16} = 1\times16^1 + 15\times16^0 + 10\times16^{-1}$$
$$= 16 + 15 + 0.625$$
$$= (31.625)_{10}$$

由上述例子可以看出，在进行数制转换时，权位上的幂以小数点为起点，分别向左、右两边进行，整数部分从右到左，权次依次是 0，1，2，3…；小数部分从左到右，权次依次是-1，-2，-3…。

2. 十进制数转换成 R 进制数

将十进制数转换成 R 进制数时,需要将整数部分和小数部分别进行转换,然后再组合在一起。

整数部分采用"除基数取余数,反序排列"的方法。即用十进制数连续除以基数 R,每次得到一个商和余数,连续相除到商为 0 为止,然后把余数按逆序排列,就是 R 进制的整数部分。

小数部分采用"乘基数取整数,正序排列"的方法。即将小数部分连续地乘以基数 R,保留每次相乘得到的整数部分,直到小数部分为 0 为止,或者达到所要求的精度为止,每次得到的整数即为 R 进制数的各位数码,然后把这些整数按照顺序排列,就是 R 进制的小数部分。

【例 1-4】将十进制数 $(36.125)_{10}$ 转换为二进制数。

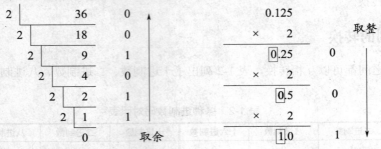

所以,$(36.125)_{10}=(110100.001)_2$

【例 1-5】将十进制数 $(63.8125)_{10}$ 转换为八进制数。

```
8 | 63    7  ↑              0.8125
8 |  7    7  |            ×      8     取整
     0      取余          [6].5    6    ↓
                          ×      8
                          [4].0    4
```

所以,$(63.8125)_{10}=(77.64)_8$

【例 1-6】将十进制数 $(326.3)_{10}$ 转换为十六进制数,结果保留两位小数。

```
16 | 326   6  ↑              0.3
16 |  20   4  |            ×    16      取整
16 |   1   1  取余          [4].8    4    ↓
       0                   ×    16
                           [12].8   C
```

所以,$(326.3)_{10} \approx (146.4C)_{16}$

3. 二进制数与八进制数的相互转换

二进制数的进位基数是 2,八进制数的进位基数是 8,而 $2^3=8$,也即是 1 位八进制数相当于 3 位二进制数。因为有着这种进制间位权的内在联系,所以常用 3 位二进制数来表示 1 位八进制数。二进制数与八进制数之间的关系如表 1-3。

表 1-3 二进制数与八进制数之间的关系

二进制数	八进制数	二进制数	八进制数
000	0	100	4
001	1	101	5
010	2	110	6
011	3	111	7

二进制数转换成八进制数的方法是：以小数点为中心向左右两边分组，每 3 位一组，不足 3 位补 0 即可；然后将每组的 3 位二进制数用 1 位八进制数表示，即可得到八进制数。

【例 1-7】将二进制数$(11011010.11010)_2$转换成八进制数。

$$(\underline{011}\ \ \underline{011}\ \ \underline{010}.\underline{110}\ \underline{100})_2$$
$$\ \ 3\ \ \ \ \ \ \ 3\ \ \ \ \ \ \ 2\ \ \ .\ \ 6\ \ \ \ 4$$

所以，$(11011010.11010)_2=(332.64)_8$。

八进制转换成二进制的方法是：将每 1 位八进制数用对应的 3 位二进制数表示。

【例 1-8】将八进制数$(365.16)_8$转换成二进制数。

$$(\ 3\ 6\ \ \ \ \ 5\ .\ 1\ \ \ \ \ 6\ )_8$$
$$\underline{011}\ \underline{110}\ \underline{101}.\underline{001}\ \underline{110}$$

所以，$(365.16)_8=(11110101.00111)_2$。

注意：整数前的高位 0 和小数后的低位 0 可省略。

4．二进制数与十六进制数的相互转换

二进制数的进位基数是 2，十六进制数的进位基数是 16，而 $2^4=16$，也即是 1 位十六进制数相当于 4 位二进制数。因为有着这种进制间位权的内在联系，所以用 4 位二进制数来表示 1 位十六进制数。二进制数与十六进制数之间的关系如表 1-4 所示。

表 1-4 二进制数与十六进制数之间的关系

二进制数	八进制数	二进制数	八进制数
0000	0	1000	8
0001	1	1001	9
0010	2	1010	A
0011	3	1011	B
0100	4	1100	C
0101	5	1101	D
0110	6	1110	E
0111	7	1111	F

二进制数转换成十六进制数的方法是：以小数点为中心向左右两边分组，每 4 位一组，两头不足 4 位时补 0 即可；然后将每组的 4 位二进制数用 1 位十六进制数表示，即可得到十六进制数。

【例 1-9】将$(101101101.110101)_2$转换成十六进制数。

$$(\underline{0001}\ \ \underline{0110}\ \ \underline{1101}\ .\ \underline{1101}\ \ \underline{0100})_2$$
$$\ \ 1\ \ \ \ \ \ \ \ 6\ \ \ \ \ \ \ \ D\ \ .\ \ D\ \ \ \ \ \ 4$$

所以，$(101101101.110101)_2=(16D.D4)_{16}$。

【例 1-10】 将$(6E3.A8)_{16}$转换成二进制数。

$$(\ 6\ \ \ \ E\ \ \ \ 3\ .\ \ A\ \ \ \ 8\ )_{16}$$
$$\underline{0110}\ \underline{1110}\ \underline{0011}.\underline{1010}\ \underline{1000}$$

所以，$(6E3.A8)_{16}=(11011100011.10101)_2$。

注意：整数前的高位 0 和小数后的低位 0 可省略。

此外，八进制数和十六进制数的相互转换，一般利用二进制数作为中间介质来进行转换。

1.4.4 信息存储单位

在计算机中，虽然不同的硬件和软件对二进制的存储单位不太一致，但基本的存储单位都是以 8 位二进制数为 1 字节。信息的存储单位有"位""字节""字"等。

（1）位（bit）：又称比特，计算机中最小的数据单位，是二进制的 1 位，表示 1 位二进制数信息，1 位二进制数取值为"0"或"1"。

（2）字节（Byte）：简写为 B。1 字节由 8 位二进制数组成（1B=8 bit）。字节是信息存储中最常用的基本单位。

计算机的存储器（包括内存和外存）通常也是以多少字节来表示它的容量的，常用来描述存储器容量的不同单位间的换算规则有：

1KB（千字节）＝1024 B＝2^{10}B
1MB（兆字节）＝1024 KB＝2^{20}B
1GB（千兆字节）＝1024 MB＝2^{30}B
1TB（太字节）＝1024 GB＝2^{40}B

（3）字（word）：字是位的组合，是信息交换、加工、存储的基本单位，用二进制代码表示，一个字由 1 字节或若干个字节构成。字又称计算机字，用来表示数据或信息的长度，它的含义取决于机器的类型、字长及使用者的要求，常用的固定字长有 8 位、16 位、32 位、64 位等。

（4）字长：一个字可由若干个字节组成，组成中央处理器内每个字所包含的二进制数码的位数或字符的数目称为字长。在计算机中，常用字长表示数据和信息的长度。一般，字长越长，容纳的位数越多，内存的容量就越大，运算速度就越快，计算精度也越高，处理能力也越强。可见，字长是衡量计算机硬件的一项重要的性能指标。

1.4.5 数据在计算机中的表示

数据是表示现实世界中各种信息的一组可以记录和识别的标记和符号，它是信息的载体，是信息的具体表现形式。数据的形式可以是字符、符号、表格、声音、图像等。计算机除了用于数值计算之外，还用于进行大量的非数值型数据的处理，但各种信息都是以二进制编码的形式存在的。计算机中编码分为数值型数据编码和非数值型数据编码。

1. 计算机中数值型数据的编码

1）BCD 码

BCD（Binary Coded Decimal）码又称为"二进制编码"，用 4 位二进制数来表示 1 位十进制数中的 0～9 这 10 个数码。BCD 码利用二进制的 4 个位元来存储 1 个十进制的数码，使二进制数和十进制数之间的转换得以快捷进行。其编码方法很多，有 BCD_{8421}、BCD_{2421}、余 3 码、格雷码等。

最常用的是 BCD_{8421} 码，其方法是 4 位二进制数表示 1 位十进制数，自左至右每位对应的位权是 2^3、2^2、2^1、2^0（即 8、4、2、1）所以又称为 8421 码。BCD 码非常直观，但 BCD 码仅仅表示形式上的二进制数，并非真正的二进制数。例如，十进制数$(82.5)_{10}$对应的 BCD 码是$(10000010.0101)_{BCD}$，但对应的二进制数是$(1010010.1)_2$。所以，用 BCD 码表示的十进制数仍然是字符数据，不适于参加算术运算。

2）原码

原码是一种直观的二进制机器数表示方法。最高位符号位，0 表示正，1 表示负，其他位为二进制数绝对值。例如，设机器字长为 8 位，那么$(+7)_{10}$的原码为$(00000111)_2$，$(-7)_{10}$的原码为$(10000111)_2$。

原码简单易懂，与真值转换起来方便。但异号的两个数相加和同号的两个数相减就要做减法，必须判别哪一个数的绝对值大，用绝对值大的数减绝对值小的数，运算结果的符号就是绝对值大的那个数的符号，这样实现起来较为复杂。为了克服原码的缺点，引入反码和补码。

3）反码

反码是补码的一种过渡，反码主要是为了计算补码，其编码规则是：正数的反码与原码相同，负数的反码是原码除符号位外，逐位取反所得的数。例如，设机器字长为 8 位，那么 $(+7)_{10}$ 的反码为 $(00000111)_2$，$(-7)_{10}$ 的反码为 $(11111000)_2$。

4）补码

补码的作用在于能把减法运算化为加法，现代计算机都采用补码。

补码编码规则是：正数的补码与原码相同，负数的补码为该数反码加 1。例如，设机器字长为 8 位，那么 $(+7)_{10}$ 的补码为 $(00000111)_2$，$(-7)_{10}$ 的补码为 $(11111001)_2$。

2．计算机中非数值型数据的编码

1）ASCII 码

目前计算机中用得最广泛的字符编码，是 1963 年由美国国家标准局（ANSI）制定的 ASCII 码（American Standard Code for Information Interchange），即美国标准信息交换码。它已被国际标准化组织（ISO）定为国际标准，称为 ISO 646 标准。ASCII 码有 7 位码和 8 位码两种形式，国际通用的 ASCII 码是 7 位码。

ASCII 码的 7 位码中，用 7 位二进制数来表示 1 个字符，共有 128 个字符（$2^7=128$）。其中包括 26 个大写字母，26 个小写字母，0～9 共 10 个阿拉伯数字，34 个通用字符，如：LF（换行）、CR（回车）、FF（换页）、DEL（删除）、BEL（振铃）SOH（文头）、EOT（文尾）、ACK（确认）等，32 个专用字符（包含标点符号和运算符）。在使用中，每一个字符占用 1 字节，即 8 位二进制数，最高位为校验位。如表 1-5 所示。

表 1-5 ASCII 码对照表

H L	0000	0001	0010	0011	0100	0101	0110	0111
0000	NUL	DLE	SP	0	@	P	`	p
0001	SOH	DCI	!	1	A	Q	a	q
0010	STX	DC2	"	2	B	R	b	r
0011	ETX	DC3	#	3	C	S	c	s
0100	EOT	DC4	$	4	D	T	d	t
0101	ENQ	NAK	%	5	E	U	e	u
0110	ACK	SYN	&	6	F	V	f	v
0111	BEL	ETB	,	7	G	W	g	w
1000	BS	CAN	(	8	H	X	h	x
1001	HT	EM	)	9	I	Y	i	y
1010	LF	SUB	*	:	J	Z	j	z
1011	VT	ESC	+	;	K	[	k	{
1100	FF	S	,	<	L	\	l	|
1101	CR	GS	-	=	M	]	m	}
1110	SO	RS	.	>	N	^	n	~
1111	SI	US	/	?	O	_	o	DEL

要确定某个数字、字母、符号的 ASCII 码，可以先在表 1-5 中找到它的位置，然后确定它所在的行和列，再根据行确定低 4 位编码，根据列确定高 4 位的编码，最后将高 4 位与低 4 位编码组合起来，就是要查找的 ASCII 码。

前 32 个码和最后一个码是计算专用的，是不可见的控制字符。数字字符"0"～"9"的 ASCII 码是连续的，从 30H 到 39H；大写字母"A"～"Z"和小写英文字母"a"～"z"的 ASCII 码也是连续的，分别从 41H 到 54H 和从 61H 和 74H。

例如，查找表可以得到字母"A"的 ASCII 码是 1000001，它代表十进制数 65。同样也可以由 ASCII 码通过查表得到某个字符。例如有一个字符的 ASCII 码是 01010010B，经过查表可知，它是字母"R"。

需要指出的是，十进制数字字符的 ASCII 码与它们的二进制值是有区别的。例如，十进制数 3 的 7 位二进制数为 $(0000011)_2$，而十进制数字字符"3"的 ASCII 码为 $(0110011)_2=(33)_{16}=(51)_{10}$，由此可以看出，数值 3 与数字字符"3"在计算机中的表示是不一样的。数值 3 能表示数的大小，并可以参与数值运算，而数字字符"3"只是一个符号，它不能参与数值运算。

2）汉字编码

我国所使用的汉字在利用计算机进行信息处理时，必须解决汉字的输入、输出及汉字处理等一系列问题，而汉字有着自己独特的编码方法。汉字的主要编码形式有以下几种：

（1）国标区位码。用 2 字节共 16 位二进制数表示一个汉字，每个字节只使用低 7 位（与 ASCII 码相一致），共有 128×128=16 384 种状态。为了使汉字与英文相兼容，把 2 字节的高位设置为 1，做为汉字的内码。

由于 ASCII 码的 34 个控制代码在汉字系统也要使用，为了不发生冲突，所以汉字编码表中共有 94（区）×94（位）=8836 个编码，用来表示 7445 个汉字和图形符号。汉字国标码中共搜集了常用汉字 6763 个。其中，按使用的频率分为：一级汉字 3755 个，按汉语拼音字母顺序排列；二级汉字 3008 个，按偏旁部首的笔画顺序排列；另外还有 682 个数字、字母、符号等非汉字字符。

（2）汉字输入码。汉字输入码是用户为实现由计算机外围设备输入汉字而编制的汉字编码，又称外码。不同的输入方式形成了不同的汉字外码。常用的输入法有：

按汉字的读音形成的编码，如搜狗拼音、全拼、简拼、双拼等。

按汉字的字型形成的编码，如五笔字型、郑码等。

按汉字的音形结合形成的编码，如智能 ABC，智能码等。

在输入时，每种输入方式对应的汉字输入编码都不相同，但经转换后存入计算机内的机内码均相同。例如，我们以全拼输入编码输入"jin"，或以五笔字型输入法输入 QQQQ 都能得到"金"这个汉字对应的机内码。需要说明的是，汉字对应的机内码的转换工作由汉字代码转换程序依照事先编制好的输入码对照表完成转换。

（3）汉字机内码。汉字机内码是只在计算机内部存储、处理、传输汉字用的代码，又称内码。因为汉字国标码与 ASCII 码的每个字节的最高位都是"0"，而英文字符的机内代码是 7 位的 ASCII 码，最高位也为"0"，它们的区别不明显，必须经过某种变换才能在计算机中使用，为了便于区分，将国标区位码的每字节的最高位设置为"1"，这就形成了汉字的内码。

20

第2章 操作系统 Windows 7

学习目标

- 了解操作系统的基本概念、功能和分类。
- 熟练掌握 Windows 7 的基本概念和基本操作。
- 熟悉 Windows 7 桌面的组成。
- 掌握利用 Windows 7 资源管理器进行文件管理的方法。
- 掌握利用控制面板完成各项系统设置的方法。
- 了解 Windows 7 常用附件程序的操作。

2.1 操作系统概述

操作系统（Operating System，OS）是计算机系统中的一个重要系统软件，控制和管理着计算机的软/硬件资源。操作系统在整个计算机系统中具有极其重要的特殊地位，它不仅是硬件与其他软件系统的接口，也是用户和计算机之间进行"交流"的窗口。目前主要的操作系统有 DOS、Windows、UNIX、Linux、OS/2 等。用户可根据自己的使用目的选择不同的操作系统，比如一般家庭用多媒体 PC，大都选择 Windows 操作系统，大中型计算机一般都采用 UNIX 操作系统。

目前全球 90%的个人计算机都采用 Windows 操作系统，Windows 7 是由微软公司开发的新一代操作系统，继承了 Windows XP 的实用和 Windows Vista 的华丽，同时进行了一次升华，它比 Vista 性能更高、启动更快、兼容性更强，具有很多新特性和优点，因此本章将主要介绍 Windows 操作系统中目前使用最广的 Windows 7 操作系统。

2.1.1 操作系统的基本概念

操作系统以尽量有效、合理的方式组织和管理计算机的软/硬件资源，合理地组织计算机的工作流程，控制程序的执行并向用户提供各种服务功能，使用户能够灵活、方便、有效地使用计算机，使整个计算机系统能高效地运行。

2.1.2 操作系统的功能

1. 处理机管理功能

处理机是计算机中的核心资源，所有程序的运行都要靠它来实现。如何协调不同程序之间的运行关系，如何及时反应不同用户的不同要求，如何让众多用户能够公平地得到计算机的资源等都需要处理机去管理。处理机的管理工作体现在以下几个方面：对处理机的时间进行分配；对不同程序的运行进行记录和调度；实现用户和程序之间的相互联系；解决不同程序在运行时相互发生的冲突。处理机管理是操作系统的最核心部分，它的管理方法决定了整个系统的运行能力和质量，代表着操作系统设计者的设计观念。

2. 存储器管理功能

存储器用来存放用户的程序和数据，存储器越大，存放的数据越多。在多个用户或者程序公用一个存储器的时候，自然需要对存储器进行管理，从而需要存储器管理功能。存储器管理要做的工作有：以最合适的方案为不同的用户和不同的任务划分出分离的存储器区域，保障各存储器区域不受别的程序干扰；在主存储器区域不够大的情况下，使用硬盘等其他辅助存储器来替代主存储器的空间，自动对存储器空间进行整理等。

3. 作业管理功能

当用户开始与计算机打交道时，第一个接触的就是作业管理部分，用户通过作业管理所提供的界面对计算机进行操作。因此作业管理担负着两方面的工作：向计算机通知用户的请求，对用户的请求要求计算机完成的任务进行记录和安排；向用户提供操作计算机的界面和对应的提示信息，接收用户输入的程序、数据及要求，同时将计算机运行的结果反馈给用户。具体地说，作业管理要做到：安全的用户登录方法，方便的用户使用界面，直观的用户信息记录形式，公平的作业调度策略等。

4. 信息管理功能

计算机中存放的、处理的、流动的都是信息。信息有不同的表现形态：可以是数据项、记录、文件、文件的集合等。有不同的存储方式：可以连续存放也可以分开存放。还有不同的存储位置：可以存放在主存储器上，也可以存放在辅助存储器上，甚至可以停留在某些设备上。不同用户的不同信息共存于有限的媒体上，如何对这些文件进行分类，如何保障不同信息之间的安全，如何将各种信息与用户进行联系，如何使信息不同的逻辑结构与辅助存储器上的存储结构进行对应，这些都是信息管理要做的事情。

5. 设备管理功能

计算机主机连接着许多设备，有专门用于输入/输出数据的设备，也有用于存储数据的设备，还有用于某些特殊要求的设备。而这些设备又来自不同的生产厂家，型号各异，如果没有设备管理，用户使用起来很不方便。设备管理的主要任务是对计算机系统内的所有设备实施有效管理，使用户方便灵活地使用设备。设备管理具有设备分配、设备传输控制和设备独立性的功能。

2.1.3 操作系统的分类

操作系统是计算机系统软件的核心，根据操作系统在用户界面的使用环境和功能特征的不同，有很多分类方法。

1. 按结构和功能分类

1）批处理操作系统

批处理操作系统中，用户的作业分批提交并处理，即系统将作业成批输入并暂存在外存储器中，组成后备作业队列，每次按一定的调度原则从后备作业中选择一个或多个装入主存储器进行处理，作业完成后退出。这些操作由系统自动实现，在系统中形成了一个自动转接的作业流，当一批作业运行完毕输出结果后，系统便接收下一批作业。批处理操作系统，又分单道批处理系统和多道批处理系统。

2）分时操作系统

所谓"分时"，就是把计算机的系统资源（尤其是 CPU 时间）进行时间上的分割，每个时间段称为一个时间片，每个用户依次轮流使用时间片。

分时操作系统具有多路性、独立性和交互性的特征。多路性是指多个用户可同时工作，它们共享系统资源，提高了资源利用率。独立性是指各用户可独立操作，互不干扰。从微观上看，每个用户作业轮流运行一个时间片；从宏观上看，多个用户同时工作，共享系统资源，每个终端用户都有一个共同的感觉，即它独占了整个系统资源，好像整个系统专为它服务。交互性是指一个计算机系统与若干台本地或远程终端相连，每个用户可以在所使用的终端上以人机会话的交互方式使用计算机。系统能及时对用户的操作进行响应，显著提高调试和修改程序的效率，缩短了周转时间。

目前尽管批处理系统操作仍然在某些方面继续使用，但是分时操作系统作为多道程序系统的一个典型代表，集中体现了多道程序系统的一些技术特征，成为当今计算机操作系统的主流。

3）实时操作系统

实时操作系统主要用于过程控制、事务处理等有实时要求的领域，其主要特征是实时性和可靠性。"实时"是指系统能够及时响应发生的外部事件（一般是一些随机事件），并以足够快的速度完成对事件的处理。在对时间响应的要求上，实时操作系统比分时操作系统要严格得多，一般在毫秒级、微秒级，而批处理系统甚至可以不受响应时间的要求。为了保证程序可靠运行，系统应提供安全措施，比如多级容错、硬件冗余等，避免因发生错误或丢失信息而造成重大经济损失甚至导致灾难性后果。实时操作系统追求的目标是对外部请求在严格的时间范围内做出反应，有高度的可靠性和完整性。

4）网络操作系统

网络操作系统是在通常操作系统功能的基础上提供网络通信和网络服务功能的操作系统。网络操作系统为网上计算机提供方便而有效的网络资源共享，提供网络用户所需的各种服务软件和相关规程的集合。

5）分布式操作系统

分布式操作系统是以计算机网络为基础，由多个分散的处理单元经互联网络连接而形成的，可实现分布处理的系统。它的基本特征是处理上的分布，即功能和任务的分布。分布式操作系统中的每个处理单元既具有高度的自治性，又相互协调，能在系统范围内实现资源管理，动态地分配任务，并行地运行分布式程序。分布式操作系统的所有系统任务可在系统中任何处理机上运行，自动实现全系统范围内任务的分配并自动调度各处理单元的工作负载。

2. 按用户数量分类

操作系统按用户数量一般分为单用户操作系统和多用户操作系统。其中单用户操作系统，又分为单用户单任务操作系统和单用户多任务操作系统。

2.2 Windows 7 的基本操作

中文版 Windows 7 是 Microsoft 公司于 2009 年推出的操作系统。根据用户对象的不同，中文版 Windows 7 可以分为简易版的 Windows 7 Starter、家庭版的 Windows 7 Home Basic、家庭高级版的 Windows 7 Home Premium、专业版的 Windows 7 Professional、企业版的 Windows 7 Enterprise 和旗舰版的 Windows 7 Ultimate。Windows 7 操作系统具有运行可靠、稳定且速度快的特点，这将为用户的计算机的安全、正常、高效地运行提供保障。在新的中文版 Windows 7 系统中增加了众多的新技术和新功能，使用户能轻松地在其环境下完成各种管理和操作。

2.2.1 Windows 的发展历史

美国 Microsoft 公司生产的 Windows 操作系统发展到今天，经历了短暂而又取得了巨大成就的发展阶段。Windows 的发展历史见表 2-1。

表 2-1 Windows 系统版本

系统版本	发布时间	特征	说明
Windows 1.0	1985 年	用户可通过鼠标完成大部分工作，多任务模式及窗口，多程序切换，自带简单的应用程序	Windows 的前身
Windows 2.0	1987 年	充分发挥了 286 PC 的性能，支持 VGA 显示标准，增加了 386 扩展模式	
Windows 3.x 系列	1990 年	具备了模拟 32 位操作系统的功能，图片显示效果，播音、视频，甚至有了屏幕保护程序	大多数用户很容易接受的桌面操作系统
Windows NT 系列	1993 年	系统在安全性、可扩展性和稳定性等方面都有了长足的进步，支持网络、域名服务安全机制、OS/2 和 POSIX 子系统等。推出了 NTFS 文件系统	NT 的含义是 New Technology
Windows 95	1995 年	混合的 16/32 位 Windows 系统。在 OSR2 中开始使用 FAT32 文件系统。支持 Internet、拨号网络、即插即用硬件等功能，同时开始使用 F1 键与"开始"按钮	基于 Windows 3.x 版本的开发，是微软公司第一个用年份命名的操作系统
Windows 98	1998 年	硬件标准的支持、多显示器支持、FAT32 文件系统、Web TV 的支持等	基于 Windows 95
Windows Me	2000 年 9 月	集成了 Internet Explorer 5.5、Windows Media Player 7 和系统还原功能	Me 的含义是 Millennium Edition
Windows 2000	2000 年 12 月	共发布了 4 个版本。基于 NT 技术的操作系统	
Windows XP	2001 年	基于 Windows 2000 代码开发的，集成了防火墙、媒体播放器、MSN 等软件，稳定性更高	XP 的含义是 eXPerience。Windows XP 也称为 Windows 体验版
Windows Server 2003	2003 年	共有 4 个版本。对于活动目录、组策略操作和管理、磁盘管理等面向服务器的功能做了较大改进，全面支持.NET 技术	

续表

系统版本	发布时间	特征	说明
Windows Vista	2007 年	增加了新功能,包括睡眠、超级获取、外部内存驱动器(EMD)和混合硬盘驱动器,并利用混合硬盘驱动技术帮助延长电池的使用时间,安全性更高,能防止最新的病毒,如蠕虫和 Malware 等	对硬件的要求非常高
Windows 7	2009 年	进一步增强了移动工作能力,无论何时、何地、任何设备都能访问数据和应用程序,开启坚固的特别协作体验,无线连接、管理和安全功能会进一步扩展	拥有新操作系统所有的消费级和企业级功能,当然所消耗的硬件资源也是最大的

2.2.2 Windows 7 简介

Windows 7 是由微软公司开发的,具有革命性变化的操作系统。该系统旨在让人们的日常计算机操作更加简单和快捷,为人们提供高效易行的工作环境。Windows 7 可供家庭及商业工作环境、笔记本电脑、平板电脑、多媒体中心等使用。微软 2009 年 10 月 22 日于美国、2009 年 10 月 23 日于中国正式发布 Windows 7,2011 年 2 月 22 日发布 Windows 7 SP1。

Windows 7 做了许多方便用户的设计,如快速最大化,窗口半屏显示,跳转列表(Jump List),系统故障快速修复等,这些新功能令 Windows 7 成为最易用的 Windows 系统。

1. 快速

Windows 7 大幅缩减了 Windows 的启动时间,据实测,在 2008 年的中低端配置下运行,系统加载时间一般不超过 20s,与 Windows Vista 的 40 余秒相比,是一个很大的进步。

2. 简单

Windows 7 将会让搜索和使用信息更加简单,包括本地、网络和互联网搜索功能,直观的用户体验将更加高级,还会整合自动化应用程序提交和交叉程序数据的透明性。

3. 安全

Windows 7 包括了改进了的安全性和功能合法性,还会把数据保护和管理扩展到外围设备。Windows 7 改进了基于角色的计算方案和用户账户管理,在数据保护和坚固协作的固有冲突之间搭建沟通桥梁,同时也会开启企业级的数据保护和权限许可。

4. Aero 特效

Windows 7 的 Aero 效果更华丽,有碰撞效果,水滴效果,还有丰富的桌面小工具。这些都比 Vista 增色不少。但是,Windows 7 的资源消耗却是最低的。不仅执行效率快人一筹,笔记本电脑的电池续航能力也大幅增加。微软总裁称,Windows 7 是最绿色、最节能的系统。Windows 7 及其桌面窗口管理器能充分利用 CPU 的资源进行加速,且支持 Direct3D 11 API。

5. 小工具

Windows 7 的小工具更加丰富,没有了像 Windows Vista 的侧边栏,小工具可以放在桌面的任何位置,而不只是固定在侧边栏。

6. 设计变革

Windows 7 的设计主要围绕 5 个重点:针对笔记本电脑的特有设计;基于应用服务的设计;用

户的个性化；视听娱乐的优化；用户易用性的新引擎。微软宣称 Windows 7 将使用与 Vista 相同的驱动模型，即基本不会出现类似 XP 至 Vista 的兼容问题。

7．Virtual PC

微软新一代的虚拟技术——Windows Virtual PC，程序中自带一份 Windows XP 的合法授权，只要系统是 Windows 7 专业版或是 Windows 7 旗舰版，内存在 2GB 以上，就可以在虚拟机中自由运行只适合于 XP 的应用程序，且即使虚拟系统崩溃，处理起来也很方便。

8．更人性化的 UAC（用户账户控制）

Vista 的 UAC 可谓令 Vista 用户饱受煎熬，但在 Windows 7 中，UAC 控制级增到了 4 个，以此来控制 UAC 的严格程度，令 UAC 安全又不烦琐。

9．可触摸的 Windows

Windows 7 原本包括了触摸功能，但这取决于硬件生产商是否推出触摸产品。系统支持 10 点触控，使得 Windows 不再是只能通过键盘和鼠标才能接触的操作系统了。

10．只预装基本的软件

Windows 7 只预装基本的软件，例如 Windows Media Player、写字板、记事本、照片查看器等。而其他的如 Movie Maker、照片库等程序，微软为缩短开发周期，不再包括于内。用户可以上 Windows Live 官方网站，自由选择 Windows Live 的免费软件。

11．更加易用的驱动搜索

Vista 第一次安装时仍需安装显卡和声卡驱动程序，这显然是很麻烦的事情，对于老爷机来说更是如此。但 Windows 7 不用考虑硬件驱动问题，用 Windows Update 组件在互联网上搜索，就可以找到适合当前计算机中硬件的驱动程序。

2.2.3　Windows 7 的启动

安装有 Windows 7 操作系统的用户，在启动计算机后，首先看到的是桌面。Windows 7 的桌面主要包括桌面背景、图标、"开始"按钮、快速启动工具栏和任务栏等 5 部分组成。

Windows 7 操作系统的启动即是计算机的启动，操作步骤如下：

（1）打开显示器开关，然后打开计算机主机电源开关。

（2）进入 Windows 7 操作系统，显示选择用户界面。选择用户名，如果没有设置密码，可直接进入；如果已设置密码，输入密码后按【Enter】键即可进入计算机系统。

2.2.4　Windows 7 组成元素

1．Windows 7 的桌面

"桌面"就是用户启动计算机登录到系统后看到的整个屏幕界面，如图 2-1 所示。它是用户和计算机进行交流的窗口，可以存放用户经常用到的应用程序和文件，用户可以根据需要在桌面上添加各种快捷图标，在使用时双击图标就能快速启动相应的程序或文件。

Windows 7 桌面上的图标一般包括"Administrator"、"计算机"、"网络"、"Internet Explorer""回收站"等。与 Windows XP 操作系统相比,Windows 7 操作系统新增了桌面小图标工具。在 Windows 7 操作系统中,用户只要将小工具的图标添加到桌面上,即可方便地使用。

"Administrator"图标:用于管理"我的文档"下的文件和文件夹,可保存信件、报告和其他文档,是系统默认的文档保存位置。

图 2-1　系统默认的桌面

"计算机"图标:用户通过该图标可以实现对计算机硬盘驱动器、文件夹和文件的管理,其中用户可以访问连接到计算机的硬盘驱动器、照相机、扫描仪和其他硬件及有关信息。

"网络"图标:该项中提供了网络上其他计算机上的文件夹和文件访问及有关信息,在双击展开的窗口中用户可以进行查看工作组中的计算机、查看网络位置及添加网络位置等工作。

"Internet Explorer"图标:用于浏览互联网上的信息,双击该图标可以访问网络资源。

"回收站"图标:在回收站中暂时存放着用户已经删除的文件或文件夹等信息。

1)任务栏

任务栏是位于桌面最下方的一个小长条,它显示了系统正在运行的程序和打开的窗口、当前时间等内容,用户通过任务栏可以完成许多操作,且可以对它进行一系列的设置。

任务栏可分为"开始"按钮、快速启动工具栏、窗口按钮栏和通知区域等几部分,如图 2-2 所示。

图 2-2　任务栏

"开始"按钮:单击此按钮,可以打开"开始"菜单,在用户操作过程中,通过它可以打开所有的应用程序。

快速启动工具栏:它由一些小型的按钮组成,单击可以快速启动图标对应的程序。在一般情况下,它包括网上浏览工具 Internet Explorer 图标、收发电子邮件的程序 Outlook Express 图标等常用程序的图标。

窗口按钮栏:当用户启动某项应用程序打开一个窗口后,在任务栏上会出现相应的有立体感的按钮,表明当前程序正在被使用,在正常情况下,按钮是向下凹陷的,而把程序窗口最小化后,按钮则是向上凸起的,这样可以使用户观察更方便。

通知区域:该区域显示了时间指示器、输入法指示器、音量控制器、系统时钟和系统运行时常驻内存的应用程序图标。

2)"开始"菜单

在桌面上单击"开始"按钮,或者在键盘上按下【Ctrl+Esc】组合键,即可打开"开始"菜单,大体可分为四部分,如图 2-3 所示。

"开始"菜单最上方标明了当前登录计算机系统的用户名和用户图标。

在"开始"菜单的中间部分,左侧是用户常用的应用程序的快捷启动项,根据其内容的不同,中间用不很明显的分组线进行分类,通过快捷启动项,用户可以快速启动应用程序。

图 2-3 "开始"菜单

在右侧是系统控制工具菜单区域,如"计算机"、"我的文档"、"搜索"等选项,通过菜单项,用户可以实现对计算机的操作与管理。

在"所有程序"菜单项中显示计算机系统中安装的全部应用程序。当用户启动应用程序时,可单击"开始"按钮,在打开的"开始"菜单中把鼠标指向"所有程序"菜单项,这时会出现"所有程序"的级联子菜单,在其级联子菜单中可能还会有下一级的级联子菜单,当其选项旁边不再带有黑色的箭头时,单击该程序名,即可启动此应用程序。

在"开始"菜单最下方是计算机控制菜单区域,包括"关机"按钮及下拉菜单,用户可以在此进行切换用户、注销、锁定、重新启动、睡眠和关闭计算机的操作。

2.2.5 中文版 Windows 7 的窗口

当用户打开一个文件或使用应用程序时,会出现一个窗口,窗口是用户进行操作时的重要组成部分,熟练地对窗口进行操作,将提高用户的工作效率。

1. 窗口的组成

在中文版 Windows 7 中有许多种窗口,其中大部分都包括了相同的组件,如图 2-4 所示是一个标准的窗口,它由标题栏、菜单栏、工具栏等几部分组成。

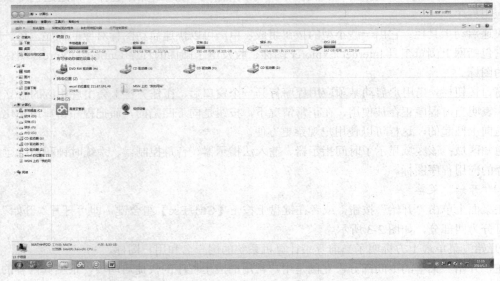

图 2-4 "计算机"窗口

（1）标题栏：位于窗口的最上部，它标明了当前窗口的名称，左侧有控制菜单按钮，右侧有最小、最大化或还原及关闭按钮。

（2）菜单栏：在标题栏的下面，它提供了用户在操作过程中要用到的各种访问途径。

（3）工具栏：包括一些常用的功能按钮，用户在使用时可以直接从其中选择各种工具。

（4）状态栏：它在窗口的最下方，标明了当前有关操作对象的一些基本情况。

（5）工作区域：它在窗口中所占的比例最大，显示了应用程序界面或文件中的全部内容。

（6）滚动条：当工作区域的内容太多而不能全部显示时，窗口将自动出现滚动条，用户可以通过拖动水平或者垂直的滚动条来查看所有的内容。

在中文版 Windows 7 系统中，窗口左侧新增加了链接区域，这是以往的 Windows 版本中所不具有的，它以超链接的形式为用户提供了各种操作的便利途径。

在一般情况下，链接区域包括几种选项，用户可以通过单击选项名称的方式来隐藏或显示其具体内容。

（1）"任务"选项：为用户提供常用的操作命令，其名称和内容随打开窗口的内容改变而变化。当选择一个对象后，在该选项下会出现可能用到的各种操作命令，可以在此直接进行操作，而不必在菜单栏或工具栏中进行，这样会提高工作效率。其类型有"文件和文件夹任务"、"系统任务"等。

（2）"其他位置"选项：以链接的形式为用户提供了计算机上其他的位置，在需要使用时，可以快速转到有用的位置，打开所需要的其他文件，例如"计算机""我的文档"等。

（3）"详细信息"选项：在这个选项中显示了所选对象的大小、类型和其他信息。

2．打开窗口

当需要打开一个窗口时，可以通过下面两种方式来实现：

（1）直接双击要打开的窗口图标。

（2）在选中的图标上右击，在弹出的快捷菜单中选择"打开"命令。

3．移动窗口

移动窗口时，用户只需要在标题栏上按下鼠标左键拖动，移动到合适的位置后再松开，即可完成移动的操作。

4．缩放窗口

窗口不但可以移动到桌面上的任何位置，而且还可以改变大小并将其调整到合适的尺寸。当用户只需要改变窗口的宽度时，可把鼠标放在窗口的垂直边框上，当鼠标指针变成双向的箭头时，可任意拖动。当只需要改变窗口的高度时，可以把鼠标放在水平边框上，当指针变成双向箭头时进行拖动。当需要对窗口进行等比缩放时，可以把鼠标放在边框的任意角上进行拖动。

5．最大化、最小化窗口

当用户在对窗口进行操作的过程中，可以根据自己的需要，把窗口最小化、最大化等。

（1）最小化按钮：在暂时不需要对窗口进行操作时，可把它最小化以节省桌面空间，用户直接在标题栏上单击此按钮，窗口会以按钮的形式缩小到任务栏。

（2）最大化按钮：窗口最大化时铺满整个桌面，这时不能再移动或者缩放窗口。用户在标题栏上单击此按钮即可使窗口最大化。

（3）还原按钮：当把窗口最大化后想恢复原来打开时的初始状态，则单击此按钮即可实现对窗口的还原。

用户在标题栏上双击可以进行最大化与还原两种状态的切换。

6．切换窗口

当用户打开多个窗口时，需要在各个窗口之间进行切换，下面是几种切换的方式。

（1）当窗口处于最小化状态时，用户在任务栏上选择所要操作窗口的按钮，然后单击即可完成切换。当窗口处于非最小化状态时，可以在所选窗口的任意位置单击，当标题栏的颜色变深时，表明完成对窗口的切换。

用【Alt+Tab】组合键来完成切换，用户可以在键盘上同时按下【Alt】和【Tab】两个键，屏幕上会出现切换任务框，在其中列出了当前正在运行所有窗口的小图标，用户此时可以按住【Alt】键，然后在键盘上按【Tab】键从"切换任务框"中选择所要打开的窗口，选中后再松开这两个键，所选择的窗口即可成为当前窗口，如图2-5所示。

图2-5　切换任务框

（2）用户也可以使用【Alt+Esc】组合键，先按下【Alt】键，然后再通过按【Esc】键来选择需要打开的窗口，但它只能改变激活窗口的顺序，而不能使最小化窗口放大，所以此操作多用于切换已打开的多个窗口。

7．关闭窗口

用户完成对窗口的操作后，在关闭窗口时有下面几种方式：
（1）直接在标题栏上单击"关闭"按钮 ⊠ 。
（2）双击控制菜单按钮。
（3）单击控制菜单按钮，在弹出的控制菜单中选择"关闭"命令。
（4）使用【Alt+F4】组合键。

如果用户打开的窗口是应用程序，可以在文件菜单中选择"退出"命令，也可以关闭窗口。

如果所要关闭的窗口处于最小化状态，可以在任务栏上选择该窗口的按钮，然后右击该按钮，在弹出的快捷菜单中选择"关闭"命令。

用户在关闭窗口之前应保存所创建的文档或所做的修改，如果忘记保存，当执行了"关闭"命令后，会弹出一个对话框，询问是否要保存所做的修改，单击"是"按钮保存后关闭，单击"否"按钮则不会保存所做的修改，单击"取消"按钮则不能关闭窗口，可继续使用该窗口。

2.2.6　使用对话框

对话框在中文版Windows 7中占有重要的地位，是用户与计算机系统之间进行信息交流的窗口，在对话框中用户通过对选项的选择，对系统进行对象属性的修改或者设置。

1．对话框的组成

对话框的组成和窗口有相似之处，例如都有标题栏，但对话框比窗口更简洁、更直观、更侧重于与用户的交流，它一般包含标题栏、选项卡与标签、文本框、列表框、命令按钮、单选按钮和复选框等几部分。

（1）标题栏：位于对话框的最上方，系统默认的是深蓝色，上面左侧标明了该对话框的名称，右侧有关闭按钮，有的对话框还有帮助按钮。

（2）选项卡和标签：在系统中有很多对话框都是由多个选项卡构成的，选项卡上写明了标签，以便于进行区分。用户可以通过各个选项卡之间的切换查看不同的内容，在选项卡中通常有不同的选项组。例如在"显示属性"对话框中包含了"主题""桌面""屏幕保护程序""外观""设置"等 5 个选项卡，在"屏幕保护程序"选项卡中又包含了"屏幕保护程序""监视器的电源"选项组，如图 2-6 所示。

（3）文本框：需要用户输入某项内容，还可以对各种输入内容进行修改操作。一般在其右侧会带有向下的箭头，可以单击箭头在展开的下拉列表中查看最近曾经输入过的内容。

图 2-6   "显示属性"对话框

（4）列表框：列表框列出可供用户选择的选项。列表框常带有滚动条，用户可拖动滚动条显示相关选项并进行选择。

（5）命令按钮：它是指在对话框中圆角矩形并且带有文字的按钮，常用的有"确定""应用""取消"等。

（6）单选按钮：它通常是一个小圆圈，后面有相关的文字说明，当选中后，在小圆圈中间会出现一个小圆点。在对话框中通常是一个选项组中包含多个单选按钮，当选中其中一个后，其他选项将处于未选定状态。

（7）复选框：它通常是一个小正方形框（或菱形框），在其后面也有相关的文字说明，当选中后，在小正方形框中间会出现一个"√"，复选框可以同时选中多个。若复选框为空，则表示该选项未选定。

另外，在有的对话框中还有调节数字的微调按钮，它由向上和向下两个箭头组成，用户在使用时单击向上或向下箭头即可增加或减少数字。

2．对话框的移动和关闭

1）对话框的移动

用户要移动对话框时，可以在对话框的标题上按下鼠标左键拖动到目标位置再松开，也可在标题栏上右击，在弹出的快捷菜单中选择"移动"命令，然后在键盘上按方向键来改变对话框的位置，到目标位置时，单击或者按【Enter】键确认，即可完成移动操作。

2）对话框的关闭

关闭对话框的方法有以下几种：

单击"确认"按钮或者"应用"按钮，可在关闭对话框的同时保存用户在对话框中所做的修改。

如果用户要取消所做的改动，可以单击"取消"按钮，或者直接在标题栏上单击"关闭"按钮，也可以在键盘上按【Esc】键退出对话框。

3．使用对话框中的帮助

对话框不能像窗口那样任意改变大小，在标题栏上也没有最小化、最大化按钮，取而代之的是"帮助"按钮。当用户在操作对话框时，如果不清楚某选项组或者按钮的含义，可以在标题栏上单击"帮助"按钮，此时在鼠标指针旁边会出现一个问号，然后用户可以在自己不明白的对象上单击，会出现一个对该对象进行详细说明的文本框，在对话框内任意位置或者在文本框内单击，说明文本框即可消失。

2.2.7 Windows 7 的退出

当用户要结束对计算机的操作时，一定要先退出中文版 Windows 7 系统，然后再关闭显示器，否则会丢失文件或破坏程序，如果用户在没有退出 Windows 系统的情况下就关机，系统将认为是非法关机，当下次再开机时，系统会自动执行自检程序。

1．中文版 Windows 7 的注销

由于中文版 Windows 7 是一个支持多用户的操作系统，当登录系统时，只需要在登录界面上单击用户名前的图标，即可实现多用户登录，用户可以进行个性化设置而互不影响。

为了便于不同的用户快速登录使用计算机，中文版 Windows 7 提供了注销的功能，应用注销功能，用户不必重新启动计算机就可以实现多用户登录。

中文版 Windows 7 的注销，可执行下列操作：

（1）当用户需要注销时，在"开始"菜单中单击"关机"按钮右侧的箭头，然后选择"注销"按钮，此时系统将实行注销。

（2）用户单击"注销"按钮后，桌面上出现另一个对话框，"切换用户"指在不关闭当前登录用户的情况下切到另一个用户，用户可以不关闭正在运行的程序，而当再次返回时系统会保留原来状态。而"注销"将保存设置关闭当前登录用户。

2．关闭计算机

当用户不再使用计算机时，可单击"开始"按钮，在"开始"菜单中选择"关机"按钮，此时系统将执行"关闭计算机"的命令。

重新启动：此选项将关闭并重新启动计算机。

用户也可以在关机前关闭所有的程序，然后使用【Alt+F4】组合键快速关闭应用程序。

2.3 Windows 7 的文件和文件夹操作

在 Windows 操作系统中，文件是最小的数据组织单位。文件中可以存放文本、图像和数值数据等信息，这些文件被存放在硬盘的文件夹中。文件就是用户赋予了名字并存储在磁盘上信息的集合，它可以是用户创建的文档，也可以是可执行的应用程序或图片、声音等。文件夹是系统组织和管理文件的一种形式，是为方便用户查找、维护和存储而设置的，用户可以将文件分门别类地存放在不同的文件夹中。在文件夹中可存放所有类型的文件和下一级文件夹、磁盘驱动器及打印队列等内容。

2.3.1 文件和文件夹的概念

文件是一组逻辑上相互关联的信息的集合，用户在管理信息时通常以文件为单位。在一般情况

下，文件可以分为文本文件、图像文件、照片文件、压缩文件、音频文件、视频文件等。不同的文件类型，往往其图标不一样，查看方式也不一样，只有安装了相应的软件，才能查看文件的内容。管理文件是操作系统的一项主要功能。每个文件都有自己唯一的名称，Windows 7 正是通过文件的名字来对文件进行管理的。

1．文件名

为了区别和使用文件，必须给每个文件起一个名字，称为文件名。文件名通常由主文件名和扩展名组成，中间以"."连接，如 myfile.doc，扩展名常用来表示文件的数据类型和性质。当没有扩展名时，主文件名后面的"."也必须省略。下面是几种常见的扩展名所代表的文件类型：

.com ——命令文件　　　　　　　　　　.sys ——系统配置文件
.doc ——Word 文档文件　　　　　　　.txt ——文本文件
.exe ——可执行文件　　　　　　　　　.htm ——主页文件
.obj ——目标文件　　　　　　　　　　.zip ——压缩文

文件名的长度最多可达256个字符，命名时不区分字母大小写，文件的名称中允许有空格，文件夹没有扩展名。同一个文件夹中的文件夹不能同名，在默认情况下系统自动按照文件类型显示和查找文件。文件的类型是由文件的扩展名来标识的，一个文件名中还可以包含多个"."分隔符，其中最后一个分隔符"."后面的内容是扩展名。如 a.p.myfile.doc 是一个正确的文件名，其扩展名为 doc。此外，文件名中还可以包含汉字和空格，但不能包含下列字符："|""""?""\""*""<"">"。在文件名中，不区分字母的大小写，即文件 help.doc 和 HELP.doc 表示的是同一个文件。

用户可以在文件名、扩展名中使用通配符"?"和"*"，达到一次指定一批文件、然后对它们进行删除、移动等操作的目的，其中"?"表示任意1个字符，"*"表示任意长度的任意字符。下面通过例子进行说明。

a?.com ——主文件名第一个字符为"a"、第2个字符可为任意的，主文件名为2个字符，扩展名为 com 的所有文件。例如，az.com、ax.com、aa.com 等文件，但不包括文件 aaa.com、aa1.com、aaac.com 等文件。

a*.com ——主文件名的第一个字符为"a"，扩展名为 com 的所有文件。例如，a.com、aa.com、aaz.com、aaa.com、aax1.com、axcvd.com 等文件。

?a*.exe ——主文件名第二个字符为"a"，扩展名为 exe 的所有文件。例如 zax.exe、bax.exe、caxzs.exe 等文件。

*.txt ——所有扩展名为 txt 的文件。

. ——所有文件。

2．文件夹

在 Windows 7 操作系统中，文件夹主要用来存放文件，是存放文件的"容器"。文件夹和文件一样，都有自己的名字，系统也都是根据它们的名字来存取数据的。文件夹的命名规则具有以下特征：

（1）支持长文件夹名称。

（2）在文件的名称中允许有空格，但不允许有斜线（\、/）、竖线（|）、小于号（<）、大于号（>）、冒号（:）、引号（"）、问号（?）、星号（*）等符号。

（3）文件夹的长度最多可达255个字符，命名时不区分字母大小写。

（4）文件夹没有扩展名。

(5) 同一个文件夹中的文件不可同名。

3. 文件夹与路径

为了便于管理磁盘中的大量信息，更加有效地组织和管理磁盘文件，解决文件重名问题，Windows 7 像其他操作系统一样，使用了多级目录结构——树状目录结构。

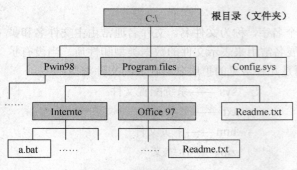

图 2-7 树状目录结构

在 Windows 7 中，目录也叫文件夹。由一个根目录和若干层子文件夹组成的目录结构称为树状目录结构，它像一棵倒置的树。树根是根文件夹，根文件夹下允许建立多个子文件夹，子文件夹下还可以建立再下一级的子文件夹。每一个文件夹中允许同时存在若干个子文件夹和若干文件，不同文件夹中允许存在相同文件名的文件，任何一个文件夹的上一级文件夹称为它的父文件夹。如图 2-7 所示，填充的方框表示文件夹，没有填充的方框代表文件。

子文件夹 Pwin98 的父文件夹是根目录 C:\，在文件夹 Program files 和文件夹 Office 97 下面都有一个名为 Readme.txt 的文件，这两个文件的内容可能不同，也可能相同。

1）根目录

根目录是在磁盘格式化（执行 FORMAT 命令）时由操作系统自动设定的，是目录系统的起点，不能被删除。根目录用反斜杠"\"表示，不能用别的符号代替。每个磁盘都有自己的根目录和自己的树状目录结构。

2）子目录

在树状目录结构中，根文件夹下可以有很多子文件夹，每个子文件夹下又可以有很多子文件夹，子文件夹的个数、层次只受磁盘容量的限制。

每个子文件夹都必须有名字，称为文件夹名。文件夹名的命名规则与文件名类似。

3）当前盘

在计算机的多个磁盘中，通常总是仅有一个处于前台的工作状态，用户当前打开的、处于前台读/写数据操作的磁盘称为当前盘。用户可改变或指定当前盘。一般，在活动窗口中处于打开状态的磁盘即为当前盘。

4）当前文件夹

在树状目录结构的众多文件夹中，用户通常不能同时查看多个文件夹中的内容，要查看一个文件夹中包含的文件清单，必须打开该文件夹，处于打开状态的文件夹即称为"当前文件夹"，是指正在操作的文件所在的文件夹。

5）目录路径

在树状结构文件系统中，为了确定文件在目录结构中的位置，常常需要在目录结构中按照目录层次顺序沿着一系列的子目录找到指定的文件。这种确定文件在目录结构中位置的一组连续的、由路径分隔符"\"分隔的文件夹名叫路径。通俗地说，就是指引系统找到指定文件的途径。描述文件或文件夹的路径有两种方法：绝对路径和相对路径。

6）绝对路径和相对路径

从根目录开始到文件所在文件夹的路径称为"绝对路径"，绝对路径总是以"盘符：\"作为路径的开始符号，例如在图 2-7 树状目录结构中，访问文件"a.bat"的绝对路径是：C:\program files\internet\a.bat。

从当前文件夹开始到文件所在文件夹的路径称为"相对路径",一个文件的相对路径会随着当前文件夹的不同而不同。如在图 2-7 中,如果当前文件夹是 Pwin98,则访问文件"a.bat"的相对路径是:..\Program files \Internet\a.bat,这里的".."代表 Pwin98 文件夹的父文件夹。在命令行方式下,正确使用".."会给用户的操作带来很多方便。在实际应用中,父、子文件夹之间的文件复制、移动操作很多,当父文件夹名称太长时,直接使用".."来表示,非常方便。

2.3.2 文件和文件夹的操作

1. 新建文件或文件夹

新建文件或文件夹有多种方法,用户可以创建新的文件夹来存放具有相同类型或相近形式的文件,创建新文件夹可执行下列操作步骤:

(1)双击"计算机"图标,打开"计算机"窗口。
(2)双击要新建文件夹的磁盘,打开该磁盘。
(3)选择"文件"→"新建"→"文件夹"命令或需创建的文件类型命令;或右击工作区的空白处,在弹出的快捷菜单中选择"新建"命令来完成。
(4)在新建的文件或文件夹名的文本框中输入名称,单击【Enter】键或单击其他位置即可。

2. 移动和复制文件或文件夹

在实际应用中,有时用户需要将某个文件或文件夹移动或复制到其他地方以方便使用,此时就需要用到移动或复制命令。移动文件或文件夹就是将文件或文件夹放到其他地方,执行移动命令后,原位置的文件或文件夹消失,出现在目标位置;复制文件或文件夹就是将文件或文件夹复制一份,放到其他地方,执行复制命令后,原位置和目标位置均有该文件或文件夹。

移动和复制文件或文件夹的操作步骤如下:

(1)选择要进行移动或复制的文件或文件夹。若要一次性移动或复制多个相邻的文件或文件夹,可按着【Shift】键选择多个相邻的文件或文件夹;若要一次性移动或复制多个不相邻的文件或文件夹,可按着【Ctrl】键选择多个不相邻的文件或文件夹;若非选文件或文件夹较少,则可先选择非选文件或文件夹,然后选择"编辑"→"反向选择"命令即可;若要选择所有的文件或文件夹,可选择"编辑"→"全部选定"命令或按【Ctrl+A】键。
(2)选择"编辑"→"剪切"或"复制"命令,或右击文件或文件夹,在弹出的快捷菜单中选择"剪切"或"复制"命令。
(3)选择目标位置。
(4)选择"编辑"→"粘贴"命令,或右击空白处,在弹出的快捷菜单中选择"粘贴"命令即可。

3. 重命名文件或文件夹

文件或文件夹的重命名操作步骤如下:

(1)选择要重命名的文件或文件夹。
(2)选择"文件"→"重命名"命令,或右击文件或文件夹,在弹出的快捷菜单中选择"重命名"命令。
(3)这时文件或文件夹的名称将处于编辑状态(蓝色反白显示),用户可直接输入新的名称进行重命名操作。也可在文件或文件夹名称处直接单击两次(两次单击间隔时间应稍长一些,以免执行"双击"命令),使其处于编辑状态,输入新的名称进行重命名操作。

4. 删除文件或文件夹

当有的文件或文件夹不再需要时，用户可将其删除掉，以利于对文件或文件夹进行管理。删除后的文件或文件夹将被放到"回收站"中，用户可以选择将其彻底删除或还原到原来的位置。

删除文件或文件夹的操作如下：

（1）选定要删除的文件或文件夹。若要选定多个相邻的文件或文件夹，可按【Shift】键进行选择；若要选定多个不相邻的文件或文件夹，可按【Ctrl】键进行选择。

（2）使用以下的方法之一继续删除操作：

① 选择"文件"→"删除"命令，或右击文件或文件夹，在弹出的快捷菜单中选择"删除"命令。

② 按【Delete】键。

③ 用鼠标将其拖动到桌面的"回收站"图标上。

④ 单击窗口左侧"文件和文件夹任务"列表中的"删除这个文件夹"超链接。

（3）弹出确认文件或文件夹删除对话框，"删除文件夹"对话框如图 2-8 所示。

图 2-8 "删除文件夹"对话框

（4）若确认要删除该文件或文件夹，可单击"是"按钮；若不删除该文件或文件夹，可单击"否"按钮。

5. 删除或还原"回收站"中的文件或文件夹

"回收站"为用户提供了一个安全的删除文件或文件夹的解决方案，用户从硬盘中删除文件或文件夹时，Windows 7 会将其自动放入"回收站"中，直到用户将其清空或还原到原位置。

删除或还原"回收站"中文件或文件夹的操作步骤如下：

（1）双击桌面上的"回收站"图标。

（2）打开"回收站"窗口，如图 2-9 所示。

（3）若要删除"回收站"中所有的文件和文件夹，可单击"回收站任务"窗格中的"清空回收站"命令；若要还原所有的文件和文件夹，可单击"回收站任务"窗格中的"恢复所有项目"按钮；若还原其中某个文件或文件夹，可先选中该文件或文件夹，单击"回收站任务"窗格中的"恢复此项目"按钮，若要还原多个文件或文件夹，可按住【Ctrl】键，选定文件或文件夹。

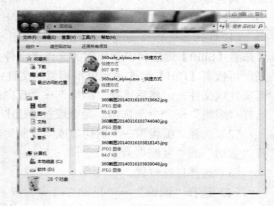

图 2-9 "回收站"窗口

注意：删除"回收站"中的文件或文件夹，意味着将该文件或文件夹彻底删除，无法再还原；若还原已删除文件夹中的文件，则该文件夹将在原来的位置重建，然后在此文件夹中还原文件；当回收站充满后，Windows 7 将自动清除"回收站"中的空间以存放最近删除的文件和文件夹。

若想直接删除文件或文件夹，而不将其放入"回收站"中，可在拖到"回收站"时按住【Shift】键，或选中该文件或文件夹，按【Shift+Delete】组合键。

6. 更改文件或文件夹属性

文件或文件夹包含三种属性：只读、隐藏和存档。若将文件或文件夹设置为"只读"属性，则该文件或文件夹不允许更改和删除；若将文件或文件夹设置为"隐藏"属性，则该文件或文件夹在常规显示中将不被看到；若将文件或文件夹设置为"存档"属性，则表示该文件或文件夹已存档，有些程序用此选项来确定哪些文件需做备份。

更改文件或文件夹属性的操作步骤如下：

（1）选中要更改属性的文件或文件夹。

（2）选择"文件"→"属性"命令，或右击文件或文件夹，在弹出的快捷菜单中选择"属性"命令，打开属性对话框。

（3）选择"常规"选项卡，如图 2-10 所示。

（4）在该选项卡的"属性"选项组中选定需要的属性复选框。

（5）单击"应用"按钮。

图 2-10　"文件夹属性"对话框

（6）在该对话框中还可选择"仅应用于文件夹中的文件"或"将更改应用于该文件夹、子文件夹和文件"选项，单击"确定"按钮即可关闭该对话框。

（7）在"常规"选项卡中，单击"确定"按钮即可应用该属性。

7．搜索文件和文件夹

有时候用户需要察看某个文件或文件夹的内容，却忘记了该文件或文件夹存放的具体位置或具体名称，这时候 Windows 7 提供的搜索文件或文件夹功能就可以帮用户查找到该文件或文件夹所在位置。

搜索文件或文件夹的具体操作如下：

（1）单击"开始"按钮。

（2）在"搜索程序和文件"中输入文件或文件夹的名称，单击"搜索"按钮。

（3）单击"查看更多结果"按钮扩大搜索的范围，即可开始搜索，Windows 7 会将搜索的结果显示在"搜索结果"对话框右边的空白框内。

（4）双击搜索后显示的文件或文件夹，即可打开该文件或文件夹。

8．设置共享文件夹

Windows 7 网络方面的功能设置更加强大，用户不仅可以使用系统提供的共享文件夹，也可以设置自己的共享文件夹，与其他用户共享自己的文件夹。

系统提供的共享文件夹被命名为"Shared Documents"，双击"计算机"图标，在"计算机"窗口中可看到该共享文件夹。若用户想将某个文件或文件夹设置为共享，可选定该文件或文件夹，将其拖到"Shared Documents"共享文件夹中即可。

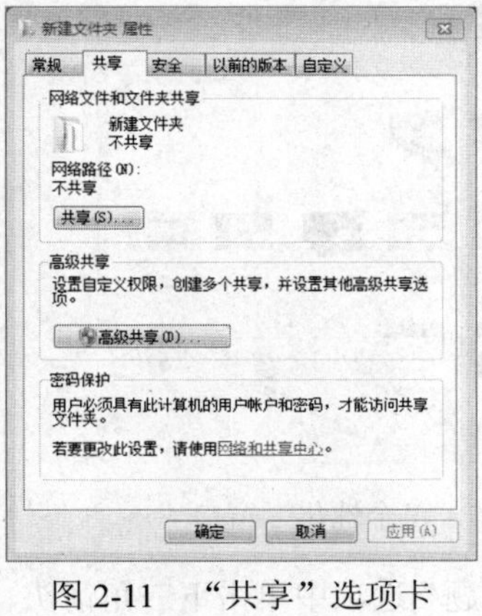

设置用户自己的共享文件夹的操作如下：

（1）选定要设置共享的文件夹。

（2）选择"文件"→"共享"命令，或右击文件夹，在弹出的快捷菜单中选择"共享"命令。

（3）打开属性对话框中的"共享"选项卡，如图 2-11 所示。

（4）在"网络文件和文件夹共享"选项组中，单击"共享"按钮，或者在"高级共享"选项组中单击"高级共享"按钮，根据其提示进行设置操作。

图 2-11　"共享"选项卡

（5）设置完毕后，单击"应用"按钮和"确定"按钮即可。

2.4　Windows 7 的设置

"控制面板"窗口是用户对计算机系统进行配置的重要工具,可用来修改系统配置,实现个性化设置。

单击"开始"按钮,选择"控制面板"命令,或打开"计算机"窗口,在窗口左侧窗格中单击"控制面板"图标,打开经典视图下的"控制面板"窗口,如图 2-12 所示。如果在右侧的"查看方式"菜单中,选择"大图标"命令,就会出现大图标视图下的"控制面板"窗口,如图 2-13 所示。

图 2-12　经典视图下的"控制面板"窗口　　　图 2-13　大图标视图下的"控制面板"窗口

2.4.1　显示属性的设置

在中文版 Windows 7 系统中为用户提供了设置个性化桌面的空间,系统自带了许多精美的图片,用户可以将它们设置为墙纸;通过显示属性的设置,用户还可以改变桌面的外观,或选择屏幕保护程序,还可以为背景加上声音,通过这些设置,可以使用户的桌面更加赏心悦目。

在"控制面板"窗口中单击"显示"图标,打开"显示"窗口,如图 2-14 所示。

也可以右击桌面空白处,在弹出的快捷菜单中选择"个性化"命令,打开"个性化"窗口,如图 2-15 所示。

图 2-14　"显示"窗口　　　图 2-15　"个性化"窗口

(1) 在"我的主题"选项卡中用户可以为背景加一组声音,在"主题"选项中单击下三角箭头,在弹出的下拉列表框中有多种选项。

（2）在"桌面背景"选项卡中用户可以设置自己的桌面背景，在"背景"列表框中，Windows 7 提供了多种风格的图片，用户可根据自己的喜好进行选择，也可以通过浏览的方式从已保存的文件中调入自己喜爱的图片。

（3）当用户暂时不对计算机进行任何操作时，可以使用"屏幕保护程序"，这样既可以省电，又可有效地保护显示器，并且可以防止其他人在计算机上进行任意的操作，从而保证数据的安全性。

选择"屏幕保护程序"选项卡，在"屏幕保护程序"下拉列表框中提供了各种静止和活动的样式。当用户选择了一种活动的程序后，如果对系统默认的参数不满意，还可以根据自己的喜好做进一步设置。

（4）显示器高显示清晰的画面，不仅有利于用户观察，而且会很好地保护视力，特别是对于一些专业从事图形/图像处理的用户来说，对显示屏幕分辨率的要求是很高的，在"显示属性"对话框中切换到"设置"选项卡，可以在其中对高级显示属性进行设置。

2.4.2 系统设置

在现代生活中，人人都想体现自己与众不同的个性魅力，对工作环境的个性化设置更是不可忽视的问题。在前面介绍 Windows 7 桌面设置的时候讲到了显示属性的设置，这一节将介绍其他如何设置个性化 Windows 7 的工作环境。对 Windows 7 进行个性化设置不仅可以体现自己独特的个性，更重要的是可以使 Windows 7 更符合个人的工作习惯，提高工作效率。

1．调整鼠标

鼠标是操作计算机过程中使用最频繁的设备之一，几乎所有的操作都要用到鼠标。在安装 Windows 7 时系统已自动对鼠标进行过设置，但这种默认的设置可能并不符合用户个人的使用习惯，这时用户可以按照个人的喜好对鼠标进行一些调整。

（1）单击"开始"按钮，选择"控制面板"命令，打开"控制面板"窗口。

（2）单击"鼠标"图标，打开"鼠标属性"对话框，选择"鼠标键"选项卡，如图 2-16 所示。

（3）在"鼠标键配置"选项组中，系统默认左边的键为主要键，若选中"切换主要和次要的按钮"复选框，则设置右边的键为主要键；在"双击速度"选项组中拖动滑块可调整鼠标

图 2-16 "鼠标属性"选项卡

的双击速度，双击旁边的文件夹图标可检验设置的速度；在"单击锁定"选项组中，若选中"启用单击锁定"复选框，则在移动项目时不用一直按着鼠标键就可实现锁定，单击"设置"按钮，在弹出的"单击锁定的设置"对话框中可调整实现单击锁定需要按鼠标键或轨迹球按钮的时间。

（4）设置完毕后，单击"确定"按钮即可。

2．更改日期和时间

若用户需要更改日期和时间，操作步骤如下：

（1）单击任务栏最右边的时间栏，选择"更改日期和时间设置"命令，或单击"开始"按钮，选择"控制面板"命令，打开"控制面板"窗口，单击"日期和时间"图标。

（2）打开"日期和时间属性"对话框，选择"日期和时间"选项卡，如图 2-17 所示。

图 2-17　"时间和日期"选项卡

(3) 单击"更改日期和时间"按钮可修改日期和时间。
(4) 更改完毕后，单击"确定"按钮即可。

2.4.3　用户管理

在实际生活中，经常出现多个用户使用一台计算机的情况，而每个用户的个人设置和配置文件等均有所不同，这时用户可进行多用户使用环境的设置。使用多用户使用环境设置后，不同用户以不同身份登录时，系统就会应用该用户身份的设置，而不会影响到其他用户的设置。

设置多用户使用环境的具体操作步骤如下：

(1) 单击"开始"按钮，选择"控制面板"命令，打开"控制面板"窗口。

(2) 单击"用户账户"图标，打开"用户账户"窗口，如图 2-18 所示。

(3) 在"用户账户"选项组中可选择"更改账户图片"、"添加或删除用户账户"或"更改 Windows 密码"三种选项。

(4) 若用户要进行用户账户的更改，可单击"添加或删除用户账户"，打开"管理账户"窗口，如图 2-19 所示。在"选择希望更改的账户"选项组中可选择"Administrator 管理员"或"Guest 来宾账户"。

图 2-18　"用户账户"窗口

图 2-19　"管理账户"窗口

(5) 在该对话框中选择要更改的账户，例如选择"Administrator 管理员"，打开"更改账户"窗口，如图 2-20 所示。

(6) 在该窗口中，用户可进行"更改账户名称""创建密码""更改图片"等操作。

若用户要更改其他用户账户选项或创建新的用户账户等，可单击相应的命令选项，按提示信息操作即可。

图 2-20　"更改账户"窗口

2.4.4 磁盘管理

在计算机的日常使用过程中，用户可能会非常频繁地进行应用程序的安装、卸载，文件的移动、复制、删除或从 Internet 下载程序文件等多种操作，而这样操作一段时间后，计算机硬盘上将会产生很多磁盘碎片或大量的临时文件等，致使运行空间不足，程序运行速度变慢，计算机系统的性能下降。因此，用户需要定期对磁盘进行管理，以使计算机始终处于较好的运行状态。

1. 格式化磁盘

磁盘是专门用来存储数据信息的，格式化磁盘就是给磁盘划分存储区域，以便操作系统将数据信息有效地存放在其中。格式化磁盘将删除磁盘上的所有信息，因此，在格式化之之前须先对有用信息进行备份，特别是格式化硬盘时一定要小心。格式化磁盘可分为格式化硬盘和格式化软盘两种。格式化硬盘又可分为高级格式化和低级格式化，高级格式化是指在 Windows 7 操作系统下对硬盘进行的格式化操作；低级格式化是指在高级格式化操作之前，对硬盘进行分区和物理格式化。

进行格式化磁盘的具体操作如下：

（1）单击"计算机"图标，打开"计算机"窗口。

（2）选择要进行格式化操作的磁盘，选择"文件"→"格式化"命令，或右击要进行格式化操作的磁盘，在打开的快捷菜单中选择"格式化"命令。

（3）打开格式化对话框，如图 2-21 所示。

（4）在"文件系统"下拉列表中可选择 NTFS 或 FAT32，在"分配单元大小"下拉列表中可选择要分配的单元大小。若需要快速格式化，可选中"快速格式化"复选框。

（5）在"卷标"选项组下的文本框中可填入要更改的名称。

（6）单击"开始"按钮，将弹出"格式化警告"对话框，若确认要进行格式化，单击"确定"按钮即可开始进行格式化操作。

（7）这时在下方的"进程"框中可看到格式化的进程。

（8）格式化完毕后，将出现"格式化完毕"对话框，单击"确定"按钮即可。

图 2-21　格式化对话框

2. 清理磁盘

使用磁盘清理程序可以帮助用户释放硬盘驱动器空间，删除临时文件、Internet 缓存文件和可以安全删除不需要的文件，释放它们占用的系统资源，提高系统性能。

执行磁盘清理程序的具体操作步骤如下：

（1）双击"计算机"图标，打开"计算机"窗口。

（2）选择要进行清理的磁盘，选择"文件"→"属性"命令，或右击要进行清理的磁盘，在弹出的快捷菜单中选择"属性"命令。

（3）选择"常规"选项卡，如图 2-22 所示。

（4）单击"磁盘清理"按钮，弹出磁盘清理对话框，如图 2-23 所示。选择"磁盘清理"或者"其他选项"选项卡，设置相应的选项卡，然后单击"确定"按钮，就会对所选磁盘进行清理。

图 2-22 选择"常规"选项卡　　　　图 2-23 磁盘清理对话框

3. 查看磁盘常规属性

磁盘的属性通常包括磁盘的类型、文件系统、空间大小、卷标信息等常规信息，以及磁盘的查错、碎片整理等处理程序和磁盘的硬件信息等。

磁盘的常规属性包括磁盘的类型、文件系统、空间大小、卷标信息等，查看磁盘的常规属性可执行以下操作：

（1）双击"计算机"图标，打开"计算机"窗口。
（2）右击要查看属性的磁盘图标，在弹出的快捷菜单中选择"属性"命令。
（3）打开磁盘属性对话框，选择"常规"选项卡，如图 2-22 所示。
（4）在该选项卡中，用户可以在最上面的文本框中输入该磁盘的卷标；在该选项卡的中部显示了该磁盘的类型、文件系统、打开方式、已用空间及可用空间等信息；在该选项卡的下部显示了该磁盘的容量，并用饼图的形式显示已用空间和可用空间的比例信息。
（5）单击"应用"按钮，既可应用在该选项卡中更改的设置。

2.4.5 打印机安装

在用户使用计算机的过程中，有时需要将一些文件以书面的形式输出，如果用户安装了打印机就可以打印各种文档和图片等内容，这将为用户的工作和学习提供极大的方便。

在中文版 Windows 7 中，用户不但可以在本地计算机上安装打印机，如果用户的计算机已连接到网络中，也可以安装网络打印机，使用网络中的共享打印机完成打印作业。

1. 安装本地打印机

在安装本地打印机之前首先要进行打印机的连接，用户可在关机的状态下，把打印机的信号线与计算机的 LPT1 端口相连，并且接通电源，连接好之后，就可以开机启动系统，准备安装打印机的驱动程序。

由于中文版 Windows 7 自带了一些硬件的驱动程序，在启动计算机的过程中，系统会自动搜索新硬件并加载其驱动程序，在任务栏上会提示其安装的过程，如"查找新硬件""发现新硬件""已经安装好并可以使用了"等文本框。

如果用户所连接打印机的驱动程序没有在系统的硬件列表中显示，就需要用户使用打印机厂商所附带的光盘进行手动的安装，用户可以参照以下步骤进行安装：

(1) 单击"开始"按钮,在"开始"菜单中选择"控制面板"命令,在打开的"控制面板"窗口中单击"设备与打印机"图标,这时打开"设备和打印机"窗口,如图 2-24 所示。

(2) 在空白处右击,在弹出的快捷菜单中选择"添加打印机"命令,打开"添加打印机"向导对话框。在这个对话框中提示用户应注意的事项,如果用户是通过 USB 端口或者其他热插拔端口连接打印机,就没有必要使用这个向导,只要将打印机的电缆插入计算机或将打印机面向计算机的红外线端口,然后打开打印机,中文版 Windows 7 系统会自动安装打印机。在如图 2-25 所示页面中选择打印机的类型。

图 2-24 打开"设备和打印机"窗口

(3) 单击"添加本地打印机"按钮,然后单击"下一步"按钮。在"选择打印机端口"页面中,如图 2-26 所示,选择打印机端口,然后单击"下一步"按钮。在"安装打印机驱动程序"页面中,用户可以选择相对应的厂商和打印机型号,如图 2-27 所示。如果用户的所安装的打印机制造商和型号未在列表中显示,可以使用打印机所附带的安装光盘进行安装。

(4) 单击"下一步"按钮,用户可以在"打印机名称"文本框中为自己安装的打印机命一个名称,并提醒用户有些程序不支持超过 31 个英文字符或 15 个中文字符的服务器和打印机名称组合,最好命名较短的打印机名称,如图 2-28 所示。

图 2-25 添加本地打印机

图 2-26 选择打印机端口

图 2-27 "安装打印机驱动程序"页面

图 2-28 "键入打印机名称"页面

（5）用户为所安装的打印机命好名称后，单击"下一步"按钮打开"打印机共享"页面，该项设置主要适用于连入网络的用户，如果用户将安装的打印机设置为共享打印机，网络中的其他用户就可以使用这台打印机进行打印作业，用户可以使用系统建议的名称，也可以在"共享名"文本框中重新输入一个其他网络用户易于识别的共享名。

（6）如果用户个人使用这台打印机，可以选择"不共享这台打印机"单选按钮，单击"下一步"按钮继续该向导，这时会打开"位置和注解"对话框，用户可以为这台打印机加入描述性的内容，比如它的位置、功能及其他注释，这个信息对用户以后的使用很有帮助。

（7）打开"打印测试页"页面，如果用户要确认打印机是否连接正确，并且是否顺利安装了打印机驱动程序，在"要打印测试页吗？"选项组中选中"是"单选按钮，此时打印机就可以开始工作进行测试页的打印。

（8）此时已基本完成添加打印机的工作，单击"下一步"按钮，出现"正在完成添加打印机向导"对话框，在此处显示了所添加打印机的名称、共享名、端口及位置等信息，如果用户需要改动，则可以单击"上一步"按钮返回到上面的步骤进行修改，当用户确定所做的设置无误时，可单击"完成"按钮关闭"添加打印机向导"。

（9）在完成添加打印机向导后，屏幕上会出现"正在复制文件"对话框，它显示了复制驱动程序文件的进度。当文件复制完成后，全部的添加工作就完成了，在"打印机和传真"窗口中会出现刚添加的打印机图标。如果用户设置为默认打印机，在图标旁边会出现一个带"√"标志的黑色小圆圈。如果设置为共享打印机，则会出现一个手形的标志。

2. 安装网络打印机

在中文版 Windows 7 中，用户不仅可以添加本地打印机，在本地打印机上打印输出。如果用户是处于网络中，而网络中有已共享的打印机，那么用户也可以添加网络打印机驱动程序使用网络中共享的打印机进行打印作业。

网络打印机的安装与本地打印机的安装过程大同小异，具体的操作步骤如下：

（1）用户在安装前首先应确认所使用的计算机是处于网络中连接状态，并且该网络中已连有共享的打印机。

（2）在"控制面板"窗口中单击"设备和打印机"图标，打开"设备和打印机"窗口，在"打印机任务"选项组下选择"添加打印机"，即可启动添加打印机向导。

（3）单击"下一步"按钮，打开"本地或网络打印机"对话框，向导要求用户选择描述所要使用的打印机的选项，在此处选择"网络打印机，或连接到另一台计算机的打印机"单选按钮。

（4）在"指定打印机"对话框中，用户需要指定将使用的网络共享打印机，如果用户知道所使用的共享打印机在网络中的具体位置，可以选择"连接到这台打印机"单选项，然后在"名称"文本框中输入该打印机在网络中的位置及打印机的名称。

（5）如果用户不清楚网络中共享打印机的位置等相关信息，可以选择"浏览打印机"单选按钮，让系统搜索网络中可用的共享打印机，如图 2-29 所示，单击"下一步"按钮继续。这时会打开"浏览打印机"对话框，在"共享打印机"列表中将显示目前可用的打印机，当选择一台共享打印机后，在"打印机"文本框中将出现所选择的打印机名称。

图 2-29　搜索可用的打印机对话框

（6）当用户选定所要使用的共享打印机后，单击"下一步"按钮所出现的对话框中要求用户进行默认打印机的设置，提示用户在使用打印机过程中，如果不指定打印机，系统会把打印文档送到默认打印机，用户可以根据自己的需要进行选择。

（7）在"正在完成添加打印机向导"对话框中，显示了所添加的打印机的详细信息，比如名称、位置及注释等，单击"完成"按钮关闭"添加打印机向导"。

这时，用户已经完成了添加网络打印机的全过程，网络共享打印机可启动打印测试页，在"打印机和传真"窗口中会出现新添加的网络打印机，在其图标下会有电缆的标志，用户以后即可以使用网络共享打印机进行打印作业了。

2.5 Windows 7 附件

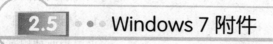

中文版 Windows 7 的"附件"程序为用户提供了许多使用方便而且功能强大的工具，当用户要处理一些要求不是很高的工作时，可以利用附件中的工具完成，比如使用"画图"工具可以创建和编辑图画，以及显示和编辑扫描获得的图片；使用"计算器"进行基本的算术运算；使用"写字板"进行文本文档的创建和编辑工作。进行以上工作虽然也可以使用专门的应用软件，但是运行程序要占用大量的系统资源，而附件中的工具却都是非常小的程序，运行速度较快，这样用户可以节省很多的时间和系统资源，有效地提高工作效率。

2.5.1 写字板和记事本

1．写字板

"写字板"是一个使用简单，功能强大的文字处理程序，用户可以利用它进行日常工作中文件的编辑。它不仅可以进行中/英文文档的编辑，而且还可以图文混排，插入图片、声音、视频剪辑等多媒体资料。

当用户要使用写字板时，可执行以下操作：

在桌面上单击"开始"按钮，在打开的"开始"菜单中选择"所有程序"→"附件"→"写字板"命令，此时就可以打开"写字板"窗口，如图 2-30 所示。从图中用户可以看到，它由标题栏、菜单栏、工具栏、格式栏、水平标尺、工作区和状态栏几部分组成。

2．记事本

记事本用于纯文本文档的编辑，其功能没有写字板强大，适于编写一些篇幅短小的文件，由于它使用方便、快捷，应用也是较多的，比如一些程序的 READ ME 文件通常是以记事本的形式打开的。

图 2-30 "写字板"窗口

在 Windows 7 系统中的"记事本"又新增了一些功能，如可以改变文档的阅读顺序，可以使用不同的语言格式创建文档，能以若干不同的格式打开文件。

启动记事本时，用户可依照以下步骤操作：

单击"开始"按钮，在打开的"开始"菜单中选择"所有程序"→"附件"→"记事本"命令，即可启动记事本，它的界面与写字板的基本一样。

2.5.2 画图

"画图"程序是一个位图编辑器，可以对各种位图格式的图画进行编辑，用户可以自己绘制图画，也可以对扫描的图片进行编辑修改，在编辑完成后，可以用 BMP、JPG、GIF 等格式存档，用户还可以发送到桌面和其他文本文档中。

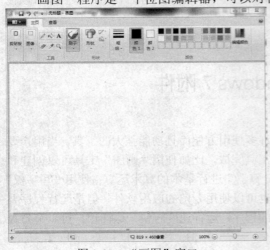

1. 认识"画图"界面

当用户要使用画图工具时，可单击"开始"按钮，在打开的"开始"菜单中选择"所有程序"→"附件"→"画图"命令，打开"画图"窗口，如图 2-31 所示，为程序默认状态。

下面简单介绍一下程序窗口的组成：

（1）标题栏：在这里标明了用户正在使用的程序和正在编辑的文件。

（2）菜单栏：此区域提供了用户在操作时要用到的各种命令。

图 2-31　"画图"窗口

（3）工具箱：它包含了 16 种常用的绘图工具和一个辅助选择框，为用户提供多种选择。

（4）颜料盒：它由显示多种颜色的小色块组成，用户可以随意改变绘图颜色。

（5）状态栏：其内容随光标的移动而改变，标明了当前鼠标所处位置的信息。

（6）绘图区：处于整个界面的中间，为用户提供画布。

2. 页面设置

在用户使用画图程序之前，首先要根据自己的实际需要进行画布的选择，即进行页面设置，确定所要绘制的图画大小及各种具体的格式。用户可以通过选择"文件"→"打印"→"页面设置"命令，打开"页面设置"对话框来实现，如图 2-32 所示。

在"纸张"选项组中，单击下三角箭头，会弹出一个下拉列表框，用户可以选择纸张的大小及来源，可从"纵向"和"横向"单选按钮中选择纸张的方向，

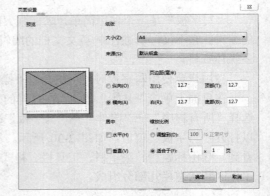

图 2-32　"页面设置"对话框

还可进行页边距离及缩放比例的调整，当一切设置好之后，用户就可以进行绘画的工作了。

3. 使用工具箱

在"工具箱"中，为用户提供了 16 种常用的工具。当选择一种工具时，在下面的辅助选择框中会出现相应的信息。比如当选择"放大镜"工具时，会显示放大的比例；当选择"刷子"工具时，会出现刷子大小及显示方式的选项，用户可以自行选择。

（1）裁剪工具 ：利用此工具，可以对图片进行任意形状的裁切。单击此工具按钮，按下左键

不松开，对所要进行的对象进行圈选后再松开，此时出现虚框选区，拖动选区，即可看到效果。

（2）选定工具▫：此工具用于选中对象，使用时单击此按钮，按住左键拖动，可以拉出一个矩形选区对所要操作的对象进行选择，用户可对选中范围内的对象进行复制、移动、剪切等操作。

（3）橡皮工具◢：用于擦除绘图中不需要的部分，用户可根据要擦除的对象范围大小，选择合适的橡皮擦，橡皮工具根据后背景而变化，当用户改变其背景色时，橡皮会自动转换为绘图工具，类似于刷子的功能。

（4）填充工具◈：运用此工具可对一个选区内进行颜色的填充，以达到不同的表现效果，用户可以从颜料盒中进行颜色的选择，选定某种颜色后，单击改变前景色，右击改变背景色，在填充时，一定要在封闭的范围内进行，否则整个画布的颜色会发生改变，达不到预想的效果。

（5）取色工具✎：此工具的功能等同于在颜料盒中进行颜色的选择。使用方法是：单击该工具按钮，在要操作的对象上单击，颜料盒中的前景色随之改变。而对其右击，则背景色会发生相应的改变。当用户需要对两个对象进行相同颜色填充，而这时前、背景色的颜色已经调乱时，可采用此工具，能保证其颜色的绝对相同。

（6）放大镜工具🔍：当用户需要对某一区域进行详细观察时，可以使用放大镜进行放大。单击此工具按钮，绘图区会出现一个矩形选区，选择所要观察的对象，单击即可放大，再次单击回到原来的状态，用户可以在辅助选框中选择放大的比例。

（7）铅笔工具✎：此工具用于不规则线条的绘制。直接单击该工具按钮即可使用，线条的颜色依前景色而改变，可通过改变前景色来改变线条的颜色。

（8）刷子工具▲：使用此工具可绘制不规则的图形。使用时，单击该工具按钮，在绘图区按住左键拖动即可绘制显示前景色的图画，按住右键拖动可绘制显示背景色图画。用户可以根据需要选择不同的笔刷粗细及形状。

（9）喷枪工具❋：使用喷枪工具能产生喷绘的效果，选择好颜色后，单击此工具按钮，即可进行喷绘，在喷绘点上停留的时间越久，其浓度越大，反之，浓度越小。

（10）文字工具A：用户可采用文字工具在图画中加入文字，单击此工具按钮，"查看"菜单中的"文字工具栏"便可以使用了，执行此命令，此时就会弹出"文字工具栏"。用户在文字输入框内输完文字并选择后，可以设置文字的字体、字号，给文字加粗、倾斜，加下画线，改变文字的显示方向等。

（11）直线工具＼：此工具用于直线线条的绘制。先选择所需要的颜色及在辅助选择框中选择合适的宽度，单击"直线工具"按钮，按住左键拖动鼠标至所需要的位置再松开，即可得到直线，在拖动的过程中同时按【Shift】键，可起到约束的作用，这样可画出水平线、垂直线或与水平线成45°的线条。

（12）曲线工具～：此工具用于曲线线条的绘制，先选择好线条的颜色及宽度，然后单击"曲线"按钮，按住左键拖动鼠标至所需要的位置再松开，然后在线条上选择一点，移动鼠标则线条会随之变化，调整至合适的弧度即可。

（13）矩形工具▫、椭圆工具○、圆角矩形工具▢：这三种工具的应用基本相同，当单击"工具"按钮后，在绘图区直接拖动即可拉出相应的图形，在其辅助选择框中有三种选项，包括以前景色为边框的图形、以前景色为边框背景色填充的图形、以前景色填充没有边框的图形，在拖动鼠标的同时按【Shift】键，可以分别得到正方形、正圆、正圆角矩形的图形工具。

（14）多边形工具◢：利用此工具用户可以绘制多边形，选定颜色后，单击"工具"按钮，在绘图区按住左键拖动鼠标，当需要弯曲时松开，如此反复。最后双击鼠标，即可得到相应的多边形。

4．图像及颜色的编辑

在画图工具栏的"图像"菜单中，用户可对图像进行一些简单的编辑。

（1）在"翻转和旋转"对话框中，有三个复选框：水平翻转、垂直翻转及按一定角度旋转，用户可以根据自己的需要进行选择。

（2）在"拉伸和扭曲"对话框中，有拉伸和扭曲两个选项组，用户可以选择水平和垂直方向拉伸的比例和扭曲的角度。

（3）选择"图像"菜单中的"反色"命令，图形即可呈反色显示。

（4）在"属性"对话框内，显示了保存过的文件属性，包括保存的时间、大小、分辨率及图片的高度、宽度等，用户可在"单位"选项组下选用不同的单位进行查看。

在生活中的颜色是多种多样的，在颜料盒中提供的色彩也许远远不能满足用户的需要，"颜色"菜单中为用户提供了选择的空间，选择"颜色"→"编辑颜色"命令，弹出"编辑颜色"对话框，如图2-33所示。用户可在"基本颜色"选项组中进行色彩的选择，也可以单击"添加到自定义颜色"按钮自定义颜色然后再添加到"自定义颜色"选项组中。

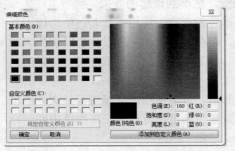

图2-33　"编辑颜色"对话框

2.5.3　计算器

计算器可以帮助用户完成数据的运算，它可分为"标准计算器"和"科学计算器"两种，"标准计算器"可以完成日常工作中简单的算术运算，"科学计算器"可以完成较为复杂的科学运算，如函数运算等。运算的结果不能直接保存，而是将结果存储在内存中，以供用户随时粘贴到别的应用程序和其他文档中。它的使用方法与日常生活中所使用的计算器的方法一样，可以通过鼠标单击计算器上的按钮取值，也可以通过从键盘输入进行操作。

1．标准计算器

在处理一般的数据时，用户使用"标准计算器"就可以满足工作和生活的需要了，单击"开始"按钮，在打开的"开始"菜单中选择"所有程序"→"附件"→"计算器"命令，即可打开"计算器"窗口，系统默认为"标准计算器"，如图2-34所示。

计算器窗口包括标题栏、菜单栏、数字显示区和工作区几部分。

工作区由数字按钮、运算符按钮、存储按钮和操作按钮组成，当用户使用时可以先输入所要运算的算式的第1个数，在数字显示区内会显示出相应的数字，然后选择运算符，再输入第2个数，最后选择"="按钮，即可得到运算后的数值，在键盘上输入时，也是按照同样的方法，到最后敲回车键即可得到运算结果。

图2-34　"标准计算器"窗口

当用户在进行数值输入过程中出现错误时，可以按【Backspace】键逐个进行删除。当需要全部清除时，可以单击"CE"按钮。当一次运算完成后，单击"C"按钮即可清除当前的运算结果，再次输入时可开始新的运算。

计算器的运算结果可以导入到别的应用程序中，用户可以选择"编辑"→"复制"命令把运算结果粘贴到别处，也可以从别的地方复制好运算算式后，再选择"编辑"→"粘贴"命令，在计算器中进行运算。

2. 科学计算器

当用户从事非常专业的科研工作时，要经常进行较为复杂的科学运算，可以选择"查看"菜单下的"科学型"命令，弹出"科学计算器"窗口，如图 2-35 所示。

此窗口增加了数的基数制选项、单位选项及一些函数运算符号，系统默认的是十进制，当用户改变其数制时，单位选项、数字区、运算符区的可选项将发生相应的改变。

图 2-35　"科学计算器"窗口

用户在工作过程中，也许需要进行数制的转换，此时可以直接在数字显示区中输入所要转换的数值，也可以利用运算结果进行转换，选择所需要的数制，在数字显示区会出现转换后的结果。

另外，科学计算器可以进行一些函数的运算，使用时要先确定运算的单位，在数字区中输入数值，然后选择函数运算符，再单击"="按钮，即可得到相应的结果。

第 3 章

文字处理软件 Word 2010

- 了解 Word 2010 的基本功能。
- 掌握 Word 2010 文档的基本操作。
- 掌握文本编辑方法。
- 掌握表格创建、编辑等操作方法。
- 掌握 Word 2010 高级应用。

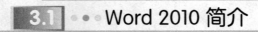

3.1 Word 2010 简介

Word 2010 是微软公司推出的 Office 2010 办公软件的重要组件之一，也是用户使用最广泛的文字编辑工具。我们可以用它进行文本的输入、编辑、排版、打印等工作，Word 2010 操作快捷方便，排版轻松、美观。与旧版本的 Word 软件相比，Word 2010 在功能、易用性和兼容性等方面都有了明显提升，全新的导航搜索窗口、专业级的图文混排功能、丰富的样式效果，让用户在处理文档时更加得心应手。

3.1.1 Word 2010 新增功能

1. 新增"文件"选项卡，管理文件更方便

在 Word 2007 版中让用户不太适应的"文件"选项卡，在 Word 2010 改成了用户习惯的样式。在 Word 2010 回归的"文件"选项卡中，用户可以方便地对文档进行设置权限、共享文档、新建文档、保存文档（支持直接保存为 PDF 文件）、打印文档等操作。用户还可以根据自己的需要，将常用的功能按钮添加到快速访问工具栏中，方便使用。

2. 新增字体特效——让文字不再枯燥

在 Word 2010 中，用户可以轻松地为文字应用各种内置的文字特效。除了简单的套用，用户还可以自定义为文字添加颜色、阴影、映象、发光等特效。DIY 出更加炫丽的文字效果。文字特效的应用，让读者阅读起文章来不会觉得枯燥。相对于旧版的艺术字效果，用户在向文字应用新的特效时，依然可以使用拼写检查功能，来检查已经运用特效的文字。

3. 新增图片简单处理功能——简单操作让图片亮丽起来

在 Word 2010 文档中插入的图片，用户可以为其进行简单的加工处理。除了可以为图片增加各种艺术效果外，用户还能快速地对图片进行发光、柔化边缘、阴影、对比度、亮度及颜色等进行修正。这样，简单处理图片就不需要动用专业的图片处理工具了，使用 Word 2010 即可轻松搞定。

4．快速抠图的好工具——"删除背景"功能

Word 2010 还为用户提供了一个"删除背景"的功能。利用它，用户可以对文档中的图片进行快速的"抠图"，移除图片中不需要的元素，只保留需要的部分。

5．方便的截图功能

Word 2010 中增加了简单的截图功能。该功能可以帮助用户快速截取所有没有最小化到任务栏的程序的窗口画面。该截图功能还包括区域截图功能。

6．SmartArt 图形功能让制作各种功能图更加简单

通过 SmartArt 图形，可以帮助用户快速的建立流程图、棱椎图、层次结构图等复杂的功能图形。在 Word 2010 的 SmartArt 图形中，新增了图形、图片布局。通过它，用户可以利用图片与文字来快速建立功能图，方便的阐述案例。用户要做的只是在图片布局图表的 SmartArt 形状中插入图片、填写文字。

7．为表格加上可选文字

Word 2010 中的"表格属性"中，可以为表格加上"可选文字"。这些文字信息可以帮助用户获取关于表格的额外信息。

8．即见即所得的打印预览功能

在旧版 Word 中用户要打印文档，需要在打印预览中才能预览打印效果，预览后需要关闭打印预览才能进行修改。在 Word 2010 中，将打印效果直接显示在打印选项的右侧。用户可以在左侧打印选项中进行调整。任何打印设置调整效果，都将即时显示在预览框中，非常方便。

9．沟通无极限——多语言翻译功能

为了更好地实现多语言的沟通，Word 2010 进一步完善了多语言功能。Word 2010 中新增了多语言翻译功能，利用它可以帮助用户进行文档、选定文字的翻译。该翻译功能还包含了即指即译功能，可以对文档中的文字进行即时翻译。在出现的翻译结果对话框中单击播放按钮，还可以让机器对翻译词汇进行朗读。即指即译就如同一个简单的金山词霸。

10．增强安全性——保护模式

Word 2010 增强了安全性，对于用户在互联网中下载的文档，Word 2010 将自动启动"保护模式"进行打开操作。在该模式下，用户看到的只是该文档的预览效果。只有当用户确认文档为可靠文件时，单击"启用编辑"按钮后，Word 2010 才对文档进行完整的打开操作。从而避免了用户误打开不安全的文档的危险性。

11．粘贴预览功能

当用户复制文字图片内容后，粘贴至 Word 文档中时，难免会遇到对粘贴效果不满意的情况。这时，旧版的 Word 用户就只能选择删除或撤销操作。在 Word 2010 中增加了粘贴预览功能，用户可以在"粘贴"选项中，选择预览各种粘贴模式，选择预览粘贴模式后，可以在编辑区中即时看到粘贴预览的效果，从而让用户直观地选择粘贴类型。

12．文档导航功能与增强版搜索

面对篇幅较长的文档时，用户要定位某个章节是比较麻烦的。Word 2010 中新增了文档"导航"功能，该功能可以根据文章中的标题，自动为用户建立文章导航。用户可以通过单击文章导航中的标题，方便地进行文章定位。同时用户还可以通过拖动导航中的标题，轻松重组文档结构。Word 2010 的搜索功能也有了增强，在用户输入搜索内容后，将即时定位所查找的文字。

3.1.2 Word 2010 启动与退出

1. Word 2010 的启动

启动 Word 2010 的方法很多，其中常用的有以下几种：

(1) 通过"开始"菜单启动。单击"开始"按钮，在打开的"开始"菜单中选择"所有程序"→"所有程序"→"Microsoft Office"→"Microsoft Word 2010"命令，即可启动 Word 2010。

(2) 利用桌面上的快捷图标启动。如果在桌面上设置了 Word 2010 快捷图标，则双击此快捷图标也可启动 Word 2010。

(3) 通过任务栏图标启动。如果用户使用 Windows 7 操作系统，还可以将 Word 2010 程序图标锁定到任务栏上，以后只要单击该图标即可启动该程序。

通过其他方法启动 Word 2010 软件后，在任务栏的图标上右击，在弹出的快捷菜单中选择"将此程序锁定到任务栏"命令，就可以把 Word 2010 软件图标锁定到任务栏中。

(4) 通过开始菜单搜索栏启动。在 Windows 7 开始菜单的搜索栏中输入 Word 关键字，然后在显示的列表中选择 Microsoft Word 2010 文档，即可启动相应的 Word 2010。

2. Word 2010 的退出

以下方法都可以退出 Word 2010：
(1) 选择"文件"菜单中的"退出"命令。
(2) 双击 Word 2010 窗口左上角的"控制菜单"按钮。
(3) 单击右上角的"关闭"按钮。
(4) 按【Alt+F4】组合键。

注意：单击"文件"按钮，在菜单中有"关闭"和"退出"两个命令，它们的区别在于："关闭"命令指关闭一个 Word 文档，而"退出"命令则指关闭所有 Word 文档并退出 Word 应用程序。

3.1.3 Word 2010 的工作界面

启动 Word 2010 后即可看到如图 3-1 所示的工作界面。Word 2010 的工作界面包括"文件"选项卡、快速访问工具栏、标题栏、选项卡、状态栏、对话框启动器和文档编辑区等内容。与 Word 2007 的工作界面相比，Word 2010 的工作界面新增了"文件"选项卡。

图 3-1 Word 2010 工作界面

1）标题栏

标题栏显示了当前文档名和应用程序名。例如"文档 1—Microsoft Word"。首次进入 Word 2010 时，默认打开的文档名为"文档 1"，其后依次是"文档 2""文档 3"……。Word 2010 文档的扩展名是.docx。

2）窗口控制按钮

窗口控制按钮分别为"最小化"按钮、"最大化"按钮 和"关闭"按钮。双击标题栏可以使窗口在最大化和还原状态之间切换，效果相当于单击标题栏最右侧的"最大化"/"还原"按钮。

3）"文件"选项卡

在 Word 2010 的工作界面中，单击"文件"选项卡后，可以看到在"文件"选项卡中，主要包含了"保存""另存为""打开""关闭""信息""最近使用的文件""新建""打印""保存并发送""帮助""选项"和"退出"12 个菜单，如图 3-2 所示。

4）快速访问工具栏

快速访问工具栏在默认情况下包括"保存""撤销"和"重复"3 个按钮，用户可以根据自己的需要在"快速访问工具栏"中添加其他按钮，例如，"新建""打开"等。

添加其他按钮可以通过单击"自定义快速访问工具栏"右侧按钮 ▼，从展开的下拉列表中选择相应的选项进行添加，如图 3-3 所示。

图 3-2　"文件"选项卡

图 3-3　"自定义快速访问工具栏"下拉列表

注意：删除快速访问工具栏中的按钮时，在"自定义快速访问工具栏"下拉列表中取消选中要删除的按钮名称即可。

5）选项卡和功能区

选项卡用于功能区的索引，单击选项卡就可以进入相应的功能区。功能区用于放置编辑文档时所需要的功能按钮，程序将各功能按钮划分为一个个的组。

功能区用于放置 Word 编辑文档时所使用的全部功能按钮，包括"开始""插入""页面布局"等几个主要选项卡。在编辑图片、图形、形状等内容时，还会显示出相应的选项卡。使用时，用户可根据自己的习惯，对功能按钮进行添加或删除、位置更改，以及新建或删除选项卡等操作。下面以在"视图"选项卡之后添加"常用工具栏"选项卡及在"常用工具栏"选项卡中添加"文本操作"组及按钮为例，操作步骤如下：

（1）单击"文件"选项卡，在菜单中选择"选项"命令，打开"Word 选项"对话框。单击"自定义功能区"选项，在"自定义功能区"的下拉列表中选择"主选项卡"，在下方的列表框中选中"视图"复选框，如图 3-4 所示。选项卡添加的具体位置在"视图"选项卡之后。

（2）单击列表框下方的"新建选项卡"按钮，选定"新建选项卡（自定义）"并单击"重命名"按钮，在弹出的"重命名"对话框中的"显示名称"文本框中输入选项卡的名称"常用工具栏"，然后单击"确定"按钮。

（3）用同样的方法将"新建组（自定义）"重命名为"文本操作"。在左边"从下列位置选择命令"的列表框中选择"复制"选项，单击"添加"按钮，按钮便出现在刚才的"文本操作"下。用同样的方法添加"剪切"、"粘贴"命令，然后单击"确定"按钮。

（4）返回文档后，可以看到添加的"常用工具栏"选项卡，单击"常用工具栏"选项卡，可以看到添加的自定义"文本操作"组及组中的按钮，如图3-5所示。

图3-4 选中"视图"复选框

图3-5 添加的自定义"文本操作"组及组中按钮

注意：除了可以添加选项卡及组之外，也可以删除自定义的选项卡及组。

（5）文档编辑区

文档编辑区是工作的主要区域，用来显示文档的内容供用户进行编辑。在进行文档编辑时，可以使用水平标尺、垂直标尺、水平滚动条和垂直滚动条等辅助工具。

（6）"视图"按钮

"视图"按钮可用于更改正在编辑的文档的显示模式以符合用户的要求。

（7）状态栏和缩放标尺

状态栏位于Word窗口的底部，这里可以显示20多项Word的状态信息。在状态栏上右击会显示状态栏的配置选项。缩放标尺用于对编辑区的显示比例和缩放尺寸进行调整，缩放后，在缩放标尺左侧会显示出缩放的具体数值。

（8）对话框启动器与对话框

虽然Word的大多数功能都可以在功能区中找到，但仍有一些设置项目需要用到对话框。在功能区的有些组的右下角，有一个 按钮，我们称它为对话框启动器，单击此按钮即可打开该组对应的对话框。

3.2 文档操作

Word 2010的文档操作是指对文档的管理，一般包括文档管理、内容管理及打印设置等，主要操作有：新建文档、输入文档内容、打开文档、保存文档、关闭文档、视图切换、查找替换及打印文档等。

3.2.1 创建文档

使用Word 2010创建新文档的方法有以下几种：

1. 新建空白文档

新建Word空白文档有以下几种方法：

（1）启动 Word 2010。启动 Word 2010 程序，系统会自动创建一个名为"文档 1"的空白文档，默认扩展名为.docx。再次启动该程序，系统会以"文档 2""文档 3"……这样的顺序对新文档进行命名。

（2）在 Word 窗口中，按下【Ctrl+N】组合健。

（3）首先打开 Word 2010，选择"文件"→"新建"命令，在右侧单击"空白文档"按钮，再单击"创建"按钮就可以成功创建一个空白文档，如图 3-6 所示。

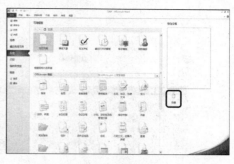

图 3-6　新建空白文档

2．根据模板创建文档

Word 2010 为用户提供了多种模板类型，利用这些模板，用户可快速创建各种专业的文档。根据模板创建文档的具体操作步骤如下：

（1）在 Word 窗口中单击"文件"选项卡，在左侧窗格中选择"新建"命令，在右侧窗格的"Office.com 模板"选项组中选择模板类型，如"报表"，如图 3-7 所示。

注意：在选择模板类型时，若在"可用模板"选项组中选择"样本模板"，可基于 Word 已安装好的模板创建新文档；若在"可用模板"选项组中选择"根据现有内容新建"，可将现有的文档作为模板创建一个格式和内容都与之相似的文档。此外，在"Office.com 模板"栏中有一个搜索框，用户可在其中输入需要的模板类型，然后按下【Enter】键进行搜索。

（2）在接下来打开的界面中选择具体的报表类型，如"学术论文和报告"，如图 3-8 所示。

注意：在"新建"页面中有一个小工具栏，其中包含"后退"、"前进"和"主页"3 个按钮，单击其中的"后退"和"前进"按钮，可进入下一个或前一个页面，单击"主页"按钮可返回"新建"主页面。

图 3-7　选择"报表"模板类型

（3）在打开的页面中选择需要的模板样式，如图 3-9 所示，单击"下载"按钮。

弹出"正在下载模板"对话框，如图 3-10 所示，表示系统正在自动下载所选的模板。下载完成后 Word 会打开新窗口，并基于所选模板创建新文档，如图 3-11 所示。

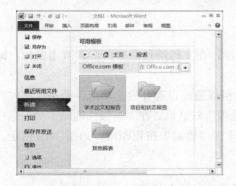

图 3-8　选择"学术论文和报告"报表类型

图 3-9　选择需要的模板样式

图 3-10 "正在下载模板"对话框

图 3-11 根据模板创建的文档

注意：根据模板新建 Word 文档，用户可到微软的官方网站 http://office.microsoft.com/ zh-cn/templates/手动下载模板。

3.2.2 文本输入

在 Word 2010 中输入文本的操作比较简单，启动 Word 2010，新建一份空白文档，或者打开一份已有的文档，将光标定位在需要输入文本的位置，输入相应的内容到文档中即可。

1．选择输入法

要在文档中输入内容，就要先选择相应的输入法。中英文输入法切换按【Ctrl+Space】组合键；各种输入法之间的切换按【Ctrl+Shift】组合键。当然也可以直接单击任务栏上的语言栏选择输入法。输入法选择之后就可以输入内容了。输入文字时注意以下几点：

（1）只有一段输入完毕后按【Enter】键，否则什么键也不按，一行结束可以自动换行。

（2）如果遇到录入没有达到文档的右边界就需要另起一行，若不想开始一个新的段落时，可以按【Shift+Enter】快捷键产生一个手动换行符，实现既不产生新段落又可换行的操作。

（3）当输入的内容超过一页时，系统会自动换页。如果要强行将后面的内容另起一页，可以按【Ctrl+Enter】快捷键输入分页符来达到目的。

（4）在输入过程中，如果遇到只能输入大写英文字母不能输入中文的情况时，因为大小写锁定键已打开，按【Caps Lock】键使之关闭回到小写输入状态。

（5）如果不小心输入了错误的字符，可以用【Backspace】键或【Delete】键来删除。前者删除光标前面的字符，后者删除光标后面的字符。

2．即点即输

在默认情况下，Word 文档支持"即点即输"功能，在文档的任意空白位置双击鼠标，即刻呈输入状态，可以输入文档内容。

如果发现 Word 2010 不具备"即点即输"功能，可以通过设置开启此功能。单击"文件"选项卡，在下拉菜单中选择"选项"命令，打开"Word 选项"对话框。在"高级"选项卡中，选中"编辑选项"选项组中的"启用'即点即输'"复选框，单击"确定"按钮即可，如图 3-12 所示。

3．插入与改写

在文档中输入字符时，光标的移动通常有两种模式——插入和改写。

（1）插入模式——在此模式下，输入字符时，光标右移，在光标右边的字符同步右移，也就是说，新输入的字符"插入"到当前光标处。

（2）改写模式——在此模式下，输入字符时光标右移，在光标右边的字符被逐步删除，也就是说，新输入的字符"改写"了光标右边的字符。在文档中输入字符时，要注意当前的输入模式，以免造成不必要的损失。

切换"插入"与"改写"模式的操作比较简单，反复按键盘上的【Insert】键，或者反复单击状态栏左下角的"插入"或"改写"按钮，即可实现两种模式间的切换，如图3-13所示。

图 3-12 "Word 选项"对话框"高级"选项

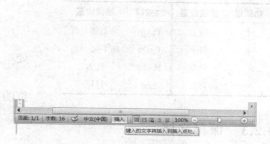

图 3-13 状态栏上"插入"或"改写"按钮

4. 各种符号的输入

1）可以通过键盘直接输入的符号

在文本输入过程中经常会用到各种各样的标点，只需切换到中文输入法，直接按键盘上的所需标点符号对应的键即可。常见的标点符号见表 3-1。

表 3-1 常用中文标点符号

中文标点		对应的键	中文标点		对应的键
、	顿号	\	！	感叹号	!+shift
。	句号	.	（	左圆括号	(+shift
．	实心点	@+shift	）	右圆括号	)+shift
——	破折号	-+shift	，	逗号	,
-	连字符	&	：	冒号	+shift
……	省略号	^+shift	；	分号	;
'	左引号	'	？	问号	?+shift
'	右引号	'	{	左花括号	{+shift
"	左双引号	"+shift	}	右花括号	}+shift
"	右双引号	"+shift	[	左方括号	[
《	左书名号	<+shift	]	右方括号	]
》	右书名号	>+shift	￥	人民币符号	$+shift

2）可以通过软键盘输入的符号

通过右击输入法软键盘，在弹出的快捷菜单选择相应的选项，插入相应的符号，如图3-14所示。

3）通过在"插入"功能区中单击"插入符号"按钮 Ω 选择需要插入的符号（见图3-15）

图 3-14 "软键盘"快捷菜单

图 3-15 "符号"下拉列表

5．插入点重新定位

插入点重新定位包括 3 种常用的方法如下。

（1）利用键盘：具体方法见表 3-2。

（2）利用鼠标滚动或移动滚动条，然后在需要定位处单击。

（3）在状态栏中双击"页码"标记，再输入所需定位的页码，然后在该页需定位处单击。

表 3-2　利用键盘插入点重新定位

功能键	定位位置	功能键	定位位置
↑	向上	PgUp	向上翻一页
↓	向下	PgDn	向下翻一页
←	向左	Home	行首
→	向右	End	行尾

3.2.3　保存文档

使用 Word 进行操作时无论是新建的文档还是编辑后的文档，都要及时保存，防止因意外情况（如死机或断电）而丢失数据。

1．保存新文档

新文档就是从未保存过的文档。对于新文档的保存，可以通过单击"文件"选项卡，在下拉菜单中"保存"命令或"另存为"命令实现；也可以直接单击"快速访问工具栏"中的"保存"按钮；也可以按快捷键【Ctrl+S】，都可以打开"另存为"对话框，如图 3-16 所示。在对话框中指出文件存储的位置、输入新文件名即可。

2．保存已有文档

对于已有文档的重新存储与新文件略有不同。此时单击"文件"选项卡在下拉菜单中的选择"保存"命令或者按"保存"按钮，或者按快捷键【Ctrl+S】，都不再出现"另存为"对话框，此时原文档将以原文件名保存在原位置。而单击"文件"选项卡，在下拉菜单中选择"另存为"命令将打开"另存为"对话框，既可以将原文档以原文档名保存在原位置，也可以将原文档以新文件名保存在新位置。

3．文件自动保存

为防止突然断电或其他事件的发生，Word 2010 提供了在指定时间间隔为用户自动保存文档的功能。在需要设置自动保存的文档窗口中选择"文件"选项卡中的"选项"命令，或在进行保存操作时弹出的"另存为"对话框中选择"工具"菜单中的"保存选项"命令，打开如图 3-17 所示的对话框，选择"保存"选项卡，选中"保存自动恢复信息时间间隔"复选框，并设置自动保存时间，单击"确定"按钮即可。

4．保护文档

在日常的工作中，一些重要的文档通常非常保密，不允许其他人随便打开和修改，Word 2010 允许用户为文档设置保密口令，我们可以通过以下两种方法为文档加密。

（1）打开要加密的 Word 文档，单击"文件"选项卡，在下拉菜单中选择"信息"→"保护文档"→"用密码进行加密（E）"命令，如图3-18所示，打开"加密文档"对话框，如图3-19所示，在对话框中输入密码，单击"确定"按钮后，会打开"确认密码"对话框，如图3-20所示，在对话框中再次输入相同密码，这样就可以给此文档添加上密码了。

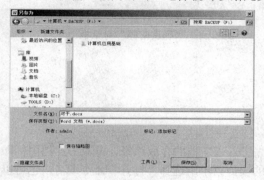

图3-16 "另存为"对话框　　　　　　　　图3-17 "Word选项"对话框"保存"选项

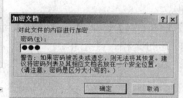
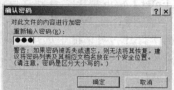

图3-18 选择"用密码进行加密"命令　　图3-19 "加密文档"对话框　　图3-20 "确认密码"对话框

（2）打开要加密的Word文档，单击"文件"选项卡，在下拉菜单中选择"另存为"命令，这时就会打开"另存为"对话框，在"另存为"对话框中单击"工具"按钮，在下拉菜单中选择"常规选项"命令，如图3-21所示。就会打开"常规选项"对话框，如图3-22所示，在此对话框中输入打开时的密码及修改文件时的密码，单击"确定"按钮，就会打开"确认密码"对话框，如图3-23所示，在对话框上再次输入打开文件时的密码，单击"确定"按钮又会打开"确认密码"对话框，如图3-24所示，在对话框上再次输入修改文件时的密码，单击"确定"按钮，单击"另存为"对话框上的"保存"按钮。就为文档加上了密码。

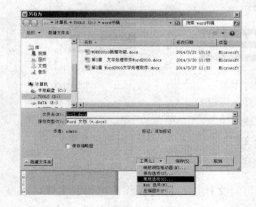
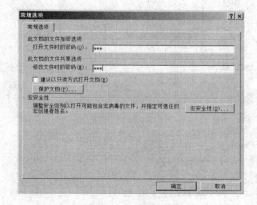

图3-21 "工具"下拉列表　　　　　　　　图3-22 "常规选项"对话框

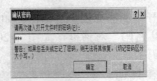
图 3-23 "确认密码"对话框

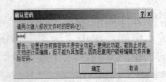
图 3-24 "确认密码"对话框

3.2.4 打开和关闭文档

1. 打开文档

1）打开单个文档

用户可以重新打开以前保存的文档，一般来说，先进入该文档的存放路径，再双击文档图标即可将其打开；或者选中要打开的文档后右击，在弹出的快捷菜单中选择"打开"命令即可；也可以单击"快速启动工具栏"中的"打开"按钮或单击"文件"选项卡，在下拉菜单中选择"打开"命令，弹出"打开"对话框，如图 3-25 所示。

用户选择要打开文档的位置，然后在文件和文件夹列表框中选择要打开的文件，最后单击"打开"按钮即可。也可以直接在"文件名"文本框中输入要打开的文档的正确路径和文件名，然后按【Enter】键或单击"打开"按钮。

注意：在 Word 环境下，按【Ctrl+O】或者【Ctrl+F12】组合键可以快速打开"打开"对话框。在"打开"对话框中选择需要打开的文档，然后单击"打开"按钮右侧的下三角按钮，在弹出的菜单中可选择文档的打开方式，如"以只读方式打开（R）"，"以副本方式打开（C）"，"打开并修复（E）"等。

2）打开多个文档

Word 2010 可以同时打开多个文档，方法有两种：

（1）先进入该文档的存放路径，选定要打开的各个文档，然后按【Enter】键，如图 3-26 所示。

（2）利用"打开"对话框打开多个文档。操作步骤如下：

① 单击"文件"选项卡，在下拉菜单中选择"打开"命令，打开"打开"对话框。

② 选定需要打开的多个文档，如图 3-27 所示。

③ 单击"打开"按钮。

图 3-25 "打开"对话框

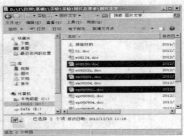
图 3-26 在文件存放路径选定多个文档打开

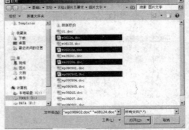
图 3-27 在"打开"对话框同时选定多个文档打开

2. 关闭文档

对文档进行了各种编辑操作并保存后，如果确认不再对文档进行任何操作，可将其关闭，以减少所占用的系统内存空间。关闭文档的常用方法有如下几种：

1）利用菜单

单击"文件"选项卡，在下拉菜单中选择"关闭"命令。若在文档关闭时还未执行"保存"命令，则弹出提示对话框，如图 3-28 所示。若单击"保存"按钮，可保存当前文档，同时关闭该文档；若单击"不保存"按钮，将直接关闭文档，且不会对当前文档进行保存，即对文档所作的更改都会被放弃；若单击"取消"按钮，将关闭该提示对话框并返回文档，此时用户可重新返回文档编辑窗口根据实际需要进行相应的操作。

图 3-28　是否保存对话框提示框

2）利用组合键

利用【Ctrl+F4】组合键关闭文档。

注意：关闭文档与退出 Word 2010 有一定的区别，若当前打开了多个 Word 文档，关闭文档只是关闭了当前文档，Word 程序仍然在运行，而退出 Word 程序即关闭了所有打开的 Word 文档。

3.2.5　文档视图及显示设置

为方便对文档的编辑，Word 2010 提供了多种视图模式供用户选择，这些视图模式包括"页面视图"、"阅读版式视图"、"Web 版式视图"、"大纲视图"和"草稿视图"五种视图模式。用户可以根据不同需要选择适合自己的视图方式显示和编辑文档。例如，可以使用普通视图输入、编辑和排版文本，使用页面视图查看与打印效果相同的页面等。用户可以在"视图"选项卡中选择需要的文档视图模式，也可以在 Word 2010 文档窗口的右下方单击视图按钮选择视图。

1．文档视图

1）页面视图

"页面视图"可以显示 Word 2010 文档的打印结果外观，主要包括页眉、页脚、图形对象、分栏设置、页面边距等元素，是最接近打印结果的视图，如图 3-29 所示。

2）阅读版式视图

"阅读版式视图"以图书的分栏样式显示 Word 2010 文档，"文件"等选项卡等窗口元素被隐藏起来。在阅读版式视图中，用户还可以单击"工具"按钮选择各种阅读工具，如图 3-30 所示。

图 3-29　页面视图

图 3-30　阅读版式视图

3）Web 版式视图

"Web 版式视图"以网页的形式显示 Word 2010 文档，Web 版式视图适用于发送电子邮件和创建网页，如图 3-31 所示。

4）大纲视图

"大纲视图"主要用于 Word 2010 文档的设置和显示标题的层级结构，并可以方便地折叠和展开各种层级的文档。大纲视图广泛用于 Word 2010 长文档的快速浏览和设置中，如图 3-32 所示。

图3-31　Web版式视图

图3-32　大纲视图

5）草稿视图

"草稿视图"取消了页面边距、分栏、页眉页脚和图片等元素，仅显示标题和正文，是最节省计算机系统硬件资源的视图方式。当然现在计算机系统的硬件配置都比较高，基本上不存在由于硬件配置偏低而使Word 2010运行遇到障碍的问题，如图3-33所示。

2．视图切换

视图切换的常用方法如下：

（1）利用菜单切换视图。单击"视图"选项卡，在选项卡上选择相应视图按钮显示文档。

（2）利用快捷按钮切换视图。单击状态栏上的视图切换按钮，即可实现视图切换。

3．显示比例

在Word 2010文档窗口中可以设置页面显示比例，从而用以调整Word 2010文档窗口的大小。显示比例仅调整文档窗口的显示大小，并不会影响实际的打印效果。设置Word 2010页面显示比例的步骤如下：

图3-33　草稿视图

（1）打开Word 2010文档窗口，切换到"视图"选项卡。在"显示比例"组中单击"显示比例"按钮，如图3-34所示，打开"显示比例"对话框，如图3-35所示。

（2）在打开的"显示比例"对话框中，用户既可以通过选择预置的显示比例（如75%、页宽）设置Word 2010页面显示比例，也可以微调百分比数值调整页面显示比例。

图3-34　"显示比例"按钮

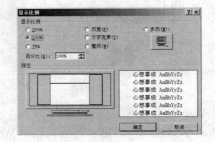
图3-35　"显示比例"对话框

除了在"显示比例"对话框中设置页面显示比例以外，用户还可以通过单击Word 2010状态栏上的放大或缩小显示比例，调整幅度为10%，也可直接拖动"显示比例"滑块调整显示比例。"显示比例"滑块如图3-36所示。

3.2.6 文档编辑

文档编辑是指对文档内容进行添加、删除、修改、查找、替换、复制和移动等一系列的操作。一般在进行这些操作时，需要先选定操作对象，然后进行操作。

1．文本的选定

1）鼠标选定

（1）拖动选定。将光标移动到要选定部分的第一个文字的左侧，拖动至要选定部分的最后一个文字右侧，此时被选定的文字呈现反白显示。

（2）利用选定区。在文档窗口的左侧有一个空白区域，称为选定区，当鼠标移动到此处时，鼠标指针变成右上箭头 ⇗。此时就可以利用鼠标对行和段落进行选定操作：

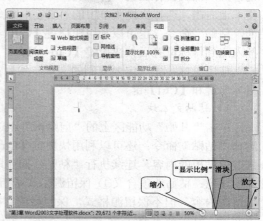

图 3-36 "显示比例"滑块

① 单击鼠标左键：选定箭头所指向的一行。

② 双击鼠标左键：选定箭头所指向的一段；在选定的基础上向上或向下拖动可选择多段。

③ 三击鼠标左键：可选定整个文档。

2）键盘选定

将插入点定位到要选定的文本起始位置，在按住【Shift】键的同时，再按相应的光标移动键，即可将选定的范围扩展到相应位置。

（1）【Shift+↑】：选定上一行。

（2）【Shift+↓】：选定下一行。

（3）【Shift+Pg Up】：选定上一屏。

（4）【Shift+Pg Dn】：选定下一屏。

（5）【Ctrl+A】：选定整个文档。

3）组合选定

（1）选定一个词语，将光标移动到该词语上双击即可选中一个词语。

（2）选定一句：将光标移动到指向该句的任何位置，按住【Ctrl】键并单击。

（3）选定连续区域：将插入点定位到要选定的文本起始位置，按住【Shift】键的同时，用鼠标单击结束位置，可选定连续区域。

（4）选定矩形区域：按住【Alt】键，利用鼠标拖动出要选定的矩形区域。

（5）选定不连续区域：按住【Ctrl】键，再选定不同的区域。

（6）选定整个文档：将光标移到文本选定区，按住【Ctrl】键并单击即可。

2．文本的编辑

1）移动文本

使用剪贴板：先选定需移动的文本，单击"开始"功能区上的"剪贴板"组中的"剪切"按钮，定位插入点到目标位置，再单击"开始"功能区上的"剪贴板"组中"粘贴"按钮；或者在选定的文本上右击，选择快捷菜单中的"剪切"命令，定位插入点到目标位置，再单右击，选择快捷菜单中的"粘贴"命令；也可以利用快捷键【Ctrl+X】，将当前文档中选定的文本移至剪贴板上，定位插入点到目标位置后按快捷键【Ctrl+V】。

使用鼠标：先选定要移动的文本，将选定的文本拖动到插入点位置。

2）复制文本

使用剪贴板：先选定要复制的文本，单击"开始"功能区上的"剪贴板"组中的"复制"按钮，定位插入点到目标位置，再单击"开始"功能区上的"剪贴板"组中"粘贴"按钮；或者在选定的文本上右击，选择快捷菜单中的"复制"命令，定位插入点到目标位置，再右击，选择快捷菜单中的"粘贴"命令；也可以利用快捷键【Ctrl+ C】，将当前文档中选定的文本复制到剪贴板上。定位插入点到目标位置后按快捷键【Ctrl+V】。

使用鼠标：先选定要复制的文本，然后在按住【Ctrl】键的同时拖动鼠标到插入点位置，释放鼠标左键和【Ctrl】键。

3）粘贴文本块

单击"开始"功能区上的"剪贴板"组中的"粘贴"按钮，也可以右击，在弹出的快捷菜单中选择"粘贴"命令；还可以利用快捷键【Ctrl+ V】，将剪贴板上的信息复制到当前插入点。只要不修改剪贴板的内容，连续执行"粘贴"操作即可实现一段文本的多处复制。

注意：粘贴选项含义① 保留源格式是指保留原格式（尤其是网页格式）不变② 合并格式是指保留源内容，但不保留源格式，保存后的文档，挤在一起，需要调整。③ 只保留文本，是指只保留文字，其余都不要。

4）删除文本块

在编辑文本时，常需要将多余的或错误的文字删除掉。Word 2010 提供了多种删除文本的方法：

（1）选定文本，然后按【Delete】键即可删除所选定的文本。

（2）选定文本，然后右击，在弹出的快捷菜单中选择"剪切" 命令即可删除所选定文本。

（3）选定文本，按【Backspace】键。

3. 查找与替换

在编辑文本时，经常需要对文字进行查找和替换操作，用户可以借助 Word 2010 的"查找和替换"功能快速查找或替换 Word 文档中的目标内容。

1）查找

对于文本较少的文档，可以轻而易举地从中找出所需的资料，但如果文档页数较多，靠手动查找是件很痛苦的事情，此时可通过 Word 提供的查找功能进行查找。

在文档中查找指定内容的操作步骤如下：

（1）在"开始"功能区的"编辑"组中单击"查找"按钮，或按【Ctrl+F】快捷键即可打开"导航"任务窗格，如图 3-37 所示。

（2）在"导航"任务窗格的"搜索文档"位置输入要查找的内容的关键字，随后 Word 将列出文档中包含该关键字的段落，单击窗格中要查看的段落，Word 将自动切换到相应的位置，而文档正文中该关键字也将以黄色高亮度显示，如图 3-38 所示。

在文档中查找指定格式内容的操作步骤如下：

（1）在"开始"功能区的"编辑"组中单击"查找"下拉列表，在下拉列表中选择"高级查找"命令，打开"查找和替换"对话框，在此对话框中可以单击"更多"按钮，同时此按钮文字变成"更少"，展开对话框隐藏内容，如图 3-39 所示。

（2）在查找内容文本框中输入要查找的内容，无法输入的可以单击此对话框上的"特殊格式"按钮在查找内容文本框中插入特殊格式的内容，同时单击此对话框上的"格式"按钮设置"查找 "内容的格式，设置"搜索选项"相关内容，单击"查找下一处"按钮从当前位置往下查找。

2）替换

Word 的替换功能，不仅可以替换整个文档中查找到的整个文本，而且还可以有选择地替换。操作步骤如下：

(1) 单击"开始"功能区上的"编辑"组中的"替换"按钮打开"查找和替换"对话框，如图 3-39 所示。

(2) 选择"替换"选项卡，在"查找内容"下拉列表框中输入要查找的内容，在"替换内容"下拉列表框中输入要替换的内容。

(3) 若单击"全部替换"按钮，则 Word 会将满足条件的内容全部替换；若单击"替换"按钮，则只替换当前一个内容，继续向下替换可再按此按钮；若单击"查找下一处"按钮，则 Word 将不替换当前找到的内容，而是继续查找下一处要查找的内容，查找到时是否替换由用户决定。

(4) 同样，替换功能除了能用于一般文本外，也能用于查找并替换带有格式的文本和一些特殊的符号等，在"查找和替换"对话框中，单击"更多"按钮，可进行相应的设置。

图 3-37　"导航"窗格

图 3-38　"搜索"显示结果

图 3-39　"查找和替换"对话框展开隐藏内容

4. 撤销与恢复操作

1) 撤销

当用户在编辑文本时，如果对以前所进行的操作不满意，要恢复到操作前的状态，只需要单击"快速启动"工具栏上的"撤销"按钮 即可；或者按快捷键【Ctrl+Z】撤销。

2) 恢复

经过撤销操作后，"撤销"按钮右侧的"恢复"按钮 将变亮，表明已经进行过撤销操作，如果用户想要恢复被撤销的操作，只需要单击"快速启动工具栏"中的"撤销"按钮即可；或者按快捷键【Ctrl+Y】恢复。

5. 窗口拆分

当文档比较长时，处理起来很不方便，这时可以将文档的不同部分同时显示，方法有两种：

1) 利用"拆分"按钮

操作步骤如下：

(1) 在"视图"功能区的"窗口"组中单击"拆分"按钮，如图 3-40 所示。就会在文档显示一条调整窗口分界线如图 3-41 所示。

(2) 在需要拆分的地方单击就可以将当前窗口分割为两个子窗口，这样就可以使不同的窗口显示同一文档的不同部分，如图 3-42 所示。

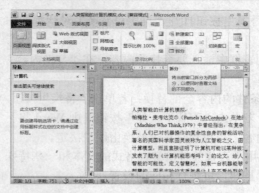

图 3-40 "拆分"按钮

图 3-41 调整窗口分界线

2)利用窗口进行"拆分"

操作步骤如下:

(1)把鼠标放在"拆分杠"上,如图 3-43 所示。

(2)按下鼠标左键拖动"拆分杠"至拆分位置,如图 3-44 所示。松开鼠标即可把当前窗口分割为两个子窗口,这样也可以使不同的窗口显示同一文档的不同部分,如图 3-45 所示。

图 3-42 不同窗口显示同一文档的不同部分

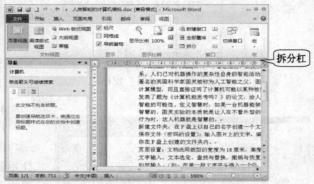

图 3-43 拆分杠

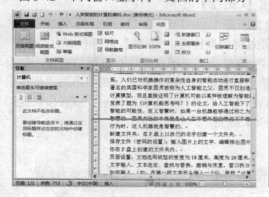

图 3-44 拖动"拆分杠"

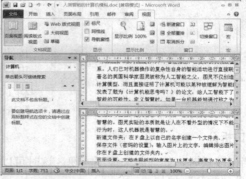

图 3-45 不同窗口显示同一文档不同的部分

3.2.7 打印输出

办公文档编辑完毕后,一般都需要打印输出,下面介绍在 Word 2010 中打印文档的基本方法及常见打印问题的解决方案。

1. 常规打印设置

文档编辑完毕，只要电脑已经连接到打印机，就可以将文档打印出来。单击"文件"选项卡，在下拉菜单中，选择"打印"命令，或单击"快速启动"工具栏上的"打印预览和打印"按钮，就可以预览打印的效果及进行相关的打印输出设置，如图 3-46 所示。

2. 打印背景色或背景图像

在默认情况下，打印 Word 文档时，将不会打印文档中的背景色或背景图像。如果需要打印文档中的背景色或背景图像，用户可以通过设置完成。

单击"文件"选项卡，在下拉菜单中选择"选项"命令，打开"Word 选项"对话框，单击"显示"选项，在对话框中选中"打印选项"组中的"打印背景色和图像"复选框，单击"确定"按钮，如图 3-47 所示。

图 3-46 "打印预览"效果

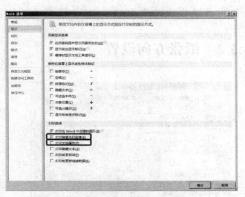
图 3-47 "Word 选项"对话框"显示"选项

3. 自动打印文档属性

对于文档的属性，包括作者、标题、主题、关键词、类别、状态和备注等项目，在默认情况下这些属性信息都不会输出到纸面。如果需要将文档属性和文档正文一起打印出来，则需要做如下设置。

单击"文件"选项卡，在下拉菜单中选择"选项"命令，打开"Word 选项"对话框，单击"显示"选项，在对话框中选中"打印选项"组中的"打印文档属性"复选框，单击"确定"按钮即可，如图 3-47 所示。

4. 打印前自动更新域及链接数据

如果文档中插有域或者链接数据，想要在打印之前让 Word 自动更新这些域或链接的数据，可以进行如下设置：

单击"文件"选项卡，在下拉菜单中选择"选项"命令，打开"Word 选项"对话框，单击"显示"在对话框中选中"打印选项"组中的"打印前更新域"及"打印前更新链接数据"复选框，单击"确定"按钮，如图 3-47 所示。

3.3 页面设计

在设置文档格式时，页面布局将会影响到整个文档的格式，应在设置格式前对页面的整体布局进行设计。页面设计一般包括页面大小、纸张方向、页边距、页眉页脚及背景等。

Word 提供了丰富的页面设置选项，允许用户根据自己的需要更改页面的大小、设置纸张方向、调整页边距大小等以满足各种打印输出的需求。

3.3.1 页面大小设置

Word 2010 以办公最常使用的 A4 纸为默认页面。假设用户需要将文档打印到 A3、B4 等不同大小的纸张上，最好在编辑文档前，先行修改页面的大小。当然也可以在编辑文档的过程中进行纸张大小的设置，但是需注意若在文档编辑完成后再设置页面的大小可能会造成排版混乱。

Word 已经提供有 A3、A4、B4、B5 及信纸等若干常见的纸张规格。如果这些纸张大小已经可以满足用户的需要，那么可单击"页面布局"功能区上的"页面设置"组中的"纸张大小"按钮，在出现的下拉列表中选择需要的纸张规格。如果 Word 提供的纸张大小不能满足用户需求，那么可在"纸张大小"下拉列表中选择"其他页面大小"命令，打开"页面设置"对话框，在"纸张"选项卡的"纸张大小"区域自定义纸张的宽度和高度，完成设置后单击"确定"按钮即可。

3.3.2 纸张方向设置

图 3-48 "页面设置"对话框"页边距"选项卡

在默认状态下，Word 2010 的纸张方向是纵向的，比如默认使用的 A4 纸张，纵向放置宽度为 21 厘米，高度为 29.7 厘米。如果用户想要将宽、高互换，可以将纸张方向设置为横向的，此时宽度就变为 29.7 厘米，高度变为 21 厘米。更改纸张方向的操作如下：

单击"页面布局"功能区上的"页面设置"组中的"纸张方向"按钮。也可以在"页面设置"对话框的"页边距"选项卡中设置，如图 3-48 所示。

3.3.3 页边距设置

在默认状态下，Word 文档页面左右两边距离正文为 3.18 厘米，上下两边距离正文为 2.54 厘米。另外 Word 2010 已经提供了若干页边距样式，用户只需单击"页面布局"功能区上的"页面设置"组中的"页边距"按钮，在出现的下拉列表中选择页边距样式。如果 Word 提供的页边距样式都不符合需求，则用户可以在"页边距"下拉菜单中选择"自定义边距"菜单，打开"页面设置"对话框，在"页边距"选项卡中，用户可以根据实际需要对页边距进行调整。

3.3.4 文档分节设置

通常在创建一个新文档时，只有 1 节，也就是说，在全部文档中只能使用相同的版面设置和相同格式的页码及页眉页脚设置。为了在整篇文档中使用不同的页眉页脚、不同的分栏和版式效果等，需要将一份文档分成几节，分节的操作方法如下：

（1）打开 Word 2010 文档窗口，将光标定位到准备插入分节符的位置，单击"页面布局"功能区上的"页面设置"组中的"分隔符"按钮，如图 3-49 所示。

（2）在打开的分隔符列表中，"分节符"区域列出 4 种不同类型的分节符，用户可根据需要选择合适的分节符。

各种分节符的含义如下：

● 下一页：插入分节符并在下一页上开始新章节；例如编辑多个章节，当编辑上一章的结尾时，如果结尾内容只占据了半个页面，而想要将下一章节的开头从新一页开始编辑，只要在结尾内容的下一行插入下一页分节符即可。

● 连续：插入分节符并在同一页上开始新章节；例如在编辑完一个段落后，如果想要将下一段落的内容设置为不同格式或版式，可以插入连续分节符，将鼠标指针后面的段落作为一个新章节。

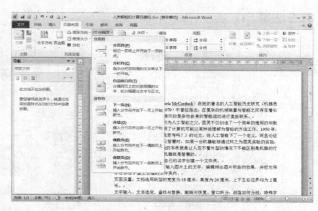

图 3-49 "分隔符"按钮

● 偶数页：插入分节符并在下一偶数页上开始新章节。
● 奇数页：插入分节符并在下一奇数页上开始新章节。

3.3.5 页码和页眉/页脚设置

1．页码

书籍正/背两个页面各称为一页，每个页面都排有页码，页码是读者查检目录所不可缺少的要件。如果希望每个页面都显示页码，并且不希望包含任何其他信息（例如，文档标题或文件位置），可以快速添加库中的页码。插入页码方法如下：

（1）单击"插入"功能区上的"页眉和页脚"组中的"页码"按钮，选择"设置页码格式"的命令，打开"页码格式"对话框，如图 3-50 所示。

（2）选择所需的页码位置，滚动浏览库中的选项，单击所需的页码格式，如图 3-51 所示。若要返回至文档正文，单击"页眉和页脚工具"中的"设计"选项卡中的"关闭页眉和页脚"按钮。

图 3-50 "页码格式"对话框

图 3-51 预设"页码"库

注意：如果不需要页码，可以单击"插入"功能区的"页眉和页脚"组中的页码下拉按钮，选择"删除页码"命令，即可将页码删除。

2．页眉和页脚

页眉和页脚是指在文档每一页的顶部和底部加入信息，这些信息可以是文字和图形等。插入页眉方法如下：

图 3-52　页眉格式

（1）单击"插入"功能区上的"页眉和页脚"组中的"页眉"按钮，滚动浏览库中的选项，单击所需的页眉格式。如图 3-52 所示。

（2）进行相应的设置即可。

插入页脚的方法与插入页眉的方法相同。

注意：如果对页眉或页脚不满意，可以单击"插入"功能区上的"页眉和页脚"组中的"页眉"或"页脚"下拉按钮，选择"编辑页眉"或"编辑页脚"选项进行编辑。如果不需要页眉和页脚，还可以单击"插入"功能区上的"页眉和页脚"组中的"页眉"或"页脚"下拉按钮，选择"删除页眉"或"删除页脚"命令即可将页眉或页脚删除。

3.3.6　页面背景

在默认情况下，新建的 Word 文档背景都是单调的白色，Word 提供了为页面添加"水印""页面颜色""页面边框"功能，用户可以通过这些功能设置页面背景，达到改变文档的显示效果。

1．水印

水印包括文字水印和图片水印，两种水印所表现的效果各有特色，用户可以根据自己的需要添加文字水印或图片水印。添加水印的操作步骤如下：

（1）单击"页面布局"功能区上的"页面背景"组中的"水印"按钮，在下拉列表中选择"自定义水印"命令，如图 3-53 所示。

（2）打开"水印"对话框，如图 3-54 所示。

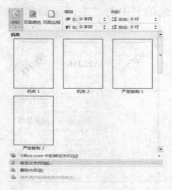
　　图 3-53　"水印"下拉列表

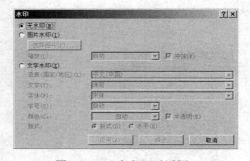
　　图 3-54　"水印"对话框

（3）用户如果需要设置图片水印，可选择如图 3-54 所示的"图片水印"单选按钮，然后单击"选择图片"按钮，打开"插入图片"对话框，如图 3-55 所示。选择用作水印的图片，单击"插入"按钮后，返回到"水印"对话框。

（4）根据需要设置"缩放"选项及是否选中"冲蚀"复选框，单击"确定"按钮，图片水印就设置好了。

用户如果需要设置文字水印，可选择如图 3-54 所示的"文字水印"单选按钮，然后对"文字"

"字体""字号""颜色""版式"进行相应的设置,单击"确定"按钮即可。

注意: 用户除了可以自定义为文档添加图片水印外,用户还可以单击"水印"按钮,在展开的水印样式库中选择预设的文字水印样式添加到文档中。如果用户不再需要水印效果,还可以单击"页面布局"功能区的"页面背景"组中的"水印"下拉按钮,选择"删除水印"命令即可将水印删除。

2. 页面颜色

在 Word 2010 中用户不仅可以为文档背景设置一种纯色,也可以为文档设置各种填充效果(如渐变、纹理、图案或图片)。为文档设置背景的操作步骤如下:

(1)单击"页面布局"功能区上的"页面背景"组中的"页面颜色"按钮,打开如图 3-56 所示的下拉列表。

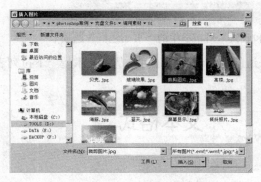

图 3-55 "插入图片"对话框　　　　　图 3-56 "页面颜色"下拉列表

(2)用户可以根据需要在"主题颜色"或"标准色"中选择一种颜色,如果这些颜色都不满意,还可以选择"其他颜色"命令,打开"颜色"对话框,设置喜欢的颜色。如图 3-57 所示,为文档背景填充一种纯色。用户也可以根据需要选择"填充效果"菜单,打开"填充效果"对话框,如图 3-58 所示,为文档背景设置渐变、纹理、图案、图片中的一种填充效果。

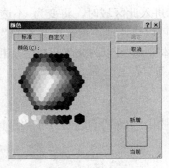 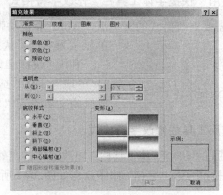

图 3-57 "颜色"对话框　　　　　　　图 3-58 "填充效果"对话框

3. 页面边框

用户除了可以使用水印,页面颜色美化文档背景外,还可以使用边框对文档进行美化设置。为文档设置页面边框的操作步骤如下:

(1)单击"页面布局"功能区上的"页面背景"组中的"页面边框"按钮,打开"边框和底纹"对话框,选择"页面边框"选项卡,如图 3-59 所示。

（2）在"设置"列表框中单击"方框"选项，设置边框的样式、颜色、宽度等，单击"确定"按钮，就可以为页面加上边框线。

图 3-59 "边框和底纹"对话框中的"页面边框"选项卡

注意：用户除了可以为页面设置普通的边框线外，还可以从"艺术型"下拉列表框中选择更有特色的艺术边框。

3.4 文本格式

3.4.1 字符格式

设置字符格式主要是指对字符的字体、字号、字形、颜色、字间间距等进行设置。设置字符格式可以在字符输入前或输入后进行，输入前可以通过选择新的格式，设置将要输入的格式；对已输入的字符格式进行修改，只需选定需要进行格式设置的字符，然后对选定的字符进行格式设置即可。

1．使用"快捷字体工具栏"修改字符格式

选择需要更改格式的文本后，Word 会自动弹出"快捷字体工具栏"，如图 3-60 所示，此时菜单显示为半透明状态，当鼠标进入此区域时，将变为 不透明。

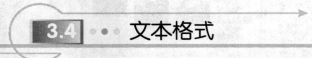

图 3-60 "快捷字体工具栏"

利用"快捷字体工具栏"可以快速地设置选定文本的"字体""字号""增大字体"或"缩小字体"，也可以为文本设置"加粗""倾斜"以及为文本设置"字体颜色"等。

2．使用工具栏修改字符格式

除了通过"快捷字体工具栏"更改字体格式外，还可以利用"开始"功能区中的"字体"组中的相关命令进行更改，"字体"组中命令如图 3-61 所示。

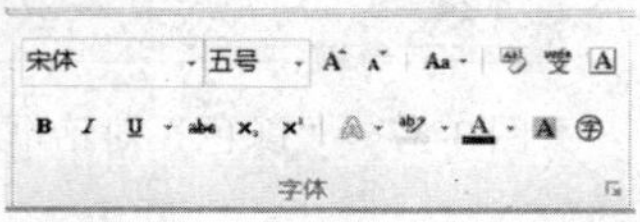

3．利用"字体"对话框设置字符格式

选择需要更改格式的文本后，单击"开始"选项卡中的"字体"分组中右下角的，或者在选定的文本上右击，在弹出的快捷菜单中选择"字体"命令都可以打开"字体"对话框，如图 3-62 所示。

图 3-61 "开始"功能区中的"字体"组中命令

1）"字体"选项卡

选择"字体"选项卡可以进行字体相关设置。

(1) 改变字体：在"中文字体"列表框中选择中文字体，在"西文字体"列表框中选择英文字体。

(2) 改变字形：在"字形"列表框中选定所要改变的字形，如倾斜、加粗等。

(3) 改变字号：在"字号"列表框中选择字号。

(4) 改变字体颜色：单击"字体颜色"按钮下拉列表框，设置字体颜色。

(5) 设置下画线：在"下画线线型"和"下画线颜色"下拉列表框中配合使用设置下画线。

(6) 设置着重号：在"着重号"下拉列表框中选定着重号标记。

(7) 设置其他效果：在"效果"选项组中，可以设置删除线、双删除线、上标、下标、阴影、空心、阳文、阴文、小型大写字母等字符效果。

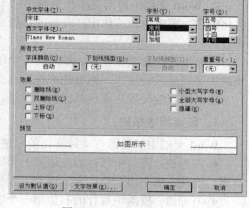

图 3-62 "字体"对话框

2) "高级"选项卡

利用"高级"选项卡可以进行字符间距设置。"高级"选项卡如图 3-63 所示。

在"位置"下拉列表框中可以选择"标准""提升"和"降低" 3 个选项。选择"提升"或"降低"时，可以在右侧的"磅值"数值框中输入所要"提升"或"降低"的磅值。

选定"为字体调整字间距"复选框后，从"磅或更大"数值框中选择字体大小，Word 会自动设置选定字体的字符间距。

单击"文字效果"按钮可以打开"设置文本效果格式"对话框，如图 3-64 所示，可以通过此对话框设置文本的相关效果。也可以利用"开始"功能区上的"字体"组中的文本效果按钮 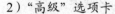 直接设置。

图 3-63 "字体"对话框中的"高级"选项卡

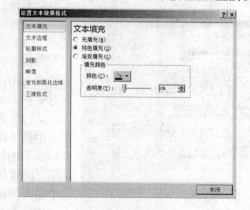

图 3-64 "设置文本效果格式"对话框

4．复制字符格式

复制字符格式是将一个文本的格式复制到其他文本中，操作步骤如下：

(1) 选定已编排好字符格式的源文本或将光标定位在源文本的任意位置。

(2) 单击"开始"功能区中"剪贴板"组中的"格式刷"按钮 格式刷，光标变成刷子形状。

(3) 在目标文本上拖动鼠标，即可完成格式复制。

若将选定格式复制到多处文本块上，则需双击"格式刷"按钮，然后按照上述步骤（3）进行操作，完成复制。若取消复制，则单击"格式刷"按钮或按【Esc】键，鼠标即恢复原状。

73

3.4.2 段落格式

在 Word 文档中段落是指相邻两个回车符之间的内容。设置不同的段落格式，可以对文章起到美化外表、突出内涵的作用。段落的排版主要包括对段落进行设置缩进量、行间距、段间距、和对齐方式等。

在对段落的排版操作中，如果对一个段落进行操作，只需把鼠标光标定位到段落中即可；如果要对多个段落进行操作，则首先应选定这些段落，再对这些段落进行排版操作。

段落格式的设置主要包括段落的缩进、间距和对齐格式的设置。

1．段落缩进格式

Word 文档中的段落有 4 种常用的缩进格式：

- 左缩进：段落中每行的左边第一个字符不是紧挨着正文区域的左侧，而是向右侧移动一定的距离，使其左侧空出一些位置，而且各行空出的字符个数相同，称为做左缩进。
- 右缩进：段落中每行的右边第一个字符不是紧挨着正文区域的右侧，而是向左侧移动一定的距离，使其右侧空出一些位置，称为右缩进。
- 首行缩进：只有段落的第一行向右缩进几个字符，其他各行保持左对齐状态。
- 悬挂缩进：除段落的第一行保持左对齐状态之外，其他各行都向右缩进一些。

注意：设置段落缩进可以通过拖动标尺工具栏上的缩进按钮直接设置，如图 3-65 所示。

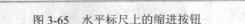

图 3-65 水平标尺上的缩进按钮

2．设置段落间距、行间距

段落间距是指两个段落之间的距离，行间距是指段落中行与行之间的距离，Word 默认的行间距是单倍行距。

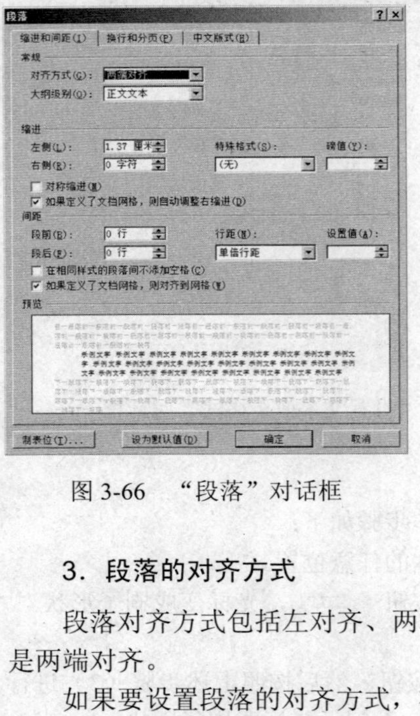

设置段落间距、行间距的操作步骤如下：

（1）选定欲改变间距的文档内容。

（2）单击"开始"选项卡中的"段落"分组中右下角的，或者右击，选择快捷菜单中的"段落"命令都可以打开"段落"对话框，如图 3-66 所示。

（3）选择"缩进和间距"选项卡，在"缩进和间距"选项卡中的"段前"和"段后"数值框中输入间距值，可调节段前和段后的间距；在"行距"下拉列表框中选择行间距，若选择了"固定值"或"最小值"选项，则需要在"设置值"数值框中输入所需的数值；若选择"多倍行距"选项，则需要在"设置值"数值框中输入所需行数。

（4）设置完成后，单击"确定"按钮。

注意：段落间距、行间距也可以通过"开始"功能区上的"段落"组中的"行和段落间距"按钮设置。

图 3-66 "段落"对话框

3．段落的对齐方式

段落对齐方式包括左对齐、两端对齐、居中对齐、右对齐和分散对齐，Word 默认的对齐格式是两端对齐。

如果要设置段落的对齐方式，在如图 3-66 所示的"段落"对话框的"常规"选项组中设置对齐方式。

3.4.3 分栏

用户在一些报纸、期刊、杂志中经常会看到分栏显示的文章,所谓分栏就是将 Word 文档全部页面或选中的内容设置为多栏显示,要实现文档内容的分栏显示,用户既可以使用预设的分栏选项,也可以自定义分栏。

1. 使用预设分栏选项

选定需要进行分栏的内容,在"页面布局"功能区的"页面设置"组中单击"分栏"按钮,在展开的下拉列表中选择预设的选项。分栏下拉列表如图 3-67 所示。

2. 自定义分栏

自定义分栏可以设置分栏分隔线及制定每栏的宽度和间距,比预设分栏效果更加灵活。选定需要进行分栏的内容,在"页面布局"功能区的"页面设置"组中单击"分栏"按钮,在展开的下拉列表中选择"更多分栏"命令,如图 3-67 所示。可以打开"分栏"对话框,如图 3-68 所示。

通过对"对话框"中预设、栏数、宽度和间距等的设置,就可以设置出想要的分栏效果。

注意:当对文档中最后一段文本进行分栏效果设置时,只选中回车符之前的内容进行分栏即可。如果在最后一段文本段落回车符之后还有段落回车符,则可以选中最后一段的回车符进行分栏。

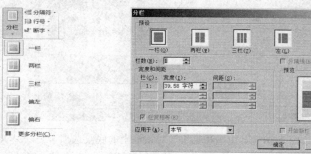

图 3-67 "分栏"下拉列表　　　图 3-68 "分栏"对话框

3.4.4 边框与底纹

1. 边框

单击"页面布局"功能区中的"页面背景"分组中的"页面边框"按钮,打开"边框和底纹"对话框,在弹出的对话框中选择"边框"选项卡,如图 3-69 所示。

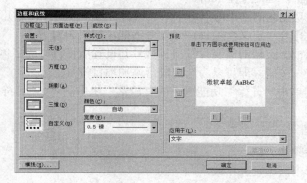

图 3-69 "边框和底纹"对话框上的"边框"选项卡

在该对话框中可以根据文档的需要设置线形、颜色、宽度,在"应用范围"下拉列表框中选择边框要应用的范围是整个"段落"还是当前所选"文字"。

(1) 文字边框:选中需要添加边框的文字,在"边框"选项卡中设置文字边框。

(2) 段落边框:选中需要添加边框的段落,在"边框"选项卡中设置段落边框。

(3) 页面边框:在"边框与底纹"对话框中选中"页面边框"选项卡,设置整个文档的边框,也可以在页面边框中设置艺术边框。

2. 底纹

单击"页面布局"功能区的"页面背景"分组中的"页面边框"按钮,打开"边框和底纹"对话框,在弹出的对话框中选择"底纹"选项卡,如图 3-70 所示。

在该对话框中可以根据文档的需要设置文本的填充颜色、图案样式,在"应用范围"下拉列表框中选择边框要应用的范围是整个"段落"还是当前所选"文字"。

(1) 文字底纹:选中需要添加底纹的文字,在"底纹"选项卡中设置文字底纹。

(2) 段落底纹:选中需要添加底纹的段落,在"底纹"选项卡中设置段落底纹。

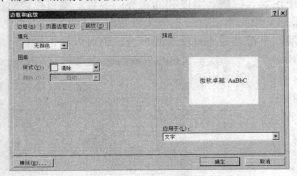

图 3-70 "边框和底纹"对话框上的底纹选项卡

3.4.5 项目符号与编号

设置了段落格式之后,也许用户还需要使文档中的段落排版层次更加分明,此时项目符号或编号可以做到这一点。

1. 添加项目符号

添加项目符号的步骤如下:

(1) 在打开的文档中,选定文本段落。

(2) 单击"开始"功能区的"段落"组中的"项目符号"按钮,在展开的下拉列表中选择"定义新项目符号"命令,打开"定义新项目符号"对话框,如图 3-71 所示。

在该对话框中可以根据文档的需要设置项目符号并设置项目符号的字体,也可以设置图片作为项目符号,单击"确定"按钮。即可以为选定段落添加项目符号。

注意:也可以直接单击"开始"功能区上的"段落"组中的"项目符号"按钮,为段落添加默认的项目符号。

2. 添加编号

设置编号的操作步骤如下:

(1) 在打开的文档中,选定文本段落。

(2) 单击"开始"功能区的"段落"分组中的"项目符号"按钮,在展开的下拉列表中选择"定义新编号格式"命令,打开"定义新编号格式"对话框,如图 3-72 所示。

第 3 章 文字处理软件 Word 2010

图 3-71 "定义新项目符号"对话框　　　图 3-72 "定义新编号符号"对话框

（3）在该对话框中可以根据文档的需要设置编号样式、编号格式及对齐方式，单击"确定"按钮。就可以为选定段落加上编号。

注意：也可以直接单击"开始"功能区的"段落"分组中的"编号"按钮，为段落添加默认的编号。

3.4.6 首字下沉

首字下沉分为下沉和悬挂两种方式，设置段落首字下沉的操作步骤如下：

（1）先将插入点定位在欲设置"首字下沉"的段落中。

（2）单击"插入"功能区上的"文本"组中的"首字下沉"按钮，在展开的下拉列表中选择"首字下沉选项"命令，打开"首字下沉"对话框，如图 3-73 所示。在位置区域中选择需要下沉的方式，还可以为首字设置字体、下沉的行数及与正文的距离。

图 3-73 "首字下沉"对话框

（3）单击"确定"按钮。

3.5 表　格

在制作报表、宣传单、合同文件等各类文书时，经常需要在文档中插入表格，可以清晰地显示各类数据。表格是一种简单、清楚的表示方式。通常以行和列的形式组织信息，其结构严谨，效果直观，因此在日常生活中可以看到各种各样的表格，Word 2010 提供了表格功能，可以很方便地建立和使用各种各样的表格。

3.5.1 创建表格

在 Word 2010 中，通常创建表格的方法有如下 4 种方式。

1. 手动绘制表格

手动制表的最大特点就是，绘制表格如同我们用笔在白纸上画表格一样，可以随心所欲地画出各种各样的表格。

操作步骤如下：

（1）将插入点定位在需插入表格处。

（2）单击"插入"功能区上的"表格"组中的"表格"按钮，在展开的下拉列表中选择"绘制表格"命令，此时光标变为笔形。

（3）首先在文档中拖动画出一个大小适当的矩形区域，即整个表格的外部轮廓，然后再根据所绘制表格的内部情况，绘制出内部线条。当绘制内部线条时，首先选定绘制线条的起始位置，然后拖动鼠标在表格中形成一条从左到右或从上到下的虚线，释放鼠标，一条表格中内部线条就形成了。另外也可以在单元格内绘制简单斜线，绘制方法同绘制直线相同。

当对创建的表格中的某一条表格线不满意时，可以将其擦除，在"表格工具"工具栏上，如图 3-74 所示。单击"擦除"按钮，此时鼠标在文档窗口中会变成一块橡皮形状的图标，将它移至需要删除的表格线上，按下鼠标并拖动即可擦除表格线。在用"绘制表格"工具进行绘制表格时，如果同时按下【Shift】键，则鼠标会变成橡皮形状，即变成擦除表格的功能，释放鼠标即可继续绘制。

图 3-74 "表格工具"设置功能区

2．快速制作表格

单击"插入"功能区上的"表格"组中的"表格"按钮，在其下拉列表移动鼠标让列表中的表格处于选中状态，此时列表上方将显示出相应的表格列数和行数，同时在 Word 文档中也将显示出相应的表格，单击鼠标左键即可，如图 3-75 所示。

3．利用"插入表格"对话框制作表格

操作步骤如下：

（1）单击"插入"功能区上的"表格"组中的"表格"按钮，在展开的下拉列表中选择"插入表格"命令，打开"插入表格"对话框，如图 3-76 所示。

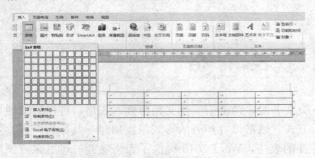
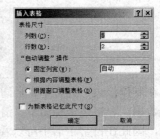

图 3-75 快速制作表格　　　　　　　　图 3-76 "插入表格"对话框

（2）在"表格尺寸"选项组中设置行数、列数。

（3）单击"确定"按钮。

4．利用 Excel 电子表格制作表格

操作步骤如下：

（1）单击"插入"功能区的"表格"分组中的"表格"按钮，在展开的下拉列表中选择"Excel 电子表格"命令，插入 Excel 电子表格。

(2) Word 界面自动切换为 Excel 的工作界面，在 Excel 工作界面下设置表格。

(3) 表格设置完成后，只需在文档的其他位置单击一下就可以在文档中看到编辑效果。当需要重新编辑表格时，只需在表格上双击又可以显示出 Excel 表格的工作界面。

3.5.2 编辑表格

创建一个表格后，还需要对整体结构进行调整，例如：调整行高和列宽、行列的插入和删除、单元格的合并与拆分、插入表格标题、输入数据等，以满足用户的需求。

1. 数据输入

表格中行和列交叉处的一个小方格称为单元格。将光标定位在单元格中，可输入数据，按【Tab】键或按键盘上的方向键，可将光标移到下一个单元格，也可直接用鼠标单击要输入数据的单元格，继续输入其他内容。

2. 行、列、单元格和表格的选定

(1) 选定单元格：将光标移动到要选定单元格的左侧边界，光标变成指向右上方的箭头"➚"时单击，即可选定该单元格。

(2) 选定连续单元格区域：拖动鼠标选定连续单元格区域即可。这种方法也可以用于选定单个、一行或一列单元格。

(3) 选定一行或多行：将光标移动到要选定行左侧选定区，当光标变成"➚"形状时，单击即可选定一行；按住【Ctrl】键的同时，分别单击想选定的其他行可以同时选定不连续的多行；按住【Shift】键分别单击连续多行的第一行及最后一行即可选定连续的多行。

(4) 选定一列及多列：将光标移动到该列顶部列选定区，当光标变成"⬇"形状时，单击即可选定一列；按住【Ctrl】键的同时，分别单击想选定的其他列可以同时选定不连续的多列；按住【Shift】键分别单击连续多列的第一列及最后一列即可选定连续的多列。

(5) 选定整个表格：光标指向表格左上角，单击出现的"表格的移动控制点"图标"⊞"，即可选定整个表格。

表格、行、列、单元格的选定，也可以通过右击"表格"，在快捷菜单上选择"选择"级联菜单中的相应命令完成。

3. 调整表格行高、列宽、单元格及整个表格宽度的方法

1) 使用鼠标直接调整

鼠标指向表格的行、列线上，鼠标变成双向箭头时，按住鼠标左键拖动，即可调整表格各行列的高度和宽度。若同时按住【Alt】键，则可精确调整。鼠标指向表格的右下角的方框上，鼠标变成斜角双向箭头时，按住鼠标左键拖动，即可调整表格的大小。

2) 使用"自动调整"命令调整

将鼠标置于表格中并右击，在弹出的快捷菜单中选择"自动调整"级联菜单下的"根据内容调整表格""根据窗口调整表格""固定列宽"等命令可调整表格大小。

3) 使用"表格属性"对话框调整

将鼠标置于表格中并右击，在弹出的快捷菜单中选择"表格属性"命令，弹出"表格属性"对话框，如图 3-77 所示。

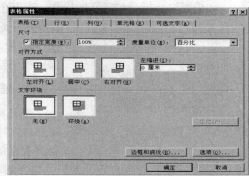

图 3-77 "表格属性"对话框

利用"表格属性"对话框，可以精确设置表格、列、单元格的宽度及行的高度。

4．行或列及单元格的插入和删除

1）插入行和列

首先在表格中选定某行（或列），再在选定内容上右击，在弹出的快捷菜单中选择"插入"级联菜单的相应命令，新行将被插入在被选定行的上方或下方，新列将被插入在被选定列的左侧或右侧。注意如果想增加几行（或几列）就需要先选定几行（或几列）。

2）删除行或列

先在表格中选定要删除的行或列，再在选定内容上右击，在弹出的快捷菜单中选择"删除行"或"删除列"命令，即可以将选中的行或列删除。

3）插入单元格

先在表格中选定要插入的单元格的位置，再在选定内容上右击，在弹出的快捷菜单中选择"插入"→"插入单元格"命令，打开"插入单元格"对话框，如图 3-78 所示，在其中选择某种插入方式，单击"确定"按钮即可。

4）删除单元格

先在表格中选定要删除的单元格，再在选定内容上右击，在弹出的快捷菜单中选择"删除单元格"命令，打开"删除单元格"对话框，如图 3-79 所示，在其中选择某种删除方式，单击"确定"按钮即可。

图 3-78　"插入单元格"对话框

图 3-79　"删除单元格"对话框

5．单元格的合并和拆分

单元格的合并是把相邻的多个单元格合并成一个单元格，单元格的拆分是把一个单元格拆分为多个单元格。

1）合并单元格

如果要进行合并单元格的操作，首先应选定要进行合并的多个单元格，然后右击所选定的单元格，在弹出的快捷菜单中选择"合并单元格"命令。若要选定多个连续的单元格，不能使用按住【Ctrl】键选定多个连续的单元格，因为此时系统会认为所选定的不是连续的多个单元格，而不允许其合并单元格。

2）拆分单元格

如果要进行拆分单元格的操作，应先选定要拆分的单元格，然后右击选定的单元格，在弹出的快捷菜单中选择"拆分单元格"命令，弹出"拆分单元格"对话框。如图 3-80 所示，在"列数"文本框中输入要拆分成的列数；在"行数"文本框中输入要拆分成的行数，再单击"确定"按钮即可。

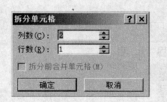
图 3-80　"拆分单元格"对话框

6．插入表格标题

把光标放在表格中的第一行中的任何一个单元格，单击"表格工具/布局"功能区的"合并"组中的"拆分表格"按钮，光标自动移到表格的上方，即可以插入表格的标题。

注意： 对于表格的各种编辑，通常可以使用"表格工具/布局"功能区进行编辑。"表格工具/布局"功能区如图 3-81 所示。

图 3-81 "表格工具/布局"功能区

3.5.3 表格的格式化

创建好一个表格之后,还可以对表格进行修饰,设计出具有独特风格的表格。

1. 单元格的对齐方式

一般在某个表格的单元格中输入文本时,该文本都将按照一定的方式,显示在表格的单元格中。Word 提供了 9 种单元格中文本的对齐方式:靠上左对齐、靠上居中、靠上右对齐;中部左对齐、中部居中、中部右对齐;靠下左对齐、靠下居中、靠下右对齐。

单元格对齐方式设置的具体操作步骤如下:

(1) 选定单元格。

(2) 右击选定的单元格,在弹出的快捷菜单中选择"单元格对齐方式"级联菜单下的相应对齐方式。

2. 表格边框和底纹

设置表格的边框操作步骤如下:

(1) 选定并右击表格,在弹出的快捷菜单中选择"边框和底纹"命令,打开"边框和底纹"对话框,如图 3-82 所示。

(2) 选择"边框"选项卡,在边框选项卡中进行相应的设置。

(3) 设置完毕后,单击"确定"按钮。

注意:如果表格的四周和内部边框线线型、颜色不一致,则应选定设置下的"自定义"进行其他的设置。

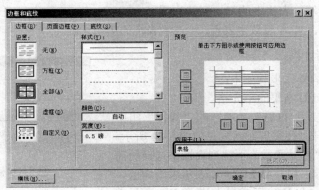

图 3-82 "边框和底纹"对话框

设置表格的底纹操作步骤如下:

(1) 选定添加底纹的单元格。

(2) 右击表格,在弹出的快捷菜单中选择"边框和底纹"命令,打开"边框和底纹"对话框,如图 3-82 所示。

(3) 选择"底纹"选项卡,在底纹选项卡中进行相应的设置。

(4) 设置完毕后,单击"确定"按钮。

3. 设置文字方向

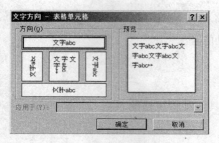

图3-83 "文字方向-表格单元格"对话框

表格中的文本的格式化与文档中文本的格式化相同，同时也可以设置文字的方向。设置表格的文字方向的操作步骤如下：

（1）选定要设置文字方向的单元格。

（2）右击单元格，在弹出的快捷菜单中选择"文字方向"命令，打开"文字方向-表格单元格"对话框，如图3-83所示。

（3）在"方向"选项组中选择所需要的文字方向。

（4）单击"确定"按钮。

3.5.4 文本的对齐方式及环绕

要进行表格与文本对齐方式与环绕的排版操作，可以在要进行表文混排的表格中右击，在弹出的快捷菜单中选择"表格属性"命令，打开"表格属性"对话框，如图3-77所示。选择"表格"选项卡，在"对齐方式"中设置表格在页面中的水平对齐方式。在"文字环绕"中设置表格与文字环绕方式。然后单击"定位"按钮设置表格的水平、垂直位置与正文的距离等。还可以单击"选项"按钮来设置单元格之间的距离。

3.5.5 表格中的数据处理

对于表格中的数据，常需要对其进行计算和排序的操作。如果是简单的求和、取平均值、最大值及最小值等，可以直接由Word 2010提供的计算公式完成。

在Word表格中使用公式和函数计算数据时，大都需要引用单元格名称。Word表格中单元格的命名和Excel单元格的命名方式相同，都是由单元格所在的行和列的序号组合而成，列标在前，行号在后，如A10、C2等。表格中的每一列依次用 A、B、C、D、E 等字母表示，A 表示表格的第一列，行号依次用1、2、3、4等数字表示，1表示表格的第一行。

1. 表格中的数据计算

表格中数据计算的操作步骤如下：

（1）选定要放置计算结果的单元格。

（2）单击"表格工具/布局"功能区的"数据"组中的"公式"按钮，打开"公式"对话框，如图3-84所示。

（3）用户可以在"粘贴函数"下拉列表框中选择所需的函数，如 SUM 表示求和、AVERAGE 表示求平均值、COUNT 表示求个数、MAX 表示求最大值、MIN 表示求最小值。在函数的括号中，LEFT 表示计算当前单元格左侧的数据，RIGHT 表示计算当前单元格右侧的数据，ABOVE 表示计算当前单元格上方的数据。在函数的括号中除了可以使用上述参数外，也可直接在函数的括号中列出数值区域，如=SUM（A1:B3），表示求A1单元格到B3单元格之间的单元格的和。或在"公式"文本框中直接输入公式即可。

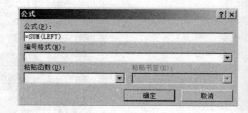

图3-84 "公式"对话框

注意： 在"公式"文本框中输入公式时，所有的标点符号必须是英文状态下的标点符号，另外输入"公式"必须先输入一个"="，然后再输入公式中的其他内容。

（4）单击"确定"按钮。

2. 表格中的数据排序

Word 2010 提供排序功能，它可以对表格中指定单元格区域按字母顺序排列所选文字或者对数值数据大小进行排序。操作步骤如下：

（1）选定需要排序的列或单元格。

（2）单击"表格工具/布局"功能区的"数据"组中的"排序"按钮，打开"排序"对话框，如图 3-85 所示。设置排序的关键字的优先次序、类型、排序方式等。根据排序表格中有无标题行选择下方的"有标题行"或"无标题行"单选按钮。

（3）单击"确定"按钮。

表格在排序时，表格中不能有合并或拆分的单元格。也就是表格必须是标准的由行、列构成的二维表格。

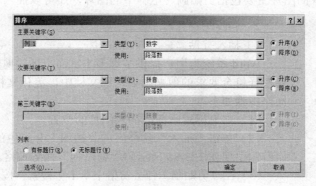

图 3-85　"排序"对话框

3.5.6　表格与文字之间的相互转换

1. 表格转换为文字

将光标定位在表格中，单击"表格工具/布局"功能区的"数据"组中的"转换为文本"按钮，打开"表格转换成文本"对话框，如图 3-86 所示，在"文字分隔符"选项组中选择文字之间的分隔符，单击"确定"按钮可将表格转换为文字。

2. 文字转换为表格

首先输入一段用逗号、空格或段落标记等分隔的文字，选择一段文字，单击"插入"功能区上"表格"组中的"表格"按钮，在下拉列表中选择"文本转换成表格"命令，打开"将文字转换成表格"对话框，如图 3-87 所示。在"列数"微调框中输入表格的列数，在"文字分隔位置"选项组中选择文字之间的分隔符，单击"确定"按钮即可将文字转换为表格。

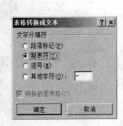 

图 3-86　"表格转换成文本"对话框　　　　图 3-87　"将文字转换成表格"对话框

3.6 图文混排

Word 的功能是非常强大的，它不仅局限于对文字和表格的处理，还可以用来制作非常美观的宣传海报、杂志封面等，Word 主要通过图片、形状及 SmartArt 图形等制作具有创意的精美 Word 文档。

3.6.1 图片

用户在文档中插入的图片主要包括剪贴画、电脑中的图片，还可以插入屏幕截图。

1. 图片插入

1）插入剪贴画

Word 系统为用户提供了许多丰富而有趣的剪贴画，用户可以根据需要选择符合要求的剪贴画插入到文档中，美化文档。插入"剪贴画"的操作步骤如下：

（1）将光标置于需要插入图片的位置。

（2）单击"插入"功能区的"插图"分组中的"剪贴画"按钮，窗口右侧出现如图 3-88 所示的"剪贴画"任务窗格。

（3）在"剪贴画"任务窗格中单击"搜索"按钮。显示计算机中保存的剪贴画，如图 3-89 所示。

（4）单击所需要插入的剪贴画，剪贴画即可插入相应位置。

插入剪贴画后，若不关闭任务窗格，则可继续单击插入其他剪贴画。若要关闭任务窗格，只需单击任务窗格右上角的"关闭"按钮即可。

2）插入图片

除了插入 Word 附带的剪贴画之外，用户还可以插入保存在电脑中的图片。插入来自文件的图片操作步骤如下：

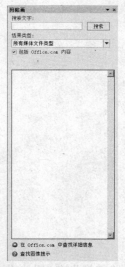

图 3-88 "剪贴画"窗格

（1）将插入点定位在要插入图片的位置。

（2）单击"插入"功能区的"插图"组中的"图片"按钮，打开"插入图片"对话框，选择图片所在的位置，选择要插入的图片文件，如图 3-55 所示。

（3）单击"插入"按钮。

3）插入屏幕截图

在文档中利用屏幕剪辑功能截取屏幕中的图片，能更加方便用户插入所需要的图片，可实现对屏幕中任意部分的截取。

插入屏幕截图的操作步骤如下：

（1）将插入点定位在要插入截图的位置。

（2）单击"插入"功能区的"插图"分组中的"屏幕截图"按钮，在展开的下拉列表中选择"屏幕剪辑"命令。电脑屏幕切换到打开的当前窗口下，进入截图状态，此时光标呈现十字形，按下鼠标左键并拖动鼠标进行截图。

（3）释放鼠标后，截取的图片自动粘贴到文档中。

图 3-89 搜索的"剪贴面"

注意：要复制"桌面"或"整个屏幕"的内容，也可以按键盘上【PrtScn SysRq】键（一般在 F12 键后面），然后选择任一可以编辑的应用程序，右击在弹出的快捷菜单中选择"粘贴"或使用快捷键【Ctrl+V】，即可以把"桌面"或"当前窗口"的图片插入到相应的文档内，然后可以用编辑图片的方法进行编辑。如果需复制当前活动窗口或对话框，则需同时按下【Alt + PrtScn SysRq】组合键，然后启动一个可以编辑的应用程序，把图片粘贴进去。

2．图片编辑

图片被插入到文档中后，用户还需要对图片进行相应的调整，才能使图片更符合文档的整体风格。

1）图片的移动、复制和删除

移动图片只需将光标定位在该图片上拖动即可，而图片的复制和删除操作与文本的复制和删除操作相同。

移动图片之前，如果选择了一种"文字环绕"方式，那么图片四周会显示八个空心的控制柄，此时就可以随心所欲的把图片移至想要的位置，否则图片的四周将会显示八个实心的黑色控制柄，此时移动图片只能像移动文字一样逐个移动或一行一列的移动。

2）调整图片亮度和对比度

调整图片的亮度可以使图片的颜色更艳丽，光线更明亮；而调整图片的对比度可以提高图片中图像的清晰度。

调整图片亮度和对比度的操作步骤如下：

（1）选定要调整的图片。

（2）选择"图片工具/格式"功能区的"调整"组中的"更正"按钮，在展开的下拉列表中单击"亮度和对比度"列表选项，如图 3-90 所示，图片的亮度和对比度就发生相应的改变。

3）调整图片的颜色

图片的颜色因饱和度、色调的不同而不同，Word 2010 不仅允许用户自定义设置图片的颜色饱和度和色调，还提供了多种预设的颜色。当用户调整了图片的颜色后，可以完全改变图片的显示效果。

图 3-90 "更正"下拉列表

调整图片的颜色的操作步骤如下：

（1）选定图片。

（2）选择"图片工具/格式"功能区的"调整"组中的"颜色"按钮，在展开的下拉列表中选择"图片颜色选项"命令，如图 3-91 所示。

（3）打开"设置图片格式"对话框，如图 3-92 所示。

（4）在"设置图片格式"对话框上进行相应的设置，图片的颜色即发生相应的改变。

图 3-91 "颜色"下拉列表

图 3-92 "设置图片格式"对话框

4）删除图片背景

如果背景的风格或颜色与文档的主体风格不符，不但会影响文档的美观，而且还会降低文档的影响力。此时用户就需要对图片的背景进行处理。Word 2010 为用户提供了删除背景的功能。

删除图片背景的操作步骤如下：

（1）选定图片。

（2）选择"图片工具/格式"功能区的"调整"组中的"删除背景"按钮，此时系统自动切换到"背景消除"选项卡，在图片中呈紫色的部位表示要删除的背景部分，如图3-93所示。

（3）用户可以根据需要，通过单击"优化"组中的"标记要保留的区域"按钮，此时光标呈现铅笔形状，利用绘图方式标记出需要保留的背景区域。

（4）绘制完毕后，单击"关闭"组中的"保留更改"按钮，此时就会把没有被保留的背景删除。

5）设置图片样式

Word 2010 提供了多种图片预设样式，将图片插入文档后，可以套用预设样式快速美化图片。

设置图片样式的操作步骤如下：

双击插入的图片，Word 将自动切换到"图片工具/格式"功能区，单击"图片样式"组的 按钮，在其下拉列表中选择合适的样式即可，如图3-94所示。

注意：除了为图片应用预设的样式来美化图片外，用户也可以在"图片样式"组中，单击"图片边框"、"图片效果"按钮，为图片自定义设置图片的边框颜色、线条粗度，以及图片的阴影、映像、发光、棱台或三维旋转等效果。

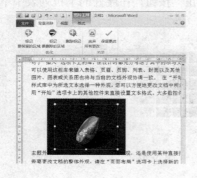

图3-93 "背景消除"功能区

图3-94 "图片工具/格式"功能区中的图片样式

6）旋转图片

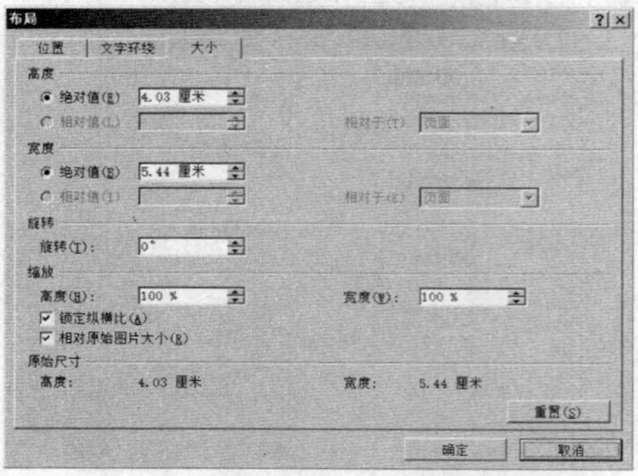

插入 Word 文档中的图片显示角度有时可能并不符合需求，Word 2010 提供了直接旋转图片的功能。用户可以根据组中需要旋转图片。

旋转图片的操作步骤如下：

（1）双击插入的图片，Word 将自动切换到"图片工具/格式"功能区，在"排列"组中单击"旋转"按钮，在其下拉列表中可以选择预置的旋转方式，也可以选择"其他旋转选项"命令，打开"布局"对话框，如图3-95所示。

（2）选择对话框的"大小"选项卡，在"旋转"文本框中输入角度大小即可。如果逆时针旋转则在旋转角度前面输入"-"符号，如果顺时针旋转则直接输入角度大小，也可通过微调按钮调整。单击"确定"按钮即

图3-95 "布局"对话框

可见到旋转效果。

7）裁剪图片

对图片进行裁剪就是将图片中不需要的部分去掉，保留需要的部分。在 Word 2010 中不仅可以对图片进行规则的裁剪，还可以将图片裁剪为其他的形状或固定的比例。

裁剪图片的操作步骤如下：

（1）双击要裁剪的图片，Word 将自动切换到"图片工具/格式"功能区，在"大小"分组中单击"裁剪"按钮。

（2）在要裁剪的图片四周会出现一个方框，拖动方框四周的控制句柄，直至大小合适，再次单击"裁剪"按钮或在要裁剪的图片之外单击完成裁剪。

注意： 裁剪图片时，也可以在"图片工具/格式"功能区的"大小"分组中单击"裁剪"下拉按钮，在展开的下拉列表中选择相应的选项。例如："裁剪为形状"等。

8）调整图片在文档中的位置

当用户将图片插入文档之后，图片放置的位置不一定适合用户的需要，这时用户可以利用 Word 2010 提供调整位置功能进行调整。

调整图片位置的操作步骤如下：

（1）双击要调整位置的图片，Word 将自动切换到"图片工具/格式"功能区，在"排列"组中单击"位置"按钮。

（2）在展开的下拉列表中选择相应的选项。

3.6.2 艺术字

艺术字是装饰性文字，用来美化文档，使文档更具有艺术性。对制作成功的艺术字还可以对其进行必要的设置，以符合文档的排版要求。

1. 插入艺术字

插入"艺术字"的操作步骤如下：

（1）选定要制作成艺术字的文字或将光标置于需要插入艺术字的位置。

（2）单击"插入"功能区上的"文本"组中的"艺术字"按钮，在展开的下拉列表中选择预设的选项，如图 3-96 所示。

（3）单击即可，用户可以根据需要调整艺术字文本。

图 3-96 "艺术字"下拉列表

2. 编辑艺术字

在完成艺术字制作后，用户还可以在"绘图工具/格式"选项卡中设置艺术字的形状样式、艺术字样式、大小等。

3.6.3 绘制图形

自选图形由多种多样的几何图形构成，它比图片更灵活多变，利用自选图形可以轻易而举将图形和文字结合在一起。

1. 绘制自选图形

绘制自选图形的操作步骤如下：

（1）单击"插入"功能区上的"插图"组中的"形状"按钮，在展开的下拉列表中选择相应的选项，如图 3-97 所示。

（2）在绘制图形的位置拖拽，即可绘制出相应的图形。画圆、正方形需在拖拽鼠标的同时按住【Shift】键。

（3）对绘制的自选图形也可以进行格式设置和编辑等操作，如通过"绘图工具/格式"功能区中的"形状样式"分组，对自选图形进行形状填充、形状轮廓、形状效果等设置。

2．更改自选图形形状

在文档中插入了自选图形后，如果发现图形形状不符合文档的要求，此时不需要把原来的自选图形删除，只需对图形形状进行更改即可。

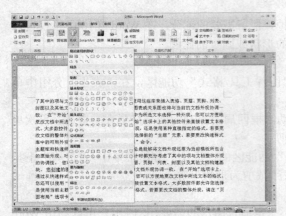

图 3-97　"形状"下拉列表

更改自选图形形状的操作步骤如下：

（1）选中要更改图形形状的自选图形。

（2）单击"绘图工具/格式"功能区的"插入形状"分组中的"编辑形状"按钮，在展开的下拉列表中单击"更改形状"选项，然后在形状库中选择相应的形状即可。

3．在自选图形中添加文字

在自选图形中添加文字的操作步骤如下：

（1）右击要添加文字的图形，在弹出的快捷菜单选择"添加文字"命令。

（2）此时即可在图形对象上输入文字，并且可以对图形中添加的文字进行格式设置。

4．组合图形

在文档中，绘制的图形可以根据需要进行组合，以防止图形之间的相对位置发生改变。

组合图形的操作步骤如下：

（1）在按住【Shift】或【Ctrl】键的同时选定要组合的图形。

（2）将鼠标移动到选定的组合图形右击，选择"组合"→"组合"命令即可以将多个图形组合成一个图形。

如果需要单独调整每一个图形，还可以右击组合图形，选择"组合"→"取消组合"命令，再分别调整。

注意：当自选图形与图片进行组合时，需要设置"文字环绕"方式为非"嵌入形"。

5．图形的叠放次序

在文档中，当绘制多个图形时，需要对多个图形进行重叠操作，就需要对每个图形的放置次序进行调整。

设置图形叠放次序的操作步骤如下：

（1）选定欲设置叠放次序的图形。

（2）在"绘图工具/格式"功能区的"排列"分组中单击"上移一层"或"下移一层"下拉按钮，选择相应选项即可。

3.6.4　文本框

文本框是将文字和图片精确定位的有效工具。文档中的任何内容放入文本框后，就可以随时被拖拽到文档的任意位置，还可以根据需要缩放。

1．插入文本框

文本框的插入方法有两种：可以先插入空文本框，确定好大小、位置后，再输入文本内容；也可以先选择文本内容，再插入文本框。

1）插入空文本框

从"插入"功能区的"文本"分组中单击"文本框"按钮，在展开的下拉列表选择"绘制文本框"或"绘制竖排文本框"命令。此时鼠标指针变成"＋"字形，按住鼠标左键不放，在文档中画一个空文本框（文本框的位置、大小可随时调整）。

2）将文档中指定的内容放入文本框

将文档中指定的内容放入文本框的操作步骤如下：

（1）选定指定内容。

（2）从"插入"功能区的"文本"分组中单击"文本框"按钮，在展开的下拉列表中选择"绘制文本框"或"绘制竖排文本框"命令即可。

2．编辑文本框

在 Word 文档中插入文本框后，还可以对文本框进行编辑，通常利用"绘图工具/格式"选项卡中的"形状样式"分组中的相关选项进行设置。

3．创建文本框链接

在 Word 文档中，可以建立多个文本框，并且可以将它们连接起来，前一个文本框中容纳不下的内容可以显示在下一个文本框中。同样，当删除前一个文本框时，前一个文本框中的内容将自动移动至下一个文本框。

创建链接文本框的操作步骤如下：

（1）在文档中建立多个空文本框。

（2）选中要创建链接的文本框，从"绘图工具"选项卡上的"格式"选项卡中的"文本"分组中单击"创建链接"按钮，鼠标指针变成直立的杯状。

（3）将鼠标指针移到要链接的文本框中单击即可。

（4）当用户按照上述步骤链接了多个文本框后，就可以输入文本框的内容。当输入内容在前一个文本框中排列不下时，Word 将会自动切换到下一个文本框中排列，依此类推。

若要断开两个文本框之间的链接，操作步骤如下：

（1）选中要断开链接的文本框。

（2）从"绘图工具/格式"功能区的"文本"分组中单击"断开链接"按钮。

（3）当用户选择"断开向前链接"命令后，则该文本框所链接的文本框的内容就会返回到该文本框中，依此类推。

3.6.5 插入 SmartArt 图形

SmartArt 图形是 Word 中预设的形状、文字及样式的集合，包括列表、流程、循环、层次结构、关系、矩阵、棱锥图和图片 8 种类型，每种类型下有多个图形样式，用户可以根据文档的内容选择需要的样式，然后对图形的内容和效果进行编辑。

插入 SmartArt 图形的操作步骤如下：

（1）单击"插入"功能区的"插图"组的"SmartArt"按钮，打开"选择 SmartArt 图形"对话框，如图 3-98 所示。

（2）选择 SmartArt 类型和布局。

(3) 添加形状。

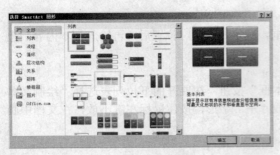

图 3-98　"选择 SmartArt 图形"对话框

(4) 输入文字。
(5) 设置颜色。
(6) 设置形状样式。
(7) 调整文字格式。

注意：创建好 SmartArt 图形后，还可以为之添加各种美化效果，以提升视觉效果。例如修改 SmartArt 图形中的文本背景颜色、形状轮廓、形状效果等。另外 SmartArt 图形的每个形状，都可以调整它的级别，将它升级或降级，或者移动它的位置。

3.6.6　插入公式

在日常工作中，经常需要在文档中插入公式。在 Word 2010 中可以通过提供的"插入新公式"的方法插入公式。

插入公式的操作步骤如下：

(1) 单击"插入"功能区上的"符号"组中的"公式"下拉按钮，先在其下拉列表中查看有无预定义的公式，如果没有则选择"插入新公式"命令。

(2) 公式输入框出现，同时 Word 将自动切换到"公式工具/设计"功能区，如图 3-99 所示，帮助完成公式的输入。

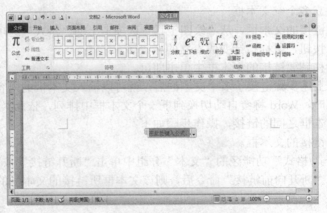

图 3-99　"公式工具/设计"功能区

3.6.7　统计与校对

在日常的工作中常会遇到需对文章篇幅、字数进行统计的情况，利用 Word 中字数统计功能可轻松地完成这项工作。单击"审阅"选项卡上的"校对"分组中的"字数统计"按钮，打开"字数统计"对话框，在对话框中可以查看详细的统计结果信息。如图 3-100 所示。如果只想统计文章中某部分的字数，可以先选定要统计的那部分内容，然后单击"审阅"选项卡上的"校对"分组中的"字数统计"按钮进行详细信息的查看。

利用 Word 不但可以进行字数统计，而且还可以对文本内容进行拼写和语法检查，Word 2010

还能对英文进行语法及拼写检查，这样就减少了输入的错误率。如果希望在输入内容中自动进行拼写与语法检查，可以选择"文件"选项卡中的"选项"命令，打开如图 3-101 所示的"Word 选项"对话框。

"在 Word 中更正拼写和语法时"分组中选中"输入时检查拼写"及"输入时标记语法错误"复选框。在输入内容时 Word 将会自动进行拼写与语法检查，有拼写错误时用红色波浪线标出，有语法错误时用绿色波浪线标出。

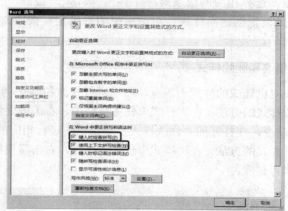

图 3-100　"字数统计"对话框　　　　图 3-101　"Word 选项"对话框"校对"选项

3.7 高级应用

3.7.1 样式的创建及使用

在 Word 中，样式是指一组已经被命名的字符或段落的格式化。Word 自带一些报刊杂志的标准样式。例如正文、标题、副标题、强调、题注等，每种样式所对应的文本段落的字体、段落格式等都有所不同。

使用样式的好处有以下两点：

（1）可以轻松、快捷地编排具有统一格式的段落，使文档格式严格保持一致，而且样式便于修改，如果文档中多个段落使用了同一样式，只要修改样式，就可以修改文档中带有此样式的所有段落。

（2）样式有助于长文档构造大纲和创建目录。

Word 2010 不仅预定义了许多标准样式，还为用户提供了根据需要修改标准样式或新建样式的功能。

1．使用已有样式

选定需要使用样式的段落，在"开始"功能区上的"样式"组中的"快速样式"库中选择已有的样式。"快速样式"库如图 3-102 所示。

或单击"样式"分组右下角的对话框启动器，打开"样式"任务窗格，在列表框中根据需要选择相应的样式，如图 3-103 所示。

图 3-102　"快速样式"库

2. 新建样式

当 Word 提供的样式不能满足用户需要时，可以根据需要创建新样式。

单击"样式"任务窗格左下角的"新建样式"按钮，打开"根据格式设置创建新样式"对话框，如图 3-104 所示。在该对话框中输入样式名，选择样式类型、样式基准，设置该样式的格式，再选择"添加到快速样式列表"复选框。在"根据格式设置创建新样式"对话框中单击"格式"下拉按钮，选择相应的选项对"字体""段落""边框""文字效果"等进行详细设置。最后单击"根据格式设置创建新样式"对话框中的"确定"按钮，新样式即建成，就可以像已有样式一样可以使用了。

3. 修改和删除样式

如果对已建成的样式不满意，可以进行修改和删除。

修改样式的方法：在"样式"任务窗格中，右击需要修改的样式名，在弹出的快捷菜单中选择"修改"命令，在打开的"修改样式"对话框中进行相应的修改即可。

删除样式的方法：在"样式"任务窗格中，右击需要删除的样式名，选择快捷菜单中的相应删除命令即可删除。

图 3-103 "样式"任务窗格

图 3-104 "根据格式设置创建新样式"对话框

3.7.2 超链接

超链接是通过文档中的文本、图形、图像等对象，链接到相应的文件或网页上。在文档中建立超链接的操作步骤是：

（1）选中超链接的源（文字或图片）。

（2）鼠标右击选中的内容，在弹出的快捷菜单中选择"超链接"，打开"插入超链接"对话框，如图 3-105 所示。

图 3-105 "插入超链接"对话框

(3) 如果超链接的目标为本机磁盘中的一个文件，可通过查找范围下拉列表按钮，指定该文件。文件指定后，其路径地址出现在地址框中。

(4) 如果超链接的目标为网上某一网页（例如某人的相片网页），可在地址框中直接写入该网页的网址。

(5) 单击对话框中的"确定"按钮，完成插入超链接操作。

(6) 如果要修改超链接（例如改变超链接的目标），右击超链接的源，在弹出的快捷菜单中选择"编辑超链接"命令，打开编辑超链接对话框后即可进行修改。

(7) 如果要取消超链接，右击超链接的源，在弹出的快捷菜单中选择"取消超链接"命令，超链接即被取消。

3.7.3 目录制作

在编辑文章或整理材料时，往往需要制作目录，从而使内容条理清晰、检索方便。除了手工输入目录外，Word 2010 还提供了自动生成目录的功能。

1．创建目录

若想自动生成目录，首先是将文档中的各级标题用快速样式库中的标题样式统一格式化。通常情况下，目录分为 3 级，可以使用相应的 3 级标题"标题 1""标题 2""标题 3"样式，也可以使用其他几级标题样式或者自己创建的标题样式进行格式化。然后单击"引用"功能区中的"目录"分组中的"目录"下拉按钮，在下拉列表中选择预设的"自动目录 1"或"自动目录 2"，也可以在下拉列表中单击"插入目录"命令，打开"目录"对话框进行自定义操作，"目录"对话框如图 3-106 所示。

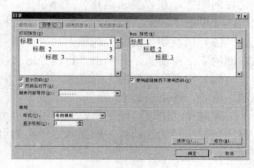

图 3-106　"目录"对话框

2．更新目录

如果文字内容在编制目录后发生了改变，Word 2010 可以很方便地对目录进行更新。

更新目录的操作方法如下：

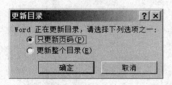

图 3-107　"更新目录"对话框

(1) 在目录中单击。

(2) 单击"引用"功能区的"目录"分组中的"更新目录"按钮，或者在目录上右击，在弹出的快捷菜单上选择"更新域"命令，都会打开"更新目录"对话框，如图 3-107 所示。

(3) 在对话框中进行相应的设置，单击"确定"按钮即可更新目录。

3.7.4 宏

在 Word 2010 中对于许多重复性很强的工作，可以将其录制成一个宏来使用，当需要再进行同样的操作时，可以不需要再重新手动操作一次，可以使用宏自动操作，即方便又高效。宏是将一系列的操作命令和指令组合在一起形成一个总的命令，用来达到任务自动执行的效果。

1．录制宏

录制宏，即将操作过程象用摄像机摄影一样录制下来。在"视图"功能区，单击"宏"组中的"宏"下拉按钮，在下拉列表中选择"录制宏"命令，打开"录制宏"对话框，指定宏名和运行方式，然后记录包含在宏内的操作。

2. 停止录制

停止录制指关闭宏录制。

3. 查看宏

用户对宏可以进行运行、编辑、创建、删除、管理等操作。

下面我们以"为 Word 2010 编写宏快速打印当前页"为例说明如何录制成一个宏，并将其添加到快速访问工具栏中，操作步骤如下：

（1）切换到"视图"选项卡，单击"宏"组中的"宏"下拉按钮，在下拉列表中选择"录制宏"命令，打开"录制宏"对话框，如图 3-108 所示。

（2）在"宏名"文本框中输入宏的名称"打印当前页"，在"将宏保存在"下拉列表框中，确认选择的是"所有文档（Normal.dotm）"；在"说明"文本框中，可以输入对宏的说明；然后在"将宏指定到"栏中单击"按钮"图标，打开"Word 选项"对话框"快速访问工具栏"选项，如图 3-109 所示。在左侧的宏列表框中，选择"Normal.NewMacros.打印当前页"，单击"添加"按钮，然后可以单击下面的"修改"按钮，在打开的"修改按钮"对话框中的"符号"列表框中，选择一个容易记住的图标，在"显示名称"文本框中，将"打印当前页"前的"Normal.NewMacros."删除，然后连续单击"确定"按钮，开始宏录制过程。

（3）切换到"文件"选项卡，再单击"打印"按钮，然后在"设置"下，单击"打印所有页"右侧的下三角箭头，并单击"打印当前页"按钮，最后单击"打印"按钮。

（4）切换到"视图"选项卡，单击"宏"组中的"宏"下拉按钮，在下拉列表中选择"停止录制"命令，结束录制宏。

此时在"快速访问工具栏"中出现一个名为"打印当前页"的按钮。只要单击该按钮，即可只打印当前文档的当前页，即插入点所在的页面，使用非常方便。

图 3-108 "录制宏"对话框

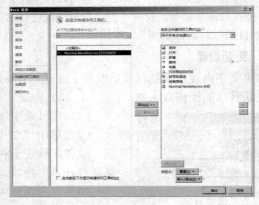

图 3-109 "Word 选项"对话框"快速访问工具栏"选项

3.7.5 邮件合并

Word 的邮件合并可以将一个主文档与另一数据源结合起来，最终生成一系列输出文档。在此需要明确以下几个基本概念。

1. 创建主文档

主文档是经过特殊标记的 Word 文档，它是用于创建输出文档的"蓝图"。其中包含了基本的文本内容，这些文本内容在所有输出文档中都是相同的，如信件的信头、主体及落款等。另外还有一系列指令（称为合并域），用于插入在每个输出文档中要发生变化的文本，如收件人的姓名和地址等。

2. 选择数据源

数据源实际上是一个数据列表，其中包含了用户希望合并到输出文档的数据。通常它保存了姓名、通讯地址、电子邮件地址、传真号码等数据字段。Word 的"邮件合并"功能支持很多类型的数据源，其中主要包括下列几类数据源：

（1）Office 地址列表：在邮件合并的过程中，"邮件合并"任务窗格为用户提供了创建简单的"Office 地址列表"的机会，用户可以在新建的列表中填写收件人的姓名和地址等相关信息。此方法最适用于不经常使用的小型、简单列表。

（2）Word 数据源：可以使用某个 Word 文档作为数据源。该文档应只包含 1 个表格，该表格的第 1 行必须用于存放标题，其他行必须包含邮件合并所需要的数据记录。

（3）Excel 工作表：可以从工作簿内的任意工作表或命名区域选择数据。

（4）Microsoft Outlook 联系人列表：可直接在"Outlook 联系人列表"中直接检索联系人的信息。

（5）Access 数据库：在 Access 中创建的数据库。

（6）HTML 文件：使用只包含 1 个表格的 HTML 文件。表格的第 1 行必须用于存放标题，其他行则必须包含邮件合并所需要的数据。

3. 邮件合并的最终文档

邮件合并的最终文档包含了所有的输出结果，其中，有些文本内容在输出文档中都是相同的，而有些则会随着收件人的不同而发生变化。

利用"邮件合并"功能可以创建信函、电子邮件、传真、信封、标签、目录（打印出来或保存在单个 Word 文档中的姓名、地址或其他信息的列表）等文档。

下面我们以"制作成绩单"为例说明如何使用"邮件合并"功能，首先做好准备工作，在某一 Excel 表格中输入参考人员名单及相关信息，大致情况如图 3-110 所示。其次在 Word 中将成绩单的模板制作好如图 3-11 所示。接下来使用"邮件合并"功能批量制作成绩单的操作步骤如下：

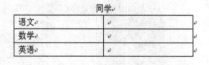

图 3-110　成绩单信息　　　　　　　　图 3-111　成绩单模板

（1）插入邮件域。在 Word 中，切换到"邮件"选项卡，单击"选择收件人"组中的"使用现有列表"命令，在弹出的对话框中选择存有相关数据的 Excel 文档，如图 3-112 所示。在弹出的"选择表格"对话框中选择工作表（数据在哪个表就选择哪个），如果表头使用了标题行，则选中"数据首行包含列标题"复选框。建议在 Excel 表中使用标题行，这样操作起来更容易辨别每一列的内容，如图 3-113 所示。接下来将鼠标指针定位到模板中相应的位置，依次执行"插入合并域→…"等命令，如图 3-114 所示。使得在各个位置都插入了域标记，如图 3-115 所示。至此，邮件合并的第一大步基本完成。第二步是成绩单需要在一张 A4 纸上打印多张成绩单的关键步骤，这一步如果没处理好则无法在一张 A4 纸上按适当的比例打印出多份成绩单。

图 3-112　"选择收件人"下拉列表　　　　图 3-113　"选择表格"对话框

图 3-114 "插入合并域"下拉列表　　　　　图 3-115 插入域后的成绩单模板

（2）生成成绩单文档。在"邮件"功能区单击"完成并合并"分组中的"编辑单个文档"命令，如图 3-116 所示。在弹出的对话框中选择"全部"单选按钮并单击"确定"按钮，如图 3-117 所示。此时 Word 会自动生成一个名为"信函 1"的文档，并且每页一张成绩单，仔细查看成绩单的内容可以发现，是根据 Excel 中的数据生成的成绩单，说明"邮件合并"这一步没有问题。在"开始"功能区单击"编辑"分组中的"替换"按钮，在打开的"查找和替换"对话框中，切换到"更多"模式，然后在"查找内容"中输入"特殊格式"的"分节符"，在"替换为"对话框中不输入任何内容，最终的效果是在"查找内容"文本框中出现"^b"标记，单击"全部替换"按钮，此时会发现文档出现了变化，一个页面中出现了多个成绩单，如图 3-118 所示。

图 3-116 "完成并合并"下拉列表　　　　　图 3-117 "合并到新文档"对话框

图 3-118 最终成绩单效果

注意：
（1）不要使用"邮件合并向导"，直接使用"选择收件人→使用现有列表"。
（2）在"邮件合并"完成后生成的"信函 1"文档中，使用"替换"命令"删除""分节符"。

习题 3

1．请按照以下要求对 Word 文档进行编辑和排版。
（1）文字要求：自己在报纸或杂志上找一篇文章，输入文章的内容，文章不少于 500 字，至少有 4 个自然段。

（2）将文章正文各段的字体设置为楷体、四号、左对齐，各段行距为 1.5 倍行距。第 1 段首字下沉 2 行，距正文 0.5cm。

（3）将第 2 段文字分三栏，加分隔线。

（4）在第 3 段和第 4 段段前设置项目符号“❀”（Wingdings 字体中的符号）。

（5）页面设置：上、下、左、右边距均为 2cm，页眉 1.5cm。设置页码：页面底端靠右（“普通数字 3”样式）。

（6）在文章最后输入公式（单独一段）：

$$x=\sum y+\sqrt[5]{a+\frac{1}{a+b}+b^3}$$

2．请按照以下要求完成表格的制作。

（1）按照图 3-119 制作表格，表内文字的对齐方式为水平居中，插入表格标题并居中，字体、字号不限。

（2）表格中的文字是小四号加粗楷体字、数字是 Arial 字体。制作斜线表头，“斜线表头”中是小五号宋体字；

（3）表格上下边框线为单实线、为 1.5 磅，红色，左右没有边框线，其余表格线的宽度为默认。

（4）按照图片设置单元格底纹。

（5）用公式计算“合计”及“平均工资”。

工资表

编号 \ 姓名 \ 项目		基本工资		奖金		合计
		岗位	津贴	考核	加班	
01203	张惠	388	282	183	287	
01205	王志峰	395	285	190	286	
01206	李莉莉	352	260			
01208	段胜利	378	288	160	290	
平均工资						

图 3-119　表格制作

3．建立文档“Mytest.docx”，共由两页组成。

（1）第一页内容如下：

第 1 章　河南

1.1 洛阳和郑州

第 2 章　山东

2.1 济南和青岛

第 3 章　四川

3.1 成都和广安

要求：章和节的序号为自动编号（多级符号）分别使用样式“标题 1”和“标题 2”。

（1）新建样式“henan”，使其与样式“标题 1”在文字的格式外观上完全一致，但不会自动添加到目录，并应用于“第 2 章　山东”。

（2）在文档的第二页中自动生成目录。

第 4 章 电子表格处理软件 Excel 2010

学习目标

- 熟悉 Excel 2010 的基本功能。
- 掌握 Excel 2010 的基本操作。
- 掌握公式和函数的用法。
- 掌握图表的处理、数据处理的方法。
- 熟悉工作表的打印方法。

4.1 Excel 2010 的基本知识

Excel 2010 是微软公司推出的 Microsoft Office 2010 办公系列软件的一个重要组成部分,主要用于对电子表格和表格数据的处理,它不仅可以高效地完成各种表格和图的设计,而且还可以进行复杂的数据计算和分析,极大地提高了办公人员对数据的处理效率。

4.1.1 Excel 2010 功能

Excel 2010 较前一版有很多改进,但总体来看改变不大,几乎不影响所有目前基于 Office 2007 产品平台上的应用,Office 2010 也是向上兼容的,它支持大部分早期版本中提供的功能,但新版本并不一定支持早期版本中的所有功能。其实 Excel 2010 在 Excel 2007 的基础上并没有特别大的变化,下面简单介绍一下。

1. 增强的 Ribbon 工具条

Excel 2010 从界面上来看与 Excel 2007 并没有特别大的变化,但界面的主题颜色和风格有所改变。在 Excel 2010 中,Ribbon 的功能更加增强了,用户可以设置的东西更多了,使用更加方便。而且,要创建"SpreadSheet"更加便捷。

2. xlsx 格式文件的兼容性

xlsx 格式文件伴随着 Excel 2007 被引入到 Office 产品中,它是一种压缩包格式的文件。在默认情况下,Excel 文件被保存成"xlsx"格式的文件(当然也可以保存成 2007 以前版本的兼容格式,带 VBA 宏代码的文件可以保存成 xlsm 格式),你可以将后缀修改成 rar,然后用"Winrar"打开它,可以看到里面包含了很多"xml"文件，这种基于 xml 格式的文件在网络传输和编程接口方面提供了很大的便利。相比 Excel 2007，Excel 2010 改进了文件格式对前一版本的兼容性，并且较前一版本更加安全。

3．Excel 2010 对 Web 的支持

较前一版本而言，Excel 2010 中一个最重要的改进就是对 Web 功能的支持，用户可以通过浏览器直接创建、编辑和保存 Excel 文件，以及通过浏览器共享这些文件。Excel 2010 Web 版是免费的，用户只需要拥有 Windows Live 账号便可以通过互联网在线使用 Excel 电子表格，除了部分 Excel 函数外，Microsoft 声称 Web 版的 Excel 将与桌面版的 Excel 一样出色。另外，Excel 2010 还提供了与 SharePoint 的应用接口，用户甚至可以将本地的 Excel 文件直接保存到 SharePoint 的文档中心里。

4．在图表方面的亮点

在 Excel 2010 中，一个非常方便好用的功能被加入到"Insert"功能页次下，这个被称之为"Sparklines"的功能可以根据用户选择的一组单元格数据描绘出波形趋势图，同时用户可以有好几种不同类型的图形选择。

这种小的图表可以嵌入到 Excel 的单元格内，让用户获得快速可视化的数据表示，对于股票信息而言，这种数据表示形式将会非常适用。

5．其他改进

Excel 2010 提供的网络功能也允许 Excel 可以和其他人同时分享数据，包括多人同时处理一个文档等。另外，对于商业用户而言，Microsoft 推荐为 Excel 2010 安装"Project Gemini"加载宏，可以处理极大量数据，甚至包括亿万行的工作表。它将在 2010 年作为"SQL Server 2008 R2"的一部分发布。

4.1.2　Excel 2010 的启动与退出

1．Excel 2010 的启动

Excel 的启动方法有多种，常用以下几种方法：

（1）单击"开始"按钮，在弹出的菜单中，选择"所有程序"→"Microsoft Office"→"Microsoft Excel 2010"命令。

（2）双击桌面上的"Microsoft Excel 2010"快捷方式图标。

（3）双击已有的 Excel 工作簿文件（扩展名为.xlsx 的文件）。

启动 Excel 后，打开 Excel 窗口，如图 4-1 所示。

2．Excel 2010 的退出

退出 Excel 2010 通常有以下几种方法：

（1）单击窗口标题栏上的"关闭"按钮。

（2）双击 Excel 2010 窗口标题栏的控制窗口图标。

（3）单击 Excel 2010 窗口标题栏的控制窗口图标，选择"关闭"命令。

（4）选择 Excel 2010 的"文件"功能页次中的"退出"命令。

（5）按快捷键【Alt+F4】。

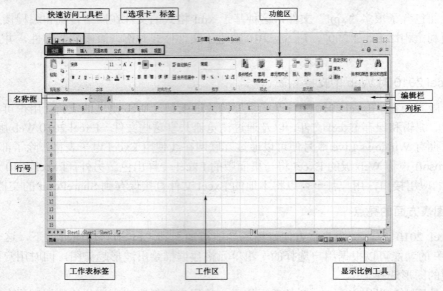

图 4-1　Excel 2010 界面

4.1.3　Excel 2010 工作界面

1．工作区

工作区占据着 Excel 2010 工作界面的大部分区域，在工作区中用户可以输入数据。工作区由单元格组成，可以用于输入和编辑不同的数据类型，如图 4-2 所示。

2．功能区

Excel 2010 中的"选项卡"标签包括"文件""开始""插入""页面布局""公式""数据""审阅"和"视图"等，如图 4-3 所示。

3．标题栏

在默认状态下，标题栏左侧显示"快速访问工具栏"，标题栏中间显示当前编辑表格的文件名称。启动 Excel 时，默认的文件名为"工作簿 1"，如图 4-4 所示。

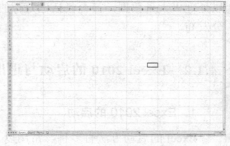

图 4-2　工作区

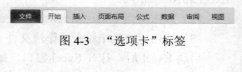

图 4-3　"选项卡"标签

图 4-4　文件名为"工作簿 1"

4．功能区

Excel 2010 功能区基本包含了 Excel 2010 中的各种操作所需要用到的命令。利用它可以轻松地查找以前隐藏在复杂功能页次或工具栏中的命令和选项，给用户提供了很大的方便，如图 4-5 所示。

图 4-5 功能区

默认选择的功能页次为"开始"功能区。使用时,可以通过单击功能区选择需要的功能页次项。每个功能页次中包括多个选项组,例如,"数据"功能区中包括"连接""排序和筛选""数据工具"和"分级显示"等选项组,每个选项组中又包含若干个相关的命令按钮,"数据"功能区如图4-6所示。

图 4-6 "数据"功能区

某些选项组的右下角有个 图标,单击此图标,可以打开相关的对话框。

某些功能页次只在需要使用时才显示出来。例如在表格中插入图片并选择图片后,就会出现"图片工具"选项卡,"图片工具"选项卡包括了"调整""图片样式""排列"和"大小"4个选项卡,这些选项卡为插入图片后的操作提供了更多适合的命令。"图片工具"功能区如图4-7所示。

5. 编辑栏

编辑栏位于功能区的下方,工作区的上方,用于显示和编辑当前活动单元格的名称、数据或公式,如图4-8所示。

名称框用于显示当前单元格的地址和名称,当选择单元格或区域时,名称框中将出现相应的地址名称;在名称框中输入地址名称时,也可以快速定位到目标单元格中。

公式框主要用于向活动单元格中输入、修改数据或公式。向单元格中输入数据或公式时,在名称框和公式框之间会出现两个按钮 ✕ 和 ✓,单击按钮 ✕,则可取消对该单元格的编辑;单击按钮 ✓,可以确定输入或修改该单元格的内容,同时退出编辑状态。

图 4-7 "图片工具"功能区

图 4-8 编辑栏

6. 快速访问工具栏

快速访问工具栏位于标题栏的左侧,为了使用方便,把一些命令按钮单独列出。默认的快速访问工具栏中包含"保存""撤销"和"恢复"等命令按钮,如图4-9所示。

图 4-9 快速访问工具栏

单击快速访问工具栏右边的三角形按钮，在弹出的菜单中，可自定义快速访问工具栏中的命令按钮，如图 4-10 所示。

7. 状态栏

状态栏用于显示当前数据的编辑状态、选择数据统计区、页面显示方式以及调整页面显示比例等，不同操作状态栏上的显示信息也会不同，如图 4-11 所示。

图 4-10　自定义快速访问工具栏　　　　图 4-11　状态栏

状态栏的右侧有 3 个视图切换按钮，以黄色为底色的按钮表示当前正在使用的视图方式。如图 4-12 所示，表示当前使用的视图方式为"普通"视图，Excel 2010 默认的视图方式变为"普通"视图。

在状态栏最右侧显示了工作表的"缩放级别"和"显示比例"。可以通过单击"100%"按钮，在弹出的"显示比例"对话框中设置缩放级别；也可以直接拖动右侧的滑块改变显示比例。向左拖动滑块，可减小文档显示比例；向右拖动滑块，可增大文档显示比例，如图 4-13 所示。

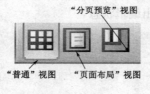

图 4-12　视图按钮　　　　图 4-13　"缩放级别"和"显示比例"

4.1.4　Excel 组成元素

1. 工作簿

一个 Excel 文件称为一个工作簿，扩展名为.xlsx。一个工作簿可包含多个工作表。在默认情况下，一个新工作簿由 3 个工作表组成，默认名为 Sheet1、Sheet2、Sheet3。用户可根据需要自行添加或删除工作表。

2. 工作表

工作簿中的每张表称为工作表，工作表由行和列组成。纵向称为列，列号区用字母（A，B，C，…）分别加以命名，也称为列标；横向称为行，行号区用数字（1，2，3，…）分别加以命名,也称为行标。每张工作表最多可以有 1 048 576 行、16 384 列。每张工作表都有一个工作表标签与之对应。

3．单元格

行和列的交叉构成单元格,是 Excel 工作簿的最小组成单位。单元格的地址通过列号和行号指定,例如 A5,G7,$A$5,$G7 等。

4．活动单元格

单击某单元格时,单元格边框线变粗,此单元格即为活动单元格,可在活动单元格中进行输入、修改或删除内容等操作。活动单元格在当前工作表中仅有一个。

5．区域

区域是一组单元格,可以是连续的,也可以是非连续的。对定义的区域可以进行多种操作,如移动、复制、删除、计算等。用区域的左上角单元格和右下角单元格的位置表示(引用)该区域,中间用冒号隔开。如单元格区域是 D7：F13,其中区域中呈白色的单元格为活动单元格。

4.2　Excel 2010 工作簿的基本操作

4.2.1　工作簿的创建

1．创建空白工作簿

创建工作簿可以使用以下 4 种方法来实现:
(1)启动 Excel 2010 软件后,系统会自动创建一个名称为"工作簿 1"的空白工作簿。
(2)单击"文件"选项卡,在下拉菜单中选择"新建"选项,在"可用模板"中单击"空白工作簿"图标。如图 4-14 所示,单击右侧的"创建"按钮即可创建一个新的空白工作簿。
(3)单击"快速访问工具栏"右侧的 按钮,在弹出的下拉菜单中选择"新建"命令,即可将"新建"功能添加到快速访问栏中,然后单击"新建"按钮,也可新建一个空白工作簿,如图 4-15 所示。

图 4-14　"文件"选项卡　　　　　　图 4-15　"新建"命令

（4）按【Ctrl+N】组合键。

2. 基于现有工作簿创建工作簿

如果要创建的工作簿格式和现有的某个工作簿相同或类似，则可基于该工作簿的创建，在其基础上进行修改即可，这样可以大大提高工作效率。基于现有工作簿创建新工作簿的具体操作步骤如下：

（1）选择"文件"选项卡，在左侧的列表中选择"新建"选项，在中间区域选择"根据现有内容新建"选项，如图 4-16 所示。

（2）弹出"根据现有工作簿新建"对话框，选择相应文件。如"Excel 2010\Excel 文档\成绩统计表.xlsx"文件，如图 4-17 所示。

图 4-16　根据现有内容创建工作簿

图 4-17　"根据现有工作簿新建"对话框

（3）单击"新建"按钮，即可建立一个与"成绩统计表"结构完全相同的工作表"成绩统计表 1.xlsx"，此文件名为默认文件名，如图 4-18 所示。

图 4-18　创建的"成绩统计表 1"工作簿

3. 使用模板快速创建工作簿

为了方便用户创建常见的一些具有特定用途的工作簿，如贷款分期付款、账单及考勤卡等，Excel 2010 提供了很多具有不同功能的工作簿模板。使用模板快速创建工作簿的具体操作步骤如下：

(1)选择"文件"选项卡,在下拉菜单中选择"新建"命令,在中间的"可用模板"区域选择"样本模板"选项,如图 4-19 所示。

(2)在"样本模板"列表中选择需要的模板(如"考勤卡")在右侧会显示该模板的预览图,单击"创建"按钮,如图 4-20 所示。

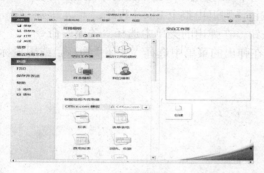 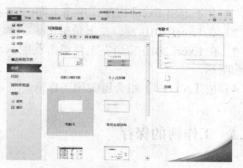

图 4-19 "样本模板"选项　　　　　　　图 4-20 "考勤卡"模板

(3)此时系统自动创建一个名称为"考勤卡 1"的工作簿,在工作簿内的工作表已经设置了格式和内容,只要在工作簿中输入相应数据即可。"考勤卡 1"工作簿如图 4-21 所示。

图 4-21 "考勤卡 1"工作簿

4.2.2　工作簿的打开和关闭

1. 打开工作簿

用以下几种方法均可打开一个工作簿:

(1)单击"文件"选项卡,在下拉菜单中选择"打开"选项,在弹出的"打开"对话框中打开到文件所在的位置,然后用鼠标左键双击文件即可打开已有的工作簿。

(2)单击"快速访问工具栏"中的"打开"按钮 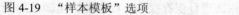。

(3)双击已有的 Excel 文件。

(4)按【Ctrl+O】组合键。

2. 关闭工作簿

退出 Excel 2010 同退出其他应用程序一样，通常有以下 4 种方法：

（1）单击 Excel 2010 窗口右上角的"关闭"按钮 ✕ 。

需要注意的是在 Excel 2010 界面的右上角有两个 ✕ 按钮，单击下面的 ✕ 按钮，则只关闭当前文档，但并不退出 Excel 程序；单击上面的 ✕ 按钮，则退出整个 Excel 程序。

（2）在 Excel 2010 窗口左上角单击 文件 按钮，在弹出的菜单中选择"关闭"命令。

（3）在 Excel 2010 窗口左上角单击 图标，在弹出的菜单中选择"关闭"命令，或用鼠标左键双击 图标。

（4）按【Alt+F4】组合键关闭工作簿。

4.2.3 工作簿的保存

在使用工作簿的过程中，要及时对工作簿进行保存操作，以避免因电源故障或系统崩溃等突发事件而造成的数据丢失。保存工作簿的方法如下：

（1）第一次新建的工作簿存盘时，可以直接选择"文件"选项卡中的"保存"命令或者"另存为…"命令，或单击快速访问工具栏中的"保存"按钮，系统将打开"另存为"对话框。在"另存为"对话框中选择合适的存储位置及对文档进行命名，然后单击"保存"按钮即可。

（2）若想将文件备份保存到其他的文件夹或以其他的文件名存盘，可选择"文件"选项卡中的"另存为…"命令，系统将打开"另存为"对话框，为其重新命名。

（3）按【Ctrl+S】组合键。

4.2.4 工作簿的移动和复制

移动是指工作簿从一个位置移到另一个位置，它不会产生新的工作簿；复制会产生一个与原工作簿内容相同的新工作簿。

1. 移动工作簿

（1）单击选择要移动的工作簿文件，如果要移动多个工作簿文件，在按住【Ctrl】键的同时单击要移动的工作簿文件。按【Ctrl+X】组合键对选择的工作簿文件进行剪切或右击要移动的工作簿文件，在弹出的快捷菜单中选择"剪切"命令，或单击"开始"功能区中"剪贴板"分组中的"剪切"按钮，Excel 会自动将选择的工作簿复制到剪贴板中。如图 4-22 所示，在"文件夹 1"中选择"第一学期期末成绩.xlsx"文件后，按【Ctrl+X】组合键。

（2）打开要移动到的目标文件夹，按【Ctrl+V】组合键粘贴文件或者用鼠标右击空白区，在弹出的快捷菜单中选择"粘贴"命令，或单击"开始"功能区中"剪贴板"分组中的"粘贴"命令，Excel 会自动地将剪贴板中的工作簿复制到当前的文件夹中，完成工作簿的移动操作。如图 4-23 所示，按【Ctrl+V】组合键将"第一学期期末成绩.xlsx"粘贴在"文件夹 2"中，"文件夹 1"中文件"第一学期期末成绩.xlsx"被移走。

2. 复制工作簿

（1）单击选择要复制的工作簿文件，如果要复制多个，在按住【Ctrl】键的同时单击要复制的工作簿文件。如图 4-24 所示，在"文件夹 1"中选择"第一学期期末成绩.xlsx"文件后，按【Ctrl+C】

组合键或使用鼠标右击要移动的工作簿文件，在弹出的快捷菜单中选择"复制"命令，或单击"开始"功能区"剪贴板"分组中的"复制"按钮。

（2）按【Ctrl+C】组合键，复制选择的工作簿文件，打开要复制到的目标文件夹，按【Ctrl+V】组合键粘贴文档，即可完成工作簿的复制操作。如图 4-25 所示，"第一学期期末成绩.xlsx"文件被复制到"文件夹 2"中，"文件夹 1"中仍然保留"第一学期期末成绩.xlsx"文件。

图 4-22 使用【Ctrl+X】组合键"剪切"文件

图 4-23 【Ctrl+V】组合键"粘贴"文件

图 4-24 【Ctrl+C】组合键"复制"文件

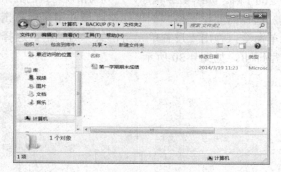
图 4-25 【Ctrl+V】组合键"粘贴"文件

4.2.5　工作簿的隐藏与显示

1．隐藏工作簿

打开需要隐藏的工作簿，在"视图"功能区的"窗口"选项组中，单击"隐藏"按钮，如图 4-26 所示，当前窗口即被隐藏起来，如图 4-27 所示。

退出 Excel 时，系统会询问用户是否要保存对隐藏的工作簿窗口所做的更改。如果希望下次打开该工作簿时隐藏工作簿窗口，单击"是"按钮即可完成隐藏工作簿的操作。

图 4-26 "隐藏"按钮

图 4-27 窗口被隐藏

图 4-28　"取消隐藏"按钮

2. 显示工作簿

在"视图"功能区的"窗口"选项分组中，单击"取消隐藏"按钮，则隐藏的工作簿可以显示出来，如图 4-28 所示。

4.3　工作表的编辑和操作

4.3.1　常见的单元格数据类型

在单元格进行数据输入时，有时输入的数据和单元格中显示的数据不一样，或者显示的数据格式与所需要的不一样，这是因为 Excel 单元格数据有不同的类型。要正确的输入数据必须先对单元格数据类型有一定的了解。如图 4-29 所示，左列为常规格式的数据显示，中列为文本格式，右列为数值格式。

选择需要设置格式的单元格区域并用鼠标右击，在弹出的快捷菜单中选择"设置单元格格式"菜单命令，弹出"设置单元格格式"对话框，选择"数字"选项卡，在"分类"列表框中选择格式类型即可，如图 4-30 所示。

图 4-29　不同数据类型的显示

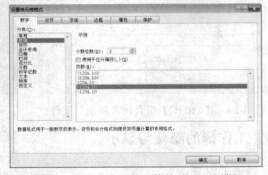

图 4-30　"设置单元格格式"对话框

下面介绍几种常见的单元格格式类型。

1．常规格式

常规格式是不包含特定格式的数据格式，Excel 中默认的数据格式即为常规格式。按【Ctrl+Shift+~】组合键，可以应用"常规"格式。

2．数值格式

数值格式主要用于设置小数点的位数。用数值表示金额时，还可以使用千位分隔符表示，如图 4-31 所示。

3．货币格式

货币格式主要用于设置货币的形式，包括货币类型和小数位数。按【Ctrl+Shift+$】组合键，可以应用带两位小数位的"货币"数字格式。货币格式的设置可以有两种方式，一种是先设置后输入，另一种是先输入后设置，如图 4-32 所示货币格式。

图 4-31　数值格式

图 4-32　货币格式

4．会计专用格式

会计专用格式顾名思义是为会计设计的一种数据格式，它也是用货币符号标示数字，货币符号包括人民币符号和美元符号等。它与货币格式不同的是，会计专用格式可以将一列数值中的货币符号和小数点对齐，如图 4-33 所示。

5．时间和日期格式

在单元格中输入日期或时间时，系统会以默认的日期和时间格式显示。也在"设置单元格格式"对话框中进行设置，用其他的日期和时间格式来显示数字。

6．百分比格式

单元格中的数字显示为百分比格式有两种情况，先设置后输入和先输入后设置。

7．分数格式

默认情况下在单元格中输入 "2/5" 后按【Enter】键，会显示为 2 月 5 日，要将它显示为分数，可以先应用分数格式，再输入相应的分数，如图 4-34 所示。

8．科学记数格式

科学记数格式是以科学计数法的形式显示数据，它适用于输入较大的数值，在 Excel 默认情况下，如果输入的数值较大，将自动被转化成科学记数格式。也可以根据需要直接设置科学记数格式，按【Ctrl +Shift+^】组合键，可以应用带两位小数的 "科学记数" 格式。

图 4-33　会计专用格式

图 4-34　分数格式

9．文本格式

文本格式中最直观最常见的输入数据是汉字、字母和符号，数字也可以作为文本格式输入，只需要在输入数字时先输入 " ' " 即可。Excel 2010 中文本格式默认左对齐，和其他格式一样，我们也可以根据需要设置文本格式。

4.3.2 数据的输入

Excel 允许在单元格中输入中文、英文、数字或公式等。每个单元格最多可容纳 32767 个字符。Excel 有 3 种基本数据类型：文本、数值、日期和时间。

1．文本数据的输入

文本型数据包括数字、汉字、特殊字符等，默认左对齐。对于数字形式的文本型数据，如学号、电话号码等，数字前加单引号（英文半角），用于区分于纯数值型数据。Excel 2010 会自动在该单元格左上角加上绿色三角标记，说明该单元格中的数据为文本。

如果单元格列宽容纳不下文本字符串，则可占用相邻的单元格，若相邻的单元格中已有数据，就截断显示，被截断不显示的部分仍然存在，只需增大列宽即可显示出来。

如果在单元格中输入的是多行数据，在换行处按下【Alt+Enter】组合键，可以实现换行。换行后在一个单元格中将显示多行文本，行的高度也会自动增大。

2．数值型数据的输入

如果要在单元格中输入负数，在数字前加一个负号，或者将数字括在括号内。例如要输入-100，则可以在单元格中输入"-100"或"(100)"。如果输入并显示多于 11 位数字时，Excel 自动以科学计数法表示，例如，输入 123456789321 时，Excel 会在单元格中用"1.235E+11"来显示该数值。系统默认的数值对齐方式为右对齐。

输入分数比较麻烦，因为系统可能会认为输入的是日期型数据，可以在输入分数时在前面加上 0，再输入空格，然后再输入分数。

3．输入日期和时间

Excel 是将日期和时间视为数字处理的，它能够识别出大部分用普通表示方法输入的日期和时间格式。用户可以用多种格式来输入一个日期，可以用斜杠"/"或者"-"来分隔日期中的年、月、日部分。如果要在单元格中插入当前时间，则按【Ctrl+Shift+;】组合键，在单元格中插入当前系统日期按【Ctrl+;】组合键。

4.3.3 数据填充

Excel 2010 提供了快速输入数据的功能，利用它可以提高向 Excel 中输入数据的效率，并且可以降低输入的错误率。

1．使用填充柄

填充柄是位于当前活动单元格右下角的黑色方块。用鼠标拖动或者用鼠标左键双击可进行填充操作，该功能适用于填充相同数据或者序列数据信息。

自动填充只能在一行或一列上的连续单元格中填充数据。自动填充是根据初始值决定以后的填充项，填充数据时首先将鼠标指针移到初始值所在单元格的右下角拖动填充柄，此时鼠标指针变为实心十字形，然后拖拽至填充的最后一个单元格，即可完成自动填充。自动填充可分为以下几种情况：

（1）单元格初始值为纯文本、纯数字，填充相当于数据复制；若初始值为数值并且在填充时按住【Ctrl】键，则数值会集资递增，而不是简单的数据复制。

（2）初始值为文字加数字或数字加文字，则填充时文字不变，数字依次递增，例如初始值为 X1，则顺序填充为 X2，X3 等；如果初始值为数字加文字加数字，则填充时文字不变，最右侧的数字依次递增。

若单个单元格内容为预设的自动填充序列中的一员，则按预设序列填充。如初始值为一月，顺序自动填充为二月、三月等。

2．使用填充命令填充

在 Excel 中，除使用填充柄进行快速填充外，还可以使用填充命令自动填充。

（1）如在 A1 单元格中输入"河南省许昌市"。

（2）选择要填充序列的单元格区域 A1：A8，在"开始"功能区中，单击"编辑"选项组中的"填充"按钮，在弹出的下拉菜单中选择"向下"命令，如图 4-35 所示。

（3）填充后的效果图如图 4-36 所示。

图 4-35　"向下"命令

图 4-36　填充后的效果

3．自定义序列填充

在 Excel 中还可以自定义填充序列，这样可以给用户带来很大的方便。自定义填充序列可以是一组数据，按重复的方式填充行和列。用户可以自定义一些序列，也可以直接使用 Excel 中已定义的序列。

自定义序列填充的具体操作步骤如下：

（1）选择"文件"选项卡，在下拉菜单中选择"选项"命令。

（2）弹出"Excel 选项"对话框，单击左侧的"高级"类别，在右侧下方的"常规"栏中单击"编辑自定义列表"按钮，如图 4-37 所示。

（3）弹出"自定义序列"对话框，在"输入序列"文本框中输入内容，单击"添加"按钮，将定义的序列添加到"自定义序列"列表框中，如图 4-38 所示。

图 4-37　"编辑自定义列表"按钮

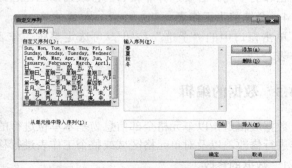
图 4-38　添加片定义序列

(4)在单元格 A1 中输入"春",把鼠标指针定位在单元格 A1 的右下角,当指针变成"+"形状时向下拖动鼠标,即可完成自定义序列的填充,如图 4-39 所示。

4.3.4 选择区域

1．选定一个单元格

选取单元格有以下几种方法:
1)直接定位
可以鼠标单击单元格或使用键盘上的方向键移动到要定位的单元格。

图 4-39 自定义序列填充效果

2)名称框定位
在名称框中输入单元格地址名,即可定位该单元格。
3)用方向键定位
使用键盘上的上、下、左、右 4 个方向键,也可以选择单元格,按 1 次则可选择下一个单元格。例如,默认选择的是 A1 单元格,按 1 次【→】键则可选择 B1 单元格,再按 1 次【↓】键则可选择 B2 单元格。

2．选定多个单元格

在 Excel 2010 中,使用鼠标、键盘、鼠标和键盘结合的方法,可以选定一个单元格区域或多个不相邻的单元格区域。
1)选定连续的单元格
(1)将鼠标指针移到该区域左上角的单元格,按住鼠标左键拖动到该区域的右下角的单元格后释放鼠标左键即可。
(2)单击该区域左上角的单元格后,按下"Shift"键的同时,再单击该区域的右下角的单元格。
(3)在名称框中输入连续区域的第一个单元格及最后一个单元格,中间用冒号分隔,即可以选择连续区域。
2)选定多个不连续的单元格区域
按住【Ctrl】键,再选定所需要的区域,可选定多个不连续的区域。

3．整行与整列的选定

单击工作表中的行标或列标,即可选中该行或该列。可在行标或列标上拖曳则可选定相邻的多行或相邻的多列。若要选择非相邻的行或列,应在选择行或列的同时按住【Ctrl】键。

4．全选整张工作表

单击窗口中的"全选"按钮 可选定整张工作表。也可以使用【Ctrl+A】组合键选中整张工作表。

4.3.5 数据的编辑

数据编辑是指以单元格全部信息为基本单位进行的编辑处理。包括对工作表中的单个单元格的内容进行修改,以及对单元格区域或整个工作表进行移动、复制、删除、查找、替换等编辑操作。

1．数据的修改

单击单元格使其成为活动单元格,然后在编辑栏中编辑修改单元格数据;或双击单元格,直接在单元格内进行编辑修改。

2. 单元格、区域数据的清除

在 Excel 2010 中，清除单元格中的数据只会清除其中的内容，不会删除该位置的单元格，因而不会影响整个表格的布局。清除单元格数据的操作步骤如下：

（1）选择需要清除内容的单元格。

（2）单击"开始"功能区，单击"清除"分组中的"清除内容"按钮，就可以清除单元格中的内容。

如果要将单元格中的内容清空，用户可以在选中单元格后，直接按【Delete】键即可。

3. 数据的复制

复制单元格或单元格区域是指将某个单元格或单元格区域数据复制到指定的位置，原位置的数据仍然存在。在 Excel 中，不但可以复制整个单元格，还可以复制单元格中的指定内容。例如，可以只复制公式的计算结果而不复制公式，或者只复制公式而不复制计算结果。

1）复制单元格或单元格区域的方法基本相同，具体操作步骤如下：

（1）利用功能页次复制

① 选定要复制数据的单元格或单元格区域，单击"开始"功能区中的"复制"按钮 复制 。

② 选定要粘贴数据的位置。

③ 单击"开始"功能区中的"粘贴"按钮 ，即可将单元格或单元格区域的数据复制到新位置。

（2）利用快捷菜单

① 选定需要复制的单元格或单元格区域，右击在弹出的快捷菜单中选择"复制"命令，选择的单元格或单元格区域被闪烁的虚框框起来。

② 把鼠标移动到当前工作表的目标位置或打开其他工作表并选择目标位置，右击，在弹出的快捷菜单中选择"粘贴"命令即可。

2）选择性复制

利用"粘贴选项"来实现：鼠标右击目标单元格，在弹出的快捷菜单中选择"粘贴选项"中 粘贴选项： 的相应命令，可以完成选择性复制，如图 4-40 所示。

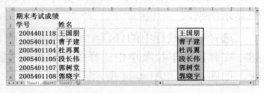

图 4-40　选择"粘贴选项"中的"粘贴"效果

4. 数据的移动

移动数据是指将输入在某些单元格中的数据移至其他单元格中。要移动某个区域时，操作方法如下：

1）利用功能区移动

（1）选定要移动数据的单元格或单元格区域，单击"开始"功能区中的"剪切"按钮 剪切 。

（2）选定要粘贴数据的位置。

（3）单击"开始"功能区中的"粘贴"命令 ，即可将单元格或单元格区域的数据移动到新位置。

2）利用快捷菜单

（1）选定需要移动的单元格或单元格区域，右击鼠标，在弹出的快捷菜单中选择"剪切"命令，选择的单元格或单元格区域被闪烁的虚框框起来。

（2）把鼠标移动到当前工作表的目标位置或打开其他工作表并选择目标位置，右击鼠标，在弹出的快捷菜单中选择"粘贴"命令即可。

5. 插入单元格、行和列

在编辑工作表时，可方便的插入单元格及行、列。在进行插入操作时，工作表中其他单元格将自动调整位置。

6. 删除单元格

删除不需要的行、列或单元格的操作步骤如下：

（1）选定要删除的单元格。
（2）单击"开始"功能区中的"删除"按钮，在弹出命令选项中选择"删除单元格"命令，如图 4-41 所示，然后在弹出的"删除"对话框中进行选择，如图 4-42 所示。
（3）选中相应操作项前的单选按钮，单击"确定"按钮。

图 4-41　"删除单元格"命

图 4-42　"删除"对话框

7. 删除行、列

删除不需要的行、列的操作步骤如下：
（1）选定要删除的行、列。
（2）单击"开始"功能区中的"删除"按钮，在下拉列表中选择"删除工作表行"或"删除工作表列"命令。如图 4-41 所示，则可以删除相应的行或列。

8. 隐藏或显示行和列

在 Excel 工作表中，有时需要将一些不需要公开的数据隐藏起来，或者将一些隐藏的行或列重新显示出来。

选择要隐藏行中的任意一个单元格，在"开始"功能区中，单击"单元格"选项组中的"格式"按钮，在弹出的下拉菜单中选择"隐藏和取消隐藏"中的"隐藏行"命令，选择的第 10 行被隐藏起来，如图 4-43 和图 4-44 所示。

图 4-43　"隐藏行"菜单命令

图 4-44　隐藏后的效果

另外，也可以直接使用鼠标拖动隐藏行，将鼠标指针移至第 10 行和第 11 行行号的中间位置，此时指针变为╋形状。向上拖动鼠标使行号超过第 10 行，松开鼠标后即可隐藏第 10 行，如图 4-45 所示。将行或列隐藏后，这些行或列中单元格的数据就变得不可见了。如果需要查看这些数据，就需要将这些隐藏的行或列显示出来。

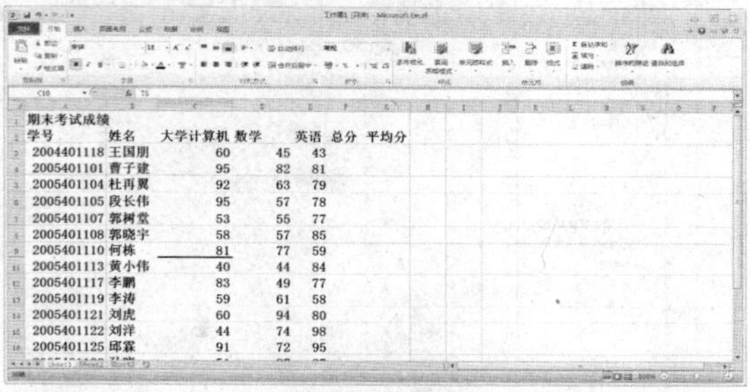

单击"单元格"选项组中的 按钮，在弹出的下拉菜单中选择"可见性"组中的"隐藏和取消隐藏"命令，在弹出的快捷菜单中选择"取消隐藏行"或"取消隐藏列"命令。工作表中被隐藏的行或列即可显示出来。除此之外，用户还可以使用鼠标直接拖动显示隐藏的行或者列。

9．查找与替换

利用查找功能可快速在表格中定位到要查找

图 4-45 使用鼠标隐藏行

的内容，利用替换功能则可对表格中多处出现的同一内容进行修改，查找和替换功能可以交替使用。使用方法同 Word 2010，此处不再赘述。

4.3.6 单元格的合并与拆分

合并与拆分单元格是最常用的调整单元格的操作，用户可以根据合并需要或者拆分需要调整单元格。

1．单元格的合并

合并单元格是指在 Excel 工作表中，将两个或多个相邻的单元格合并成一个单元格。合并单元格前必须要先选择需要合并的所有相邻单元格。合并单元格的方法有以下两种：

（1）使用功能区合并单元格。使用功能区"对齐方式"选项组可以合并单元格，具体的操作步骤如下：

① 打开工作簿"成绩统计表"，选择单元格区域 A1：G1，如图 4-46 所示。

② 在"开始"功能区中，单击"对齐方式"选项组中"合并后居中"按钮 ，该表格标题行即合并且居中，如图 4-47 所示。

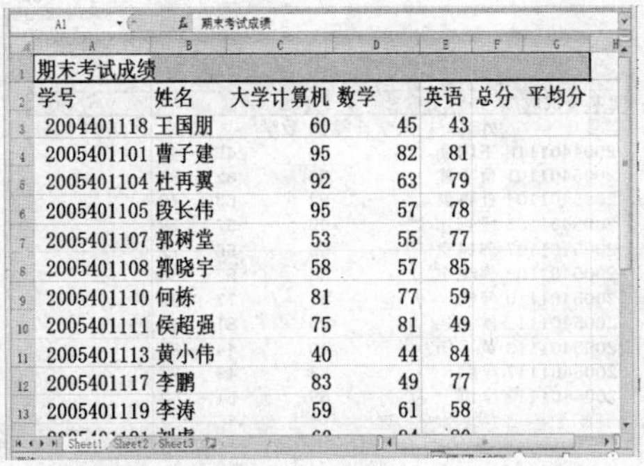

图 4-46 选择单元格区域：A1：G1

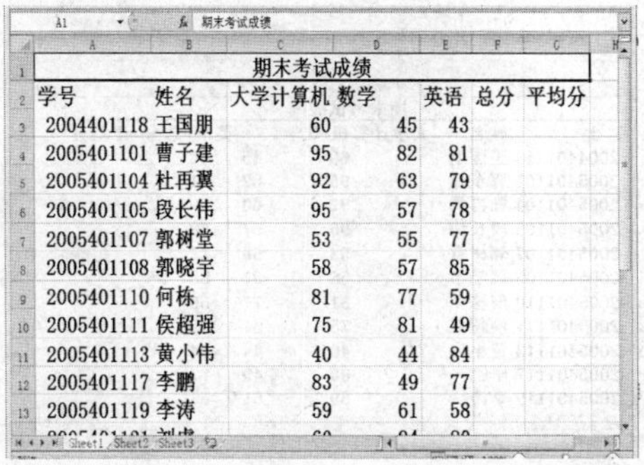

图 4-47 合并后居中效果

（2）使用对话框合并单元格用户还可以使用"设置单元格格式"对话框进行设置，合并单元格，具体的操作步骤如下：

① 打开工作簿"成绩统计表"，选择单元格区域：A1：G1，在"开始"功能页次中，单击"对齐方式"选项组右下角的 按钮，弹出"设置单元格格式"对话框，如图 4-48 所示。

② 选择"对齐"选项卡，在"文本对齐方式"区域的"水平对齐"下拉列表中选择"居中"选项，在"文本控制"区域选择"合并单元格"复选框，如图 4-49 所示，然后单击"确定"按钮。

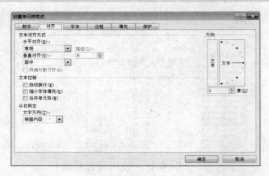
图 4-48 "设置单元格格式"对话框

图 4-49 设置单元格对齐方式

③ 设置完成后，返回到工作表中，标题行已合并且居中，如图 4-50 所示。

2. 单元格的拆分

在 Excel 工作表中，拆分单元格就是将一个单元格拆分成 2 个或多个单元格。拆分单元格和合并单元格的方法类似，有以下两种方法。

以合并后的成绩统计表为例，介绍拆分单元格的方法。

1) 使用"对齐方式"选项组

（1）选择合并后的单元格 A1，在"开始"功能区中，单击"对齐方式"选项组中"合并后居中"按钮 右边的下三角按钮，在弹出的菜单中选择"取消单元格合并"菜单命令，如图 4-51 所示。

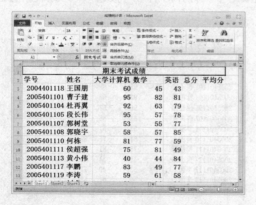
图 4-50 合并且居中后效果

（2）该表格标题行单元格被取消合并，恢复成合并前的单元格，如图 4-52 所示。

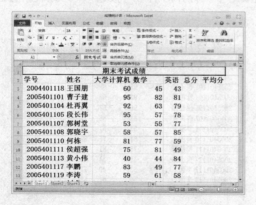

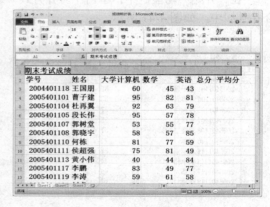

图 4-51 "取消单元格合并"菜单命令　　　　图 4-52 取消单元格合并

2) 使用"设置单元格格式"对话框

（1）用鼠标右击合并后的单元格，在弹出的快捷菜单中选择"设置单元格格式"命令，弹出"设置单元格格式"对话框，如图 4-53 所示。

（2）在"对齐"选项卡中撤销选择"合并单元格"复选框，然后单击【确定】按钮，即可取消合并，如图 4-54 所示。

图 4-53 "设置单元格格式"对话框

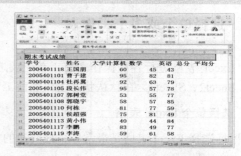

图 4-54 取消"合并单元格"复选框后效果

4.3.7 工作表的创建

如果编辑 Excel 表格时需要使用更多的工作表,则可插入新的工作表。在每一个 Excel 2010 工作簿中最多可以创建 255 个工作表,但在实际操作中插入的工作表的数目要受所使用的计算机内存的限制。插入工作表有两种方法,具体操作步骤如下:

1. 使用"插入工作表"命令创建工作表

(1) 在 Excel 2010 窗口中单击工作表 Sheet3 的标签,如图 4-55 所示。

(2) 在"开始"功能区中,单击"单元格"选项组中的"插入"按钮右侧的按钮,在弹出的下拉菜单中选择"插入工作表"菜单命令。即可在当前工作表的前面插入工作表 Sheet4,如图 4-56 所示。

图 4-55 选中 Sheet3 工作表标签

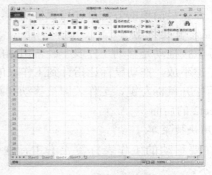

图 4-56 插入新工作表 Sheet4

2. 使用快捷菜单创建工作表

(1) 在 Sheet3 工作表标签上右击,在弹出的快捷菜单中选择"插入"菜单命令,如图 4-57 所示。

(2) 弹出"插入"对话框,选择"工作表"图标。单击"确定"按钮,即可在当前工作表的前面插入工作表 Sheet4,如图 4-58 所示。

图 4-57 "插入"菜单命令

图 4-58 "插入"对话框

4.3.8 选择单个或多个工作表

对 Excel 表格进行各种操作之前，首先要选择工作表。每个工作簿中的工作表的默认名称是 Sheet1、Sheet2、Sheet3。在默认状态下，当前工作表为 Sheet1。

1．选择单个 Excel 表格

用鼠标选择 Excel 表格是最常用、最快速的方法，只需在 Excel 表格最下方的需要选择的工作表标签上单击即可。

2．选择连续的 Excel 表格

按住【Shift】键依次单击第 1 个和最后 1 个需要选择的工作表，即可选择连续的 Excel 表格。

3．选择不连续的工作表

要选择不连续的 Excel 表格，只需按住【Ctrl】键的同时选择相应的 Excel 表格即可。

4.3.9 工作表的复制和移动

1．移动工作表

移动工作表最简单的方法是使用鼠标操作，在同一个工作簿中移动工作表的方法有以下两种：

1）用鼠标直接拖动

用鼠标直接拖动是移动工作表中经常用到的一种较快捷的方法。选择要移动的工作表的标签，按住鼠标左键不放，拖动鼠标让指针到工作表的新位置，黑色倒三角形标志会随鼠标指针移动，确认新位置后松开鼠标左键，工作表即被移动到新的位置。如图 4-59 所示，将工作表 Sheet1 拖动到工作表 Sheet2 的后面。

2）使用快捷菜单

（1）在要移动的工作表标签上右击，在弹出的快捷菜单中选择"移动或复制"命令，如图 4-60 所示。

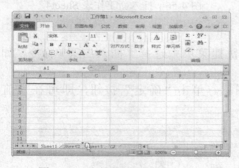

图 4-59　直接拖动工作表

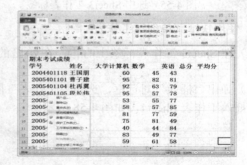

图 4-60　"移动或复制"命令

（2）在弹出的"移动或复制工作表"对话框中选择要插入的位置，移动后的工作表情况如图 4-61 所示。

（3）单击"确定"按钮，即可将当前工作表移动到指定的位置，如图 4-62 所示。

另外，工作表不仅可以在一个 Excel 工作簿内移动，还可以在不同的工作簿中移动。但是需要

注意的是，若要在不同的工作簿中移动工作表，首先要求这些工作簿均处于打开的状态。具体的操作步骤如下：

① 在要移动的工作表标签上右击，在弹出的快捷菜单中选择"移动或复制"命令，如图 4-60 所示。

② 弹出"移动或复制工作表"对话框，如图 4-63 所示。在"将选定工作表移至工作簿"下拉列表中选择要移动的目标位置，在"下列选定工作表之前"列表框中选择要插入的位置。单击"确定"按钮，即可将当前工作表移动到指定的位置。

图 4-61 "移动或复制工作表"对话框

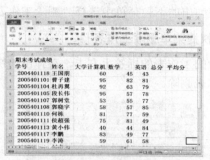

图 4-62 移动后的工作表情况

2. 复制工作表

要重复使用工作表数据而又想保存原始数据不被修改时，可以复制多份工作表进行不同的操作，用户可以在一个或多个 Excel 工作簿中复制工作表，有以下两种方法。

（1）使用鼠标选择要复制的工作表，按住【Ctrl】键的同时单击该工作表。拖动鼠标让指针移动到工作表的新位置，黑色倒三角形标志会随鼠标指针移动，松开鼠标左键，工作表即被复制到新的位置，如图 4-64 所示。

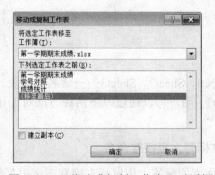

图 4-63 "移动或复制工作表"对话框

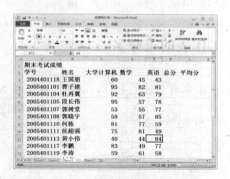

图 4-64 拖动鼠标复制工作表

（2）使用快捷菜单命令也可以复制工作表，其具体操作步骤如下：

① 选择要复制的工作表，在工作表标签上右击，在弹出的快捷菜单中选择"移动或复制"命令，如图 4-60 所示。

② 在弹出的"移动或复制工作表"对话框中选择要复制的目标工作簿和插入的位置，选择"建立副本"复选框，如图 4-65 所示。

③ 单击"确定"按钮，完成复制工作表的操作。

图 4-65 "移动或复制工作表"对话框

4.3.10 工作表删除

为了便于对 Excel 工作簿进行管理,可以将无用的工作表删除,以节省存储空间。删除工作表的方法有以下两种。

1. 使用功能区删除工作表

选择要删除的工作表,单击"开始"功能区中"单元格"选项组中的"删除"按钮 右侧的 按钮,在弹出的下拉菜单中选择"删除工作表"命令即可删除相应的工作表,如图4-66 所示。

2. 使用快捷菜单删除工作表

在要删除的工作表的标签上右击,在弹出的快捷菜单中选择"删除"命令,如图 4-67 所示,也可以将工作表删除。

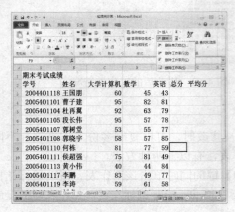

图 4-66 "删除工作表"命令

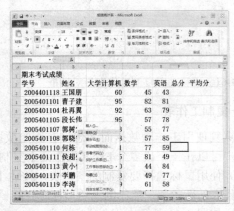

图 4-67 "删除"命令

4.3.11 工作表的重命名

每个工作表都有自己的名称,默认情况下以 Sheet1、Sheet2、Sheet3……命名工作表。为了便于理解和管理,用户可以通过以下两种方法对工作表进行重命名。

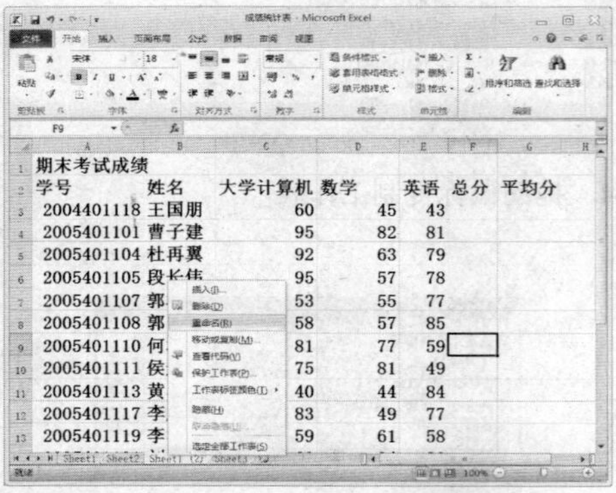

1. 在标签上直接重命名

在工作表的标签上用鼠标左键双击选中工作表标签,然后从键盘上输入新的工作表标签即可对工作表重命名。

2. 使用快捷菜单对工作表重命名

(1)在要重命名的工作表标签上右击,在弹出的快捷菜单中选择"重命名"命令,如图 4-68 所示。

(2)此时工作表标签会高亮显示,在标签上输入新的标签名,完成工作表的重命名操作。

图 4-68 "重命名"命令

4.4 公式与函数

Excel 作为一个电子表格系统,除了用于进行一般的表格处理外,最主要的还是数据计算。在 Excel 2010 中,用户可以在单元格中输入公式或者使用 Excel 提供的函数来完成工作表中相应数据的计算,还可以通过多维引用,来完成各种复杂的运算。因此,如果没有公式和函数,电子表格软件在很大程度上失去了存在的意义。

公式和函数是 Excel 2010 的核心。在单元格中输入正确的公式或者函数以后,会立即在指定的单元格中显示出计算结果。对于已经计算过的一组数据,如果用户对其中的部分数据进行修改,其计算结果也会自动更新。本节主要介绍在 Excel 2010 中使用公式和函数进行数据计算的方法。

4.4.1 公式

Excel 中的公式是以等号开头,使用运算符号将各种数据、函数、区域、地址连接起来,用于对工作表中的数据进行计算或文本进行比较操作的表达式。

1. 运算符

Excel 公式中可使用的运算符有算术运算符、比较运算符、连接运算符和引用运算符。

各种运算符及优先级如表 4-1 所示。

若在公式中同时包含了多个相同优先级的运算符,则 Excel 将按照从左到右顺序进行计算,若要更改运算的次序,就要使用"()"将需要优先运算的部分括起来。

表 4-1 运算符及优先级

运算符(优先级从高到低)	说明
: , 空格	引用运算符
—	负号
%	百分号
^	指数
* /	乘、除法
+ —	加、减法
&	连接字符串
= < > <= >= <>	比较运算符

2. 公式的创建

创建公式时,可在编辑栏或单元格中进行。创建公式的具体操作步骤如下:

(1)选定要输入公式的单元格。

(2)在单元格或在编辑栏中输入一个"="号,编辑栏上出现 ✘ ✔ ƒx 符号。

(3)建立公式,输入用于计算的数值参数及运算符。

(4)完成公式编辑后,按【Enter】键或单击 ✔ 按钮显示结果。

3. 引用

引用的作用在于标识工作表上的单元格或单元格区域,并指明公式中所使用的数据位置。通过引用,可以在公式中使用工作表中不同部分的数据,或者在多个公式中使用同一个单元格的数值。还可以引用同一个工作簿中不同工作表上的单元格和其他工作簿中的数据。单元格的引用主要有相对引用、绝对引用和混合引用。引用不同工作簿中的单元格称为链接。

1）相对引用

相对引用指用单元格名称引用单元格数据的一种方式，即引用相对于公式位置的单元格。相对引用形式为 A2、B2、C2 等，例如“=A2+B2+C2”。公式被复制后，公式中参数的地址发生相应变化。

2）绝对引用

绝对引用在公式中引用的单元格是固定不变的，而不考虑包含该公式的单元格位置。绝对引用形式为$A$2、$B$2 等，即行号和列号前都有“$”符号，例如“=$A$2+$B$2”。将它复制到其他单元格时其地址不发生变化。

3）混合引用

混合引用具有绝对列和相对行，或是绝对行和相对列。绝对引用列采用 $A1、$B1 等形式，绝对引用行采用 A$1、B$1 等形式。如果公式所在单元格的位置改变，则相对引用部分也改变，而绝对引用部分不变。如果多行或多列地复制公式，相对引用部分自动调整，而绝对引用部分不作调整。如图 4-69 中计算单元格的乘积结果时使用到了混合引用。

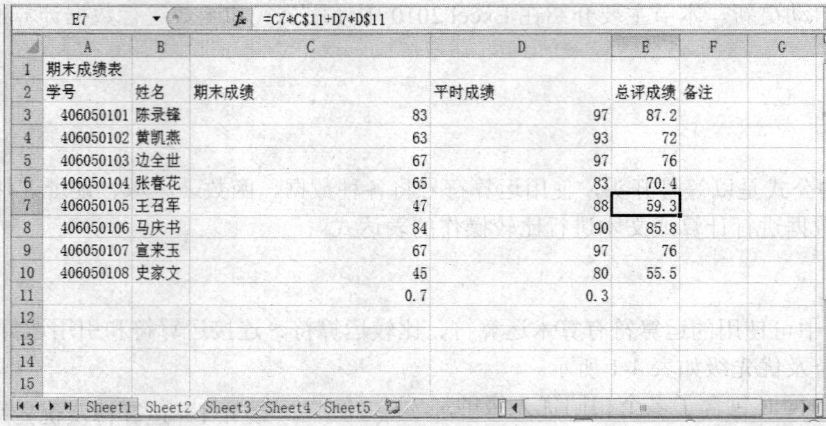
E7 =C7*C$11+D7*D$11

	A	B	C	D	E	F	G
1	期末成绩表						
2	学号	姓名	期末成绩	平时成绩	总评成绩	备注	
3	406050101	陈录锋	83	97	87.2		
4	406050102	黄凯燕	63	93	72		
5	406050103	边全世	67	97	76		
6	406050104	张春花	65	83	70.4		
7	406050105	王召军	47	88	59.3		
8	406050106	马庆书	84	90	85.8		
9	406050107	宣来玉	67	97	76		
10	406050108	史家文	45	80	55.5		
11			0.7	0.3			
12							
13							
14							
15							

Sheet1 Sheet2 Sheet3 Sheet4 Sheet5

图 4-69　混合引用应用实例

4.4.2 函数

利用函数计算既可提高运算速度，又便于计算、统计、汇总和数据处理。Excel 2010 为用户提供了大量函数，它包括财务函数、日期与时间函数、数学与三角函数、统计函数、查找与引用函数、数据库函数、逻辑函数、信息及工程函数等。

函数的语法格式为：函数名（参数 1，参数 2，参数 3，…）。

1. 函数的使用

手动输入函数，与输入公式一样，在编辑栏中也可以输入任何函数。如果能记住函数的参数，直接从键盘输入函数是最快的方法。所有函数都是由函数名和位于其后的一系列参数（用括号括起来）组成的，例如“=SUM（E3,F3,G3）”或者“=SUM(E3：G3)”。按【Enter】键后，该单元格中即出现函数计算结果，编辑栏中显示对应的函数表达式。

使用手工输入函数的方法一般适用于一些变量较少的函数或一些简单的函数；对于参数较多或者比较复杂的函数，建议使用插入函数的方法输入。当用户不能确定函数的结构时，可以使用插入函数的方法，简洁、快速地输入函数。一般的操作步骤如下：

（1）单击要输入函数值的单元格。

（2）单击编辑栏"插入函数"按钮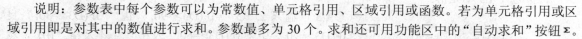，编辑栏中出现"="，并打开"插入函数"对话框，如图 4-70 所示。

（3）从"选择函数"列表框中选择所需函数。在列表框下将显示该函数的使用格式和功能说明。

（4）单击"确定"按钮。打开"函数参数"对话框。

（5）输入函数的参数。

（6）单击"确定"按钮。

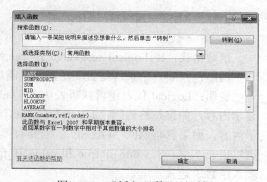

图 4-70 "插入函数"对话框

2．常用函数介绍

1）求和函数 SUM

函数格式：SUM(number1,number2,…)

number1,number2,…是所要求和的参数。

功能：返回参数表中的参数总和。

说明：参数表中每个参数可以为常数值、单元格引用、区域引用或函数。若为单元格引用或区域引用即是对其中的数值进行求和。参数最多为 30 个。求和还可用功能区中的"自动求和"按钮 Σ。

2）求平均值函数 AVERAGE

函数格式：AVERAGE(number1,number2,…)。

功能：返回所有参数的平均值。

3）求最大值函数 MAX

函数格式：MAX(number1,number2,…)。

功能：返回一组数值中的最大值。

4）求最小值函数 MIN

函数格式：MIN(number1,number2,…)。

功能：返回一组数值中的最小值。

5）统计函数 COUNT

函数格式：COUNT(value1,value2,…)。

功能：求各参数中数值参数和包含数值的单元格个数。参数的类型不限。

6）四舍五入函数 ROUND

函数格式：ROUND(number,num_digits)。

功能：对数值项"number"进行四舍五入。若 num_digits>0，则保留 num_digits 位小数；若 num_digits=0，则保留整数；若 num_digits<0，则从个位向左对第 num_digits 位进行四舍五入。

例如，"=ROUND(32.452,1)"，则函数的结果是 32.5。

7）取整函数 INT

函数格式：INT(number)。

功能：取不大于数值 number 的最大整数。

例如，INT(12.46)=12，INT(−12.46)=−13。

8）绝对值函数 ABS

函数格式：ABS(number)。

功能：取 number 的绝对值。

例如，ABS(−24)=24，ABS(24)=24。

9）IF 函数

函数格式：IF(Logical_test,value_if_true,value_if_false)。

功能：判断一个条件是否满足，如果满足则返回一个值，否则返回另一个值。

说明：Logical 代表逻辑判断表达式；value_if_true 表示当判断条件为逻辑“真（TRUE）”时的显示内容，如果忽略返回“TRUE”；value_if_false 表示当判断条件为逻辑“假（FALSE）”时的显示内容，如果忽略返回“FALSE”。当要对多个条件进行判断时，需嵌套使用 IF 函数，IF 函数最多可以嵌套 7 层。用 value_if_true 和 value_if_false 参数可以构造复杂的检测条件。一般直接在编辑框输入函数表达式。

例如，在“大学计算机基础机试成绩表”中，在右边继续增加一列，将百分制的机试成绩转换成等级制，转换规则为 90～100（优），80～89（良），70～79（中），60～69（及格），60 分以下（不及格）。

操作步骤如下：

（1）单击工作表中的 F2 单元格，输入“等级制”。

（2）选中 F3 单元格。

（3）输入公式“=IF(D3>=90,”优“,IF(D3>=80,”良“,IF(D3>=70,”中“,IF(D3>=60,”及格“,”不及格“))))”，然后按【Enter】键，得到第 1 个学生的成绩等级是“优”。

（4）利用公式的自动填充功能（使用填充柄）得到其他学生的成绩等级。结果如图 4-71 所示。

	A	B	C	D	E	F
1	大学计算机基础机试成绩表					
2	序号	姓名	性别	机试成绩	排名	等级制
3	01	李 玲	女	92	2	优
4	02	刘 杨	男	85	4	良
5	03	张 红	女	71	7	中
6	04	齐 珂	男	75	6	中
7	05	王 娟	女	65	8	及格
8	06	李 想	男	60	9	及格
9	07	陈茜倩	女	42	10	不及格
10	08	王莲艺	女	93	1	优
11	09	胡 歌	男	87	3	良
12	10	高 姝	女	85	4	良

图 4-71　IF 函数的应用

10）SUMIF 函数

函数格式：SUMIF(range,criteria,sum_range)。

功能：根据指定条件对若干单元格求和。

说明：range 为用于条件判断的单元格区域；criteria 为确定哪些单元格将被相加求和的条件，其形式可以是数字、表达式或文本。

11）COUNTIF 函数

函数格式：COUNTIF(range,criteria)

功能：计算某个区域内满足给定条件的单元格数目。

说明：range 为参与统计的单元格区域，criteria 是以数字、表达式或文本形式定义的条件。其中数字可以直接写入，表达式和文本必须加引号。

例如，要统计 D3：D15 区域内大于 80 的单元给的个数，输入公式：=COUNTIF(D3：D15,“>80”)便可得到相应的结果。

12）NOW 函数

函数格式：NOW()

功能：返回日期时间格式的当前系统日期和时间。

13）YEAR 函数

函数格式：YEAR(serial_number)

功能：返回某日期对应的年份，返回值为 1900～9999 之间的整数。

说明：serial_number 是一个日期值，也可以是格式为日期格式的单元格名称。

14）MINUTE 函数

函数格式：MINUTE(serial_number)

功能：返回时间值中的分钟，即一个介于 0～59 之间的整数。

说明：serial_number 是一个时间值，也可以是格式为时间格式的单元格名称。

15）HOUR 函数

函数格式：HOUR(serial_number)

功能：返回时间值的小时数，即一个介于 0～23 之间的整数。

说明：serial_number 是一个时间值，也可以是格式为时间格式的单元格名称。

16）MID 函数

函数格式：MID(text,start_num,num_chars)

功能：返回文本字符串中从指定位置开始的特定数目的字符，该数目由用户指定。

说明："text"包含要提取字符的文本字符串，"start_num"文本中要提取的第一个字符的位置，依此类推。"num_chars"指定希望 MID 从文本中返回字符的个数。

例如，从学生的学号提取入学年份。如学生的学号为"2004401118"，MID(A3,1,4)取出的值为"2004"。

17）HLOOKUP 函数

函数格式：HLOOKUP(lookup_value,table_array,row_index_num,[range_lookup])

功能：搜索表区域首行满足条件的元素，确定待检索单元格在区域中的列序号，再进一步返回选定单元格的值。默认情况下，表是以升序排序的。

说明：lookup_value 要在表格或区域的第一行中搜索的值，table_array 包含数据的单元格区域，row_index_num 是从 table_array 参数中必须返回的匹配值的行号，range_lookup 可选，是一个逻辑值，指定希望 HLOOKUP 查找精确匹配值还是近似匹配值，如果为 true 或者忽略为近似匹配，否则为精确匹配。需要注意的是，模糊查找时，table_array 的第 1 行数据必须按升序排序，否则找不到正确的结果。

18）VLOOKUP 函数

VLOOKUP 为另外一个查找函数，功能与 HLOOKUP 的功能相似。

函数格式：VLOOKUP(lookup_value,table_array,col_index_num,[range_lookup])

功能：搜索表区域首列满足条件的元素，确定待检索单元格在区域中的行序号，再进一步返回选定单元格的值。默认情况下，表是以升序排序的。

说明：lookup_value 要在表格或区域的第一列中搜索的值，table_array 包含数据的单元格区域，col_index_num 是从 table_array 参数中必须返回的匹配值的列号，range_lookup 可选，是一个逻辑值，指定希望 VLOOKUP 查找精确匹配值还是近似匹配值，如果为 true 或者忽略为近似匹配，否则为精确匹配。需要注意的是，模糊查找时，table_array 的第 1 列数据必须按升序排序，否则找不到正确的结果。

例如，在"大学计算机基础机试成绩表"中，成绩由百分制转换成等级制也可以通过 VLOOKUP 函数的模糊查找来实现。另外，实际生活中成绩表数据往往很多（学生人数多，成绩门数多），要查看某个同学的成绩非常困难，就可以设计个查询表格，输入某个学号（本例为序号）后，能自动显示该学号所对应的姓名和成绩，如图 4-72 所示。

操作步骤如下：

（1）清除表中"等级制"列中的内容，按图 4-72 建立成绩转换的表格，其中 0～60 为不及格，60～69 为及格，70～79 为中，80～89 为良，90 以上为优。单击 F3 单元格，输入公式"=VLOOK UP(D3,$H$2：$I$6,2,TRUE)"，按【Enter】键，得到第 1 名学生的等级。通过填充柄得到其他学生的等级。

注意：在实际应用中，成绩转换表可能位于不同的工作表中，但查找的方法完全相同。查找区域中的第 1 列（H 列）必须升序排序，否则结果可能不正确。

（2）按图建立成绩查询表格。在单元格 I9 中输入"06"（06 前加单引号表示作为文本输入），在单元格 I10 中输入公式"=VLOOKUP(I9,A3：E12,2,FALSE)"，在单元格 I11 中输入公式"=VLOOKUP(I9,A3：E12,4,FALSE)"，在单元格 I12 中输入公式"=VLOOKUP(I9,A3：E12,5,FALSE)"，按【Enter】键就可以显示学号为"06"的同学的相关数据。

19）RANK 函数

函数格式：RANK(number,ref,order)

功能：返回某数字在一列数字中相对于其他数值的大小排位。

说明：number 为参与计算的数字或含有数字的单元格，ref 是对参与计算的数字单元格区域的绝对引用，order 是用来说明排序方式的数字（如果 order 为零或省略，则以降序方式给出结果，反之按升序方式）。

图 4-73 所示是应用 rank()函数为一组学生的成绩进行排名的结果。

图 4-72　用 VLOOKUP 函数进行
模糊查找和精确查找

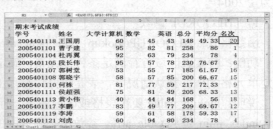

图 4-73　rank()函数为"一组学生的成绩
进行排名的结果"

3．公式和函数可能出现的错误

（1）"＃DIV/0!"：如果在 Excel 单元格输入的公式中的除数为 0，或在公式中除数使用了空白单元格或包含零值单元格的单元格引用，就会出现错误信息"#DIV/0!"。出现这个错误时，只要修改单元格引用，或者在用作除数的单元格中输入不为零的值即可解决。

（2）"＃VALUE!"：当使用的参数或操作数的类型不正确时，会出现此类错误。出现此种错误后，要先查看公式中的参数是哪种类型，和其函数中的参数类型的要求是否一致。

（3）"＃NAME?"：指单元格内出现了 Excel 无法识别的文本。

（4）"＃NUM!"：公式或函数中使用无效数字值时，会出现此种错误。

4.5　工作表的格式设置

创建并编辑了工作表，并不等于完成了所有的工作，还必须对工作表中的数据进行一定的格式化。Excel 2010 为用户提供了丰富的格式编排功能，使用这些功能既可以使工作表的内容正确显示，便于阅读，又可以美化工作表，使其更加赏心悦目。

4.5.1 行和列的设置

格式化既可以针对于单元格内的数据，也可以针对于单元格本身的高度、宽度以及报表的格式进行修改。

新建立的工作表，其行高和列宽均是默认的。如果单元格内的信息过长，列宽不够，部分内容将显示不出来，或者行高不合适，可以通过调整行高和列宽达到要求。

1）鼠标拖动设置行高、列宽

把光标移动到横（纵）坐标轴格线上。拖动鼠标即可手动设置单元格行高和列宽。

注意：在行、列边框线上双击，即可将行高、列宽调整到与其中内容相适应。

2）用菜单精确设置行高、列宽

选定所需调整的区域后右击，在弹出的快捷菜单中选择"行高"（或"列宽"）命令，在"行高"（或"列宽"）对话框中设定行高或列宽的精确值，如图 4-74 和图 4-75 所示。

图 4-74　"行高"对话框　　图 4-75　"列宽"对话框

4.5.2 工作表的格式化

工作表的内容编辑完成后，往往需要对工作表进行修饰，如字符格式化、设置单元格底纹、设置边框等。选择要格式化的单元格或区域，单击功能区中的"数字"功能组中右下角中的对话框启动器，打开"设置单元格格式"对话框。

1. 字符格式化

单击"字体"选项卡进行字符格式化，具体操作与 Word 中的字符格式化类似。

2. 数据格式的设置

Excel 提供了丰富的数据格式，主要包括数值、货币、会计专用、日期、时间、百分比、分数、科学记数、文本、特殊格式等，还可自定义数据格式。

操作步骤如下：

（1）选择"数字"选项卡，如图 4-76 所示。

（2）在"分类"列表框中选择要设置的数据类型。

（3）进行相应设置后单击"确定"按钮。

如果设置完成后，单元格中显示的是"########"，则表明当前的宽度不够，此时应调整列宽到合适的宽度即可正确显示。

3. 对齐方式

Excel 提供了单元格内容的缩进、旋转及在水平和垂直方向对齐的功能。在默认情况下，单元

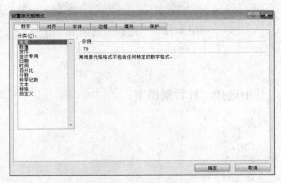

图 4-76　"数字"选项卡

格中的文字是左对齐，数值是右对齐的。为了使工作表美观且易于阅读，用户可以根据需要设置各种对齐方式。

操作步骤如下：

（1）选择"对齐"选项卡，如图4-77所示。

（2）在该选项卡中可进行如下设置：

在"文本对齐方式"选项组中可设置单元格的对齐方式。

图4-77 "对齐"选项卡

在"文本控制"选项组中可设置自动换行、缩小字体填充及合并单元格。

在"方向"选项组中可对单元格中的内容进行任意角度的旋转。

在"从右到左"选项组中可设置文字方向。

通常使表格标题的居中，可以采用先对表格宽度内的单元格进行合并，然后再居中的方法。可以用以下3种方法完成操作：

先选择标题行单元格，选择"水平对齐"和"垂直对齐"下拉列表框中的"居中"选项；选定"合并单元格"复选框，然后单击"确定"按钮。

在"水平对齐"下拉列表框中选择"跨列居中"选项。

单击"开始"功能区中的"合并及居中"按钮。

4．边框的设置

操作步骤如下：

（1）选择"边框"选项卡，如图4-78所示。

（2）选择所需的边框线。

系统提供内、外边框共8种，各边框线可以选择不同的线型（样式）和颜色，可在"线条"区域中的"样式"列表框和"颜色"下拉列表框中设置边框样式、颜色等。

（3）单击"确定"按钮。

5．底纹的设置

设置表格底纹，即设置选定的区域或单元格背景图案。

图4-78 "边框"选项卡

（1）选择"图案"选项卡。

（2）选择一种颜色，单击"图案"下拉列表框，从中选择一种背景图案。

（3）单击"确定"按钮。

4.5.3 条件格式

对单元格使用条件表达式显示特殊数据，即是为单元格指定条件，并根据这些条件将单元格中的数据分为几类，不同类别的数据可以定义不同的显示格式，以方便查看数据。

设置显示条件的方法是：先选中要进行条件格式显示设置的单元格，再单击"开始"功能区中"条件格式"按钮 下方的 ，在弹出选项中进行选择，完成相应的数据格式设置。例如，对期末考试成绩低于 60 分的数据使用红颜色显示，操作步骤如下：

（1）选择数据区域 C3：E22。

（2）单击"开始"功能区中"条件格式"按钮，在下拉列表中选择"突出显示单元格规则"中的"小于(L)…"命令，如图 4-79 所示。

（3）在弹出的"小于"对话框中进行字体颜色的设置，如图 4-80 所示。单击"确定"按钮后可以看到的效果图如 4-81 所示。

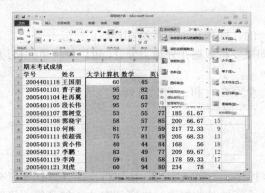

图 4-79 "小于(L)…"命令

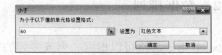

图 4-80 "小于"对话框

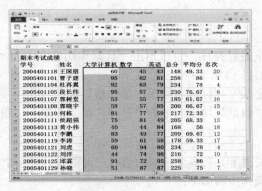

图 4-81 设置条件格式后的效果

设置好的条件格式要进行清除时可以使用"条件格式"菜单选项中的"清除规则"中的"清除所选单元格的规则"命令。

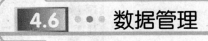

4.6 数据管理

Excel 2010 为用户提供了强大的数据筛选、排序和汇总等功能，利用这些功能可以方便地从数据清单中获取有用的数据，并重新整理数据，让用户按自己的意愿从不同的角度去观察和分析数据，管理好自己的工作簿。

4.6.1 数据清单

一个 Excel 数据清单是一种特殊的表格，是包含列标题的一组连续数据行的工作表。数据清单由两部分构成，即表结构和纯数据。表结构是数据清单中的第一行，即为列标题，Excel 利用这些标题名进行数据的查找、排序及筛选，其他每一行为一条记录，每一列为一个字段；纯数据是数据清单中的数据部分，是 Excel 实施管理功能的对象，不允许有非法数据出现。数据清单的构成与数据库类似。数据清单实质上是一个二维表格，数据清单中的行相当于数据库中的记录，行标题相当于记录名；数据清单中的列相当于数据库中的字段，列标题相当于数据库中的字段名。

建立数据清单时要遵照下述原则：
（1）一个数据表只能建立一个数据清单。
（2）在同一个数据清单中列标题必须是唯一的。同列数据的性质相同。
（3）列标题与纯数据之间不能用空行分开，如果要将数据在外观上分开，可以使用单元格边框线。
（4）纯数据区中不允许出现空行。
（5）数据清单与无关的数据之间至少留出一个空白行和一个空白列。

4.6.2 数据排列

Excel 电子表格可以根据一列或多列的数据排序。对英文字母，按字母次序（默认不区分大小写）排序，汉字可按拼音排序。Excel 2010 提供了多种对数据进行排序的方法，如升序、降序，用户也可以自定义排序方法。

1．简单排序

如果要针对某一列数据进行排序，可以单击"数据"功能区中的"升序"按钮 ↑ 或"降序"按钮 ↓ 进行操作，具体操作步骤如下：
（1）在数据区域中选定某一列标志名称所在单元格。
（2）根据需要，单击"数据"功能区中的"升序"或"降序"按钮。

2．多重排序

当排序的字段（主要关键字）有多个相同的值时，可根据另外一个字段（次要关键字）的内容再排序，依此类推。具体操作步骤如下：
（1）选定工作表，单击"数据"功能区中的"排序"命令按钮 ，将弹出"排序"对话框，如图 4-82 所示。
（2）在"主要关键字"下拉列表框中选择选项，并选中其右侧的"升序"或"降序"单选按钮；如果进行多个条件的排序，可以通过"添加条件"按钮 增加"次要关键字"在"次要关键字"下拉列表框中选择相应选项，并选中其右侧的"升序"或"降序"单选按钮，如图 4-83 所示。

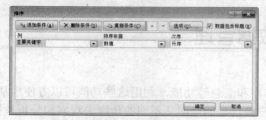
图 4-82 "排序"对话框

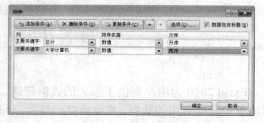
图 4-83 设置了关键字的"排序"对话框

（3）单击"确定"按钮，则工作表中的数据将按指定条件进行排列，排序结果如图 4-84 所示。

图 4-84　"总分"升序与"大学计算机"降序效果图

4.6.3　数据筛选

表格中包含有大量的原始数据，而实际只需要浏览、使用其中部分数据。遇到这种情况，就可以考虑使用筛选功能。Excel 2010 提供了两种筛选命令：自动筛选和高级筛选。自动筛选对单个字段建立筛选，多字段之间的筛选是"逻辑与"的关系，操作简便，能满足大部分要求；高级筛选对复杂条件建立筛选时，要建立条件区域。

1．自动筛选

"自动筛选"一般用于简单的条件筛选，筛选时将不满足条件的数据暂时隐藏起来，只显示符合条件的数据。例如将期末考试成绩中总分在 200 分以上的人员显示出来，其操作步骤是：

（1）选定数据区域中的任意一个单元格。

（2）单击"数据"功能区中的"排序和筛选"功能组的"筛选"命令按钮，可以看到数据区域中的列标题全部变成了下拉列表框，如图 4-85 所示。

（3）选择"数字筛选"菜单中的"大于或等于…"命令，如图 4-86 所示。

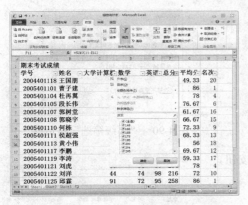

图 4-85　"自动筛选"状态

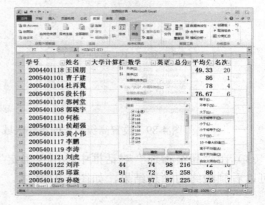

图 4-86　"大于或等于…"命令

（4）在弹出的"自定义自动筛选方式"对话框中输入条件"200"，如图 4-87 所示。

（5）在"自定义自动筛选方式"对话框中单击"确定"按钮，就可以看到最终的筛选结果，如图 4-88 所示。

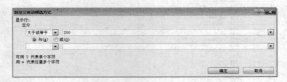

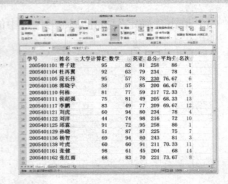

图 4-87 "自定义自动筛选方式"对话框　　　　图 4-88 筛选结果

2. 高级筛选

如果数据区域中的字段较多，筛选的条件也比较多，条件可不同时满足，则可以使用"高级筛选"功能来筛选数据。

要使用"高级筛选"功能，必须先建立一个条件区域，用来指定筛选的数据需要满足的条件。条件区域的第一行是作为筛选条件的字段名，这些字段名必须与数据区域中的字段名完全相同，条件区域的其他行则用来输入筛选条件。同一行上的条件关系为"逻辑与"，不同行之间为"逻辑或"。筛选的结果可以在原数据区域位置显示，也可以在数据区域以外的位置显示。例如将总分在 200 分以上，大学计算机成绩在 90 分以上的筛选出来（在原有数据区中显示筛选结果）。操作步骤如下：

（1）在数据区域的上方空出四行，用于放置数据区域中的各列字段，条件写在相应字段列的下方，如图 4-89 所示。

（2）单击"数据"功能区中的"排序和筛选"组中的"高级"命令按钮 ，打开"高级筛选"对话框，在该对话框中设置列表区域（原有的数据区域：$A$6：$H$26）和条件区域：$A$1：$H$2，如图 4-90 所示。

图 4-89 设置高级筛选的条件区域　　　　图 4-90 "高级筛选"对话框

（3）在"高级筛选"对话框中单击"确定"按钮，就可以看到最终的筛选结果，如图 4-91 所示。

4.6.4 分类汇总

当用户对表格数据或原始数据进行分析处理时，往往需要对其中相同类别的内容进行汇总处理，这就是分类汇

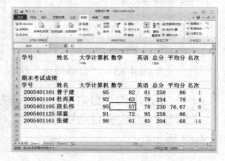

图 4-91 高级筛选的最终结果

总。Excel 2010 提供的"分类汇总"功能将使这项工作变得简单易行，它会自动地插入汇总信息行，不需要人工进行操作。

利用汇总功能并选择合适的汇总函数，用户不仅可以建立清晰、明了的总结报告，还可以在报告中只显示第一层次的信息而隐藏其他层次的信息。

1．分类汇总

"分类汇总"功能可以自动对所选数据进行汇总，并插入汇总行。汇总方式灵活多样，如求和、平均值、最大值、标准方差等，可以满足用户多方面的需求。

需要特别注意的是，在分类汇总之前必须首先按分类字段进行排序。

操作步骤如下：

（1）将数据区域中的数据按分类字段进行排序。

（2）单击"数据"功能区中的"分类汇总"按钮 ，弹出"分类汇总"对话框，如图 4-92 所示。在"分类字段"下拉列表框中选择某一分类的关键字段。

（3）在"汇总方式"下拉列表框中选择汇总方式。

（4）在"选定汇总项"列表中选择汇总项，可指定对其中哪些字段进行汇总。

（5）可根据标出的功能选用对话框底部的 3 个可选项。

（6）设定后单击"确定"按钮，如图 4-93 所示为分类汇总结果示例。

图 4-92　"分类汇总"对话框

图 4-93　分类汇总结果示例

2．删除分类汇总

对数据进行分类汇总后，还可以恢复工作表的原始数据，方法为：对已经进行分类汇总的工作表，单击"数据"功能区中的"分类汇总"按钮，弹出"分类汇总"对话框，单击"全部删除"按钮，就可以将当前的全部分类汇总删除。

4.6.5　数据透视表

分类汇总适合按一个字段进行分类，对一个或多个字段进行汇总。如果要对多个字段进行分类汇总，就需要利用数据透视表来解决问题。

例如，在"公司员工工资表"中，统计各部门各职务的人数，其结果如图 4-94 所示。

本例既要按"部门"分类，又要按"职务"分类，

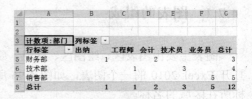

图 4-94　数据透视表统计结果

此时需要使用数据透视表。

操作步骤如下：

（1）选择数据清单中的任意单元格。

（2）单击"插入"功能区中的"表格"组中的"数据透视表"下拉按钮，在下拉菜单中选择"数据透视表"命令，打开"创建数据透视表"对话框。确认选择要分析的数据的范围（如果系统给出的单元格区域选择不正确，用户可用鼠标自己选择单元格区域）及数据透视表的放置位置（可以放在新建表中，也可以放在现有工作表中），然后单击"确定"按钮。此时出现"数据透视表字段列表"任务窗格，把要分类的字段拖入"行标签"区、"列标签"区位置，使之成为数据透视表的行、列标题，将要汇总的字段拖入"数值"区。本例"部门"字段作为行标签，"职务"字段作为列标签，统计的数据项也是"部门"，如图 4-95 所示。在默认情况下，数据项如果是非数字型字段则对其计数，否则求和。

创建好数据透视表后，"数据透视表工具"选项卡会自动出现，它可以用来修改数据透视表。数据透视表的修改主要有以下 3 个方面。

1）更改数据透视表布局

数据透视表结构中行、列、数据字段都可以被更替或增加。将行、列、数据字段移出表示删除字段，移入表示增加字段。

2）改变汇总方式

这可以通过单击"数据透视表工具"功能区中的"选项"中的"计算"组中的"按值汇总"下拉按钮来实现。

3）数据更新

有时数据清单中的数据发生了变化，但数据透视表并没有随之变化。此时，不必重新生成数据透视表，只需单击"数据透视表工具"功能区中的"选项"中的"数据"组中的"刷新"下拉按钮即可。

图 4-95 "数据透视表字段列表"任务窗格

4.7 图表

Excel 图表可以将数据图形化，帮助我们更直观地显示数据，使数据对比和变化趋势一目了然，提高信息整理价值，更准确直观地表达信息和观点。图表与工作表数据相链接，工作表数据改变时，图表也随之更新，反映出数据的变化。

4.7.1 图表的组成

图表主要由图表区、绘图区、标题、数据系列、坐标轴、图例、模拟运算表和三维背景等组成。打开 Excel 2010 的一个图表，如图 4-96 所示，在图表中移动鼠标，在不同的区域停留时会显示鼠标所在区域的名称。

1. 图表区

整个图表及图表中的数据称为图表区，如图 4-96 所示。

选择图表后，窗口的标题栏中将显示"图表工具"选项卡，其中包含"设计""布局"和"格式" 3 个选项卡，如图 4-97 所示。

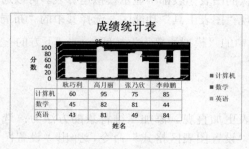

图 4-96　图表

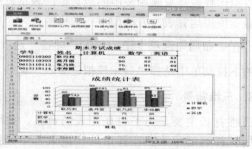

图 4-97　"图表工具"包含 3 个选项卡

2. 绘图区

绘图区主要显示数据表中的数据，数据随着工作表中数据的更新而更新。

3. 标题

Excel 2010 创建图表时会根据表格数据自动生成图表标题，图表的标题是文本类型，默认为居中对齐，用户可以通过单击图表标题进行重新编辑。除了图表标题外还有一种坐标轴标题，坐标轴标题通常表示能够在图表中显示的所有坐标轴。

选择不同的图表类型创建图表后，如果没有标题，还可以添加标题。添加图表标题的方法为：选择图表，在功能区中会出现"图表工具"功能区，单击"标签"选项组中的"图表标题"按钮 下方的下三角按钮 ，在弹出下拉列表中单击一种有标题的布局，即可添加标题，也可以单击标题进行编辑。

4. 数据序列

在图表中绘制的相关数据点，这些数据来自数据的行和列。如果要快速标识图表中的数据，可以为图表的数据添加数据标签，在数据标签中可以显示系列名称、类别名称和百分比。在图表中添加数据标签的方法为：选择图表，在功能区中会出现"图表工具"功能区，选择其中的"布局"选项卡，单击"标签"选项组中的"数据标签"按钮 下方的 ，在弹出的下拉菜单中选择"显示"命令。

5. 坐标轴

坐标轴是界定图表绘图区的线条，用作度量的参照框架。Y 轴通常为垂直坐标轴并包含数据，X 轴通常为水平坐标轴并包含分类。坐标轴都标有刻度值，默认的情况下，Excel 会自动确定图表中坐标轴的刻度值，但也可以自定义刻度，以满足使用需要。在图表中更改坐标轴的方法为：选择图表，在功能区中会出现"图表工具"功能区，选择其中的"布局"选项卡，在"布局"选项卡中选择"坐标轴"选项组中的"坐标轴"下拉列表中选择"主要横坐标轴"选项或"主要纵坐标轴"选项，然后进行选择相应的选项即可。

6. 图例

图例用方框表示，用于标识图表中的数据系列所指定的颜色或图案。创建图表后，图例以默认的颜色来显示图表中的数据系列。设置图例的方法为：在图表中的图例上右击，在弹出的快捷菜单中选择"设置图例格式"菜单命令,弹出"设置图例格式"对话框,或者在选择的图例上用鼠标左键双击,也会弹出"设置图例格式"对话框,从中设置相应的格式,如图4-98所示。

7. 模拟运算表

模拟运算表是反映图表中的源数据的表格,默认的图表一般都不显示模拟运算表。可以通过设置来显示模拟运算表,方法如下:选择图表,会出现"图表工具"功能区,选择其中的"布局"选项卡,在"布局"选项卡中,单击"标签"选项组中的"模拟运算表"按钮 下方的 ,在弹出的下拉菜单中选择"显示模拟运算表"命令。

8. 三维背景

三维背景主要是为了衬托图表的背景,使图表更加直观。添加三维背景的方法为:选择图表,用鼠标右键单击,在弹出的快捷菜单中选择"设置图表区格式"命令,弹出"设置图表区格式"对话框,如图4-99所示,选择"三维格式"选项,然后进行相应的三维格式设置。

图4-98 "设置图例格式"对话框

图4-99 "设置图表区格式"对话框

4.7.2 创建图表

用户要创建图表,可以使用"插入"功能区中的"图表"功能选项组和"图表工具"功能区一起来完成。

创建图表的操作步骤如下:

(1)打开一个工作簿文件,选择生成图表的数据区域,如图4-100所示。

(2)在"插入"功能区中,单击"图表"选项组中的相应的图表类型(如"柱形图"按钮)下方的 ,在弹出的下拉菜单中选择一种具体的图表类型(如柱形图中的簇状圆柱图),在当前工作表中创建一个相应的图表,如图4-101所示。

(3)在"图表工具"功能区中选择"布局"选项卡,单击"标签"选项组中的"图表标题"按钮 下方的三角按钮 ,在弹出的下拉菜单中选择"图表上方"命令,即可在图表的上方插入一个标题,单击"图表标题",将其重命名为"期末考试成绩",如图4-102所示。

(4)在"布局"功能区中,选择"标签"选项组中的"数据标签"按钮,在"数据标签"下拉列表中选择"显示"即可显示数据标签。如果需要改变数据标签的位置,只需要按住鼠标左键拖动数据标签到合适的位置,松开鼠标左键即可,如图4-103所示。

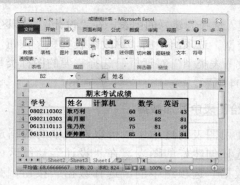

图 4-100　选择数据区域

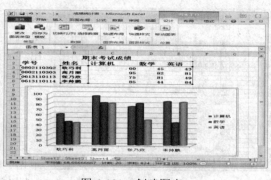

图 4-101　创建图表

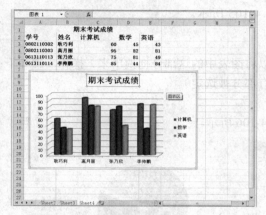

图 4-102　给图表添加标题

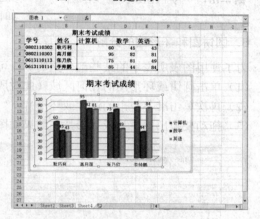

图 4-103　给图表添加数据标签

4.7.3　图表的编辑

如果用户对完成的图表不满意，可对图表进行编辑和修饰。

1．选定图表

在对图表进行编辑之前，必须选定图表，对于嵌入式图表，只需在图表上单击即可；对于图表工作表，只需切换到图表所在的工作表即可。

2．调整图表大小

选择已创建的图表，把鼠标指针移动到图表的边框上，会显示图表控制点，当鼠标指针变成形状时单击并拖动控制点，可以调整图表的大小。

要精确调整图表大小，可以在"格式"功能区中选择"大小"选项组，然后在"高度"和"宽度"微调框中输入图表的高度和宽度值。

3．图表区对象的删除

选定操作对象，直接按【Delete】键即可。

4．更改图表的类型

如果创建图表后发现，创建的图表类型不能很好地反映出工作表中的数据关系，则可以更改图

图 4-104 "更改图表类型"对话框

表的类型。选择创建好的图表，在"设计"功能区中，单击"类型"选项组中的"更改图表类型"按钮，弹出"更改图表类型"对话框，选择需要的图标类型，如图 4-104 所示。

5．给图表中添加数据

在使用图表的过程中，可以对其中的数据进行修改。选择创建好的图表，在"设计"功能区中，单击"数据"选项组中的"选择数据"按钮，弹出"选择数据源"对话框，选择需要添加的数据列或行，如图 4-105 所示。

6．圆饼图和环形图的分解

为了使用图表所表示的某些部分更明显，可以将图表中的这部分拖拽出来。操作步骤如下：
（1）单击圆饼或环形图的任何区域（此时所有部分被选定）。
（2）再次单击准备拉出的饼片或环形片。
（3）拖动要拉出的饼片或环形片，结果如图 4-106 所示。

图 4-105 "选择数据源"对话框

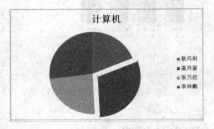

图 4-106 圆饼图拉出饼片或环形片

4.7.4 图表格式化

创建图表后，如果对 Excel 2010 默认的图表格式不满意，用户还可以自己设置图表的格式，对图表进行美化，使图表更加美观。Excel 2010 提供了多种图表格式，直接套用即可快速美化图表。

1．设置图表格式

设置图表的格式是为了突出显示图表，对其外观进行美化。选择图表后，单击"图表样式/设计"功能区中的"其他"按钮 ，在弹出的下拉列表中单击一种合适的样式即可更改图表的显示外观，如图 4-107 所示。

在"格式"选项卡中，单击"形状样式"选项组右下角的 按钮，弹出"设置图表区格式"对话框，或者选择图表，在图表的图标区上用鼠标左键双击，也会弹出"设置图表区格式"对话框，在"设置图表区格式"对话框中可以设置图表的一系列格式，如图 4-108 所示。

2．图表文字格式

为了对图表进行注释，可以为图表中的文字进行美化。选择需要美化的文字，在"格式"功能区中，单击"艺术字样式"选项组中的"其他"按钮 ，在弹出的艺术字样式下拉列表中选择需要的样式，如图 4-109 所示。

第 4 章　电子表格处理软件 Excel 2010

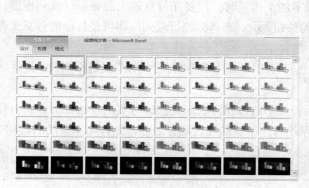

图 4-107　图表样式　　　　　图 4-108　"设置图表区格式"对话框

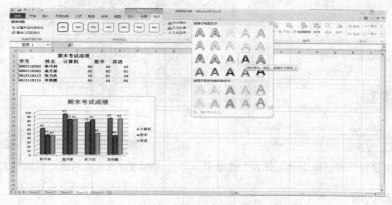

图 4-109　在下拉列表中选择艺术字样式

4.8　打印工作表

工作表数据的输入和编辑完成后，就可将其打印输出了。为了使打印出的工作表准确和清晰，要在打印之前做一些准备工作，如页面设置、页眉和页脚的设置、图片和打印区域的设置等。

4.8.1　选择打印区域

1. 选择打印区域

首先选定要打印的区域，或者以在"打印区域"文本框中输入要打印区域的单元格区域名称，单击"页面布局"功能区中的"页面设置"选项组中的按钮，弹出"页面设置"对话框，选择"工作表"选项卡，如图 4-110 所示，设置相关的选项后单击"确定"按钮即可。结果如图 4-111 所示。

"工作表"选项卡中各按钮和文本框的作用如下：

139

（1）"打印区域"文本框：用于选择工作表中要打印的区域。

（2）"打印标题"区域：当使用内容较多的工作表时，需要在每页的上部显示行或列标题。单击"顶端标题行"或"左端标题行"右侧的按钮 ，选择标题行或列，即可使打印的每页上都包含行或列标题。

（3）"打印"区域：包括"网格线""单色打印""草稿品质""行号列标"复选框以及"批注(M)""错误单元格打印为(E)"下拉列表。

（4）"打印顺序"区域：选择"先列后行"单选按钮，表示先打印每页的左边部分，再打印右边部分。选择"先行后列"单选按钮，表示在打印下页的左边部分之前，先打印本页的右边部分。

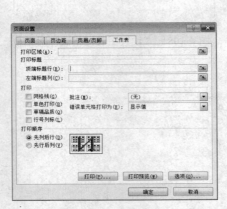 

图 4-110　"页面设置"对话框中"工作表"选项卡　　图 4-111　设置后的"页面设置"对话框

2．取消打印区域

如果想取消工作表中的全部打印区域，在"页面设置"对话框中删除打印区域中的数据区及设置的打印标题。

4.8.2　页面设置

设置好打印区域之后，为了使打印出的页面美观、符合要求，需对打印的页面、页边距、页眉/页脚等许多项目进行设定。这些选项均通过"页面设置"对话框来指定。

单击"页面布局"功能区中"页面设置"选项组中的按钮 ，弹出"页面设置"对话框，如图 4-112 所示。

（1）"页面"选项卡：在"页面"选项卡中设置打印方向"纵向""横向""调整缩放比例"以及设置"纸张大小"等。

（2）"页边距"选项卡：可以设置上、下、左、右页边距大小、页眉页脚与页边距的距离以及表格内容的居中方式。

（3）"页眉/页脚"选项卡：既可以添加系统默认的页眉和页脚，也可以添加用户自定义的页眉和页脚，如图 4-113 所示。

第 4 章 电子表格处理软件 Excel 2010

图 4-112 "页面设置"对话框

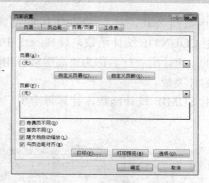

图 4-113 "页眉/页脚"选项卡

4.8.3 打印工作簿

在设置完成所有的打印选项后就可以进行打印,在打印前用户还可以预览一下打印效果。

1. 打印预览

单击"文件"选项卡,在弹出的列表中选择"打印"选项,在窗口的右侧可以看到预览效果,如图 4-114 所示。

单击窗口右下角的"显示边距"按钮 ,可以开启或关闭页边距、页眉和页脚边距以及列宽的控制线,拖动边界和列间隔线可以调整输出效果,如图 4-115 所示。

2. 打印工作簿

用户对打印预览中显示的效果满意后就可进行打印输出,单击"文件"选项卡中的"打印"命令,如图 4-114 所示,在窗口的中间区域设置打印的份数,选择连接的打印机,设置打印的范围和页码范围,以及打印的方式、纸张、页边距和缩放比例等,设置完成单击"打印"按钮 即可。

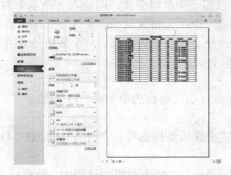

图 4-114 打印预览

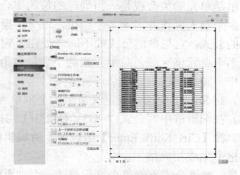

图 4-115 调整边距的打印预览

4.9 Excel 2010 高级应用实例

例如,有"教材订购情况表"(位于 Sheet1 中),如图 4-116 所示,需要进行以下处理。

（1）使用数组公式，计算 Sheet1 中的订购金额，将结果保存到表中的“金额”列中。

（2）使用 COUNTIF 统计函数，对 Sheet1 中的结果按条件进行统计，并将结果保存在表中相应的位置。要求：统计出版社名称为“高等教育出版社”的书的种类数；统计订购数量大于 110 且小于 850 的书的种类数。

（3）使用 SUMIF 统计函数，计算每个用户订购图书所需支付的金额总数，将结果保存在表中的相应位置。

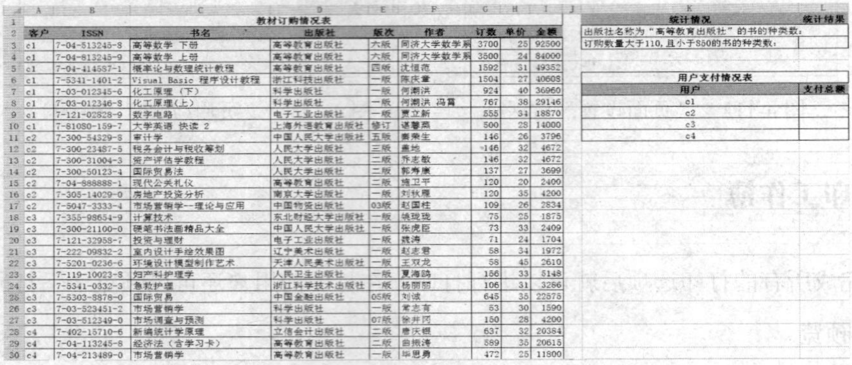

	A	B	C	D	E	F	G	H	I
1	教材订购情况表								
2	客户	ISSN	书名	出版社	版次	作者	订数	单价	金额
3	c1	7-04-513245-8	高等数学 下册	高等教育出版社	六版	同济大学数学系	3700	25	92500
4	c1	7-04-813245-9	高等数学 上册	高等教育出版社	六版	同济大学数学系	3500	24	84000
5	c1	7-04-414587-1	概率论与数理统计教程	高等教育出版社	四版	沈恒范	1592	31	49352
6	c1	7-5341-1401-2	Visual Basic 程序设计教程	浙江科技出版社	一版	陈庆章	1504	27	40608
7	c1	7-03-012345-6	化工原理（下）	科学出版社	一版	何潮洪	924	40	36960
8	c1	7-03-012346-8	化工原理(上)	科学出版社	一版	何潮洪 冯霄	767	38	29146
9	c1	7-121-02828-9	数字电路	电子工业出版社	一版	贾立新	555	34	18870
10	c1	7-81080-159-7	大学英语 快读 2	上海外语教育出版社	修订	谌馨燕	500	28	14000
11	c2	7-300-54329-8	审计学	中国人民大学出版社	五版	秦荣生	146	26	3796
12	c2	7-300-23487-5	税务会计与税收筹划	人民大学出版社	三版	盖地	146	32	4672
13	c2	7-300-31004-3	资产评估学教程	人民大学出版社	二版	乔志敏	146	32	4672
14	c2	7-300-50123-4	国际贸易法	人民大学出版社	二版	郭寿康	137	27	3699
15	c2	7-04-888888-1	现代公关礼仪	高等教育出版社	二版	施卫平	120	20	2400
16	c2	7-305-14029-0	房地产投资分析	南京大学出版社	一版	刘秋雁	120	35	4200
17	c2	7-5047-3333-4	市场营销学--理论与应用	中国物资出版社	03版	赵国柱	109	26	2834
18	c3	7-355-98654-9	计算技术	东北财经大学出版社	一版	饶珑珑	75	25	1875
19	c3	7-300-21100-0	硬笔书法画精品大全	中国人民大学出版社	一版	张虎臣	73	33	2409
20	c3	7-121-32958-7	投资与理财	电子工业出版社	一版	魏涛	71	24	1704
21	c3	7-222-09832-2	室内设计手绘效果图	辽宁美术出版社	一版	赵志君	58	34	1972
22	c3	7-5201-0236-6	环境设计模型制作艺术	天津人民美术出版社	一版	王双龙	58	45	2610
23	c3	7-119-10023-8	妇产科护理学	人民卫生出版社	一版	夏海鸥	156	33	5148
24	c3	7-5341-0332-3	急救护理	浙江科学技术出版社	一版	杨丽丽	106	31	3286
25	c3	7-5303-8878-0	国际贸易	中国金融出版社	05版	刘诚	645	35	22575
26	c3	7-03-523451-2	市场营销学	科学出版社	一版	常志有	53	30	1590
27	c3	7-03-512349-0	市场调查与预测	科学出版社	07版	徐井冈	150	28	4200
28	c4	7-402-15710-6	新编统计学原理	立信会计出版社	二版	唐庆银	637	32	20384
29	c4	7-04-113245-8	经济法（含学习卡）	高等教育出版社	二版	曲振涛	589	35	20615
30	c4	7-04-213489-0	市场营销学	高等教育出版社	一版	毕思勇	472	25	11800

K	L
统计情况	统计结果
出版社名称为“高等教育出版社”的书的种类数：	
订购数量大于110，且小于850的书的种类数：	

用户支付情况表	
用户	支付总额
c1	
c2	
c3	
c4	

图 4-116　教材订购情况表

（4）将 Sheet1 中的数据复制到 Sheet2 中，对 Sheet2 进行高级筛选。要求：筛选条件为“订数>=500，且金额<=30000”，将结果保存在 Sheet2 中。

（5）根据 Sheet1 中的数据，在 Sheet3 中创建一张数据透视表。要求：显示每个客户在每个出版社所订的教材数目，行区域设置为“出版社”，列区域设置为“客户”，计数项为“订数”。

【操作提示】

1. 使用数组公式

数组是单元的集合或是一组处理的值的集合。可以写一个数组公式，即输入一个单个的公式，它执行多个输入操作并产生多个结果，每个结果显示在一个单元格区域中。数组公式可以看成有多重数值的公式，它与单值公式的不同之处在于它可以产生一个以上的结果。一个数组公式可以占用一个或多个单元格区域，数组元素的个数最多为 6500 个。

操作步骤如下：

（1）在 Sheet1 中选定要定义数组的全部单元格区域（填写金额的单元格）I3：I32。

（2）在编辑框中写公式“=G3：G32*H3：H32”。

（3）按【Ctrl+Shift+Enter】组合键，所编辑的公式出现数组标志符号“{}”，同时 I3：I32 列各个单元格中生成相应结果。

注意：数组公式不能单个进行修改，否则系统提示错误。在修改数组的过程中，数组标记“{}”会消失，需重新按【Ctrl+Shift+Enter】组合键。

2. 使用 COUNTIF 统计函数

操作步骤如下：

（1）在 Sheet1 的 L2 单元格中输入公式“=COUNTIF(D3：D32,“高等教育出版社”)”，完毕后按【Enter】键生成统计结果。

（2）在 Sheet1 中选中 L3 单元格。

（3）输入公式“=COUNTIF(G3：G32,“>110”)- COUNTIF(G3：G32,“>850”)”，完毕后按【Enter】

键生成统计结果。

注意：在 COUNTIF 函数中，如果使用条件表达式需要用双引号将其引起。一个 CONTIF 函数不能同时使用两个表达式，如 L3 中的两个条件关系需转化为两个 COUNTIF 函数计算。

3．使用 SUMIF 统计函数

操作步骤如下：

（1）在 Sheet1 的 L8 单元格中输入公式"=SUMIF(A3：A32,"c1",I3：I32)"，完毕后按【Enter】键生成统计结果。

（2）在 Sheet1 的 L9 单元格中输入公式"=SUMIF(A3：A32,"c2",I3：I32)"，完毕后按【Enter】键生成统计结果。

（3）在 Sheet1 的 L10 单元格中输入公式"=SUMIF(A3：A32,"c3",I3：I32)"，完毕后按【Enter】键生成统计结果。

（4）在 Sheet1 的 L11 单元格中输入公式"=SUMIF(A3：A32,"c4",I3：I32)"，完毕后按【Enter】键生成统计结果。

计算后的"教材订购情况表"如图 4-117 所示。

4．高级筛选

操作步骤如下：

（1）在 Sheet1 中选定单元格区域 A2：I32，复制粘贴到 Sheet2 中。

（2）在 Sheet2 的 K1：L2 单元格区域输入高级筛选条件，其中 K1 中为"订数"，L1 中为"金额"，K2 中为">=500"，L2 中为"<=30000"。

（3）单击"数据"功能区的"排序和筛选"组中的"高级"按钮，打开"高级筛选"对话框。选中"在原有区域显示筛选结果"单选按钮，确认给出的列表区域是否正确，如果不正确，可以单击"列表区域"文本框右侧的折叠对话框按钮，用鼠标在工作表中重新选择后单击按钮返回；然后单击"条件区域"文本框右侧的按钮，用鼠标在工作表中选择条件区域后单击按钮返回。高级筛选的结果如图 4-118 所示。

图 4-117 计算后的"教材订购情况表"

图 4-118 高级筛选的结果

5. 创建数据透视表

操作步骤如下：

（1）单击 Sheet1 中的任意单元格。

（2）单击"插入"功能区中的"表格"组中的"数据透视表"下拉按钮，在下拉菜单中选择"数据透视表"命令，打开"创建数据透视表"对话框，确认选择要分析的数据范围及数据透视表的放置位置（此处选择"新工作表"单选按钮），然后单击"确定"按钮。此时出现"数据透视表字段列表"任务窗格，把要分类的"出版社"字段拖入"行标签"区，将"客户"字段拖入"列标签"区，将要汇总的字段"订数"拖入"数值"区，得到如图 4-119 所示的数据透视表。

（3）根据案例要求，将工作簿中的 Sheet3 删除，将数据透视表所在的当前工作表 Sheet4 重命名为 Sheet3，最后将整个工作簿保存。

例如，有"停车情况记录表"（位于 Sheet1），如图 4-120 所示，需要进行以下处理。

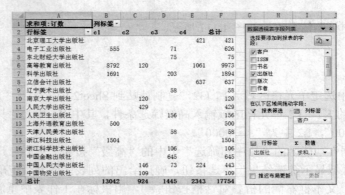

图 4-119 创建数据透视表

图 4-120 停车情况记录表

（1）使用 HLOOKUP 函数，对 Sheet1 中的停车单价进行自动填充。要求：根据 Sheet1 中的"停车价目表"价格，利用 HLOOKUP 函数对"停车情况记录表"中的"单价"列根据不同的车型进行自动填充。

（2）在 Sheet1 中，计算汽车在停车库中的停放时间。要求：公式计算方法为"出库时间-入库时间"，格式为"小时：分钟：秒"（如 1 小时 15 分钟 12 秒在"停放时间"列中的表示为"1：15：12"）。

（3）根据停放时间的长短计算停车费用，将计算结果填入到"应付金额"列中。要求：停车按小时收费，对于不满1小时的按照1小时计费；对于超过整点小时数15分钟的多累计1小时（如1小时23分，将以2小时计费）。

（4）使用统计函数，对Sheet1中的"停车情况记录表"根据条件进行统计。要求：统计停车费用大于等于40元的停车记录条数；统计最高的停车费用。

（5）根据Sheet1，创建一个数据透视图Chart1。要求：显示各种车型所收费用的汇总，轴字段设置为"车型"，图例字段设置为"应付金额"，计数项为"应付金额"，将数据透视图及对应的数据透视表保存在Sheet3中。

【操作提示】

1. 使用HLOOKUP函数

操作步骤如下：

（1）在Sheet1中选中C7单元格，输入公式"=HLOOKUP(B7：B37,$A$2：$C$3,2,FALSE)"，完毕后按【Enter】键确认。

（2）拖动C7单元格右下角的填充柄到单元格C37，用公式的自动填充功能生成全部价格。

2. 计算时间

操作步骤如下：

（1）在Sheet1中选中F7单元格，输入公式"=E7-D7"，完毕后确认。

（2）拖动F7单元格右下角的填充柄到单元格F37，用公式的自动填充功能生成停车时间。

3. 使用时间函数

操作步骤如下：

（1）在Sheet1中选中G7单元格。

（2）输入公式"=IF(MINUTE(F7)>15,(HOUR(F7)+1)*C7,HOUR(F7)*C7)"，完毕后按【Enter】键确认。

（3）拖动G7右下角的填充柄到单元格G37，利用公式的自动填充功能生成停车应付金额。

4. 使用统计函数

操作步骤如下：

（1）在Sheet1中选中J7单元格，输入公式"=COUNTIF(G7：G37,">=40")"，完毕后按【Enter】键确认。

（2）选中J8单元格，输入公式"=MAX(G7：G37)"，完毕后按【Enter】键确认。

计算后的"停车情况记录表"如图4-121所示。

操作步骤如下：

（1）在Sheet1中选定任意单元格。

（2）单击"插入"功能区中的"表格"组中的"数据透视表"下拉按钮，在下拉菜单中选择"数据透视图"命令，打开"创建数据透视表及数据透视图"对话框。确认选择要分析的数据范围为A6：G37，数据透视表的放置位置为"新工作表"，单击"确定"按钮，出现"数据透视表字段列表"任务窗格。把要分类的"车型"字段拖入"轴字段（分类）"区，将"应付金额"字段拖入"图例字段（系列）"区，将要汇总的字段"应付金额"拖入"数值"区。此时，生成了数据透视图和数据透视表，如图 4-122 所示。

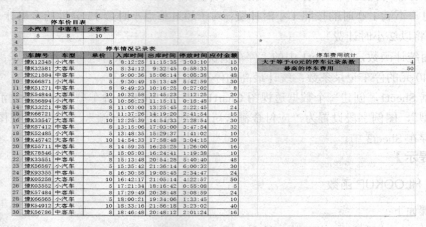

图 4-121　计算后的"停车情况记录表"

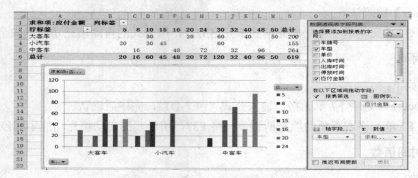

图 4-122　数据透视图和数据透视表

（3）根据案例要求，将工作簿中的 Sheet3 删除，将数据透视表所在的工作表 Sheet4 重命名为 Sheet3，最后将整个工作簿保存。

注意：可以通过数据透视表直接建立相应的数据透视图。方法是单击数据透视表，出现"数据透视表工具"选项卡，在"选项"中的"工具"选项组中单击"数据透视图"按钮，打开"插入图表"对话框，选择合适的图表插入即可。

习题 4

1. 请按照以下要求对 Excel 文档进行编辑、排版和图形制作。

（1）在 Sheet1 中制作如图 4-123 所示的表格。在表的第 1 行输入标题"商品销售统计表"，将标题设置为华文彩云、加粗、16 号，标题要求合并单元格（在一行内合并多列，且两端与数据表对齐），居于表的中央（水平和垂直两个方向均居中）。增加表格线（包括标题），第 1 列单元格底纹为浅绿色。

（2）统计每种商品在各地销售量的合计值，要求必须使用公式或函数计算。

（3）计算出每种商品在各地的平均销量，要求必须使用公式或函数计算，保留 1 位小数。

(4) 选定"商品名称""许昌""开封""洛阳""南阳"5 列所有内容绘制簇状柱形图，分类（X）轴标题为"商品名称"，图表标题为"商品销售统计表"。

商品销售统计表						
商品名称	许昌	开封	洛阳	南阳	合计	平均销量
电视机	600	300	500	450		
冰箱	260	100	200	150		
电脑	180	100	300	200		
摄像机	60	40	50	50		

图 4-123　商品销售统计表

2．请按照以下要求对 Excel 文档进行数据管理操作。

（1）建立如图 4-124 所示的工作表。

（2）对订阅记录按"季/月"字段进行升序排序，"季/月"字段相同时则按"份数"字段降序排序。

（3）筛选出订阅"读者"的数据记录。

（4）采用 Excel 的高级筛选功能，筛选出订阅"许昌晨报"且份数大于 2 的记录。

（5）按订阅报刊的单位，对所订阅报刊的"总价"进行分类汇总求和。

报刊订阅表						
代号	名称	单价	季/月	份数	总价	单位
RMRB	人民日报	15	12月	2	360	团委
RZ	读者	4	12月	1	48	工会
JSJSJ	计算机世界	8	4季	1	32	团委
XCCB	许昌晨报	20	12月	2	480	党政办
RZ	读者	4	12月	2	96	资料室
RMRB	人民日报	15	12月	3	540	党政办
HNRB	河南日报	5	12月	2	120	党政办
XCCB	许昌晨报	20	12月	10	2400	生产车间
QNWZ	青年文摘	4	12月	6	288	工会
XCCB	许昌晨报	20	12月	5	1200	工会

图 4-124　报刊订阅表

第 5 章 演示文稿 PowerPoint 2010

学习目标

- 理解 PowerPoint 2010 的基本功能、特点。
- 掌握创建、保存、编辑、操作、放映演示文稿的方法。
- 掌握演示文稿打包的方法。
- 掌握打印演示文稿的方法。
- 了解演示文稿类型转换以及发布等方法。

5.1 PowerPoint 2010 演示文稿概述

如何让需要发布的信息生动、简洁、明了,而又能产生强烈的感染力,成为信息交流中的关键问题。本章介绍对象 PowerPoint 2010(以下简称 PowerPoint)是由微软公司开发的 Office 2010 组件之一,是一种制作电子演示文稿的软件,它的基本功能是创建、浏览、修改和演示电子演示文稿。幻灯片是演示文稿的基本组成单元,用户将要演示的全部信息都以幻灯片为单位组织起来,在计算机屏幕或通过投影的方式在大屏幕上放映。PowerPoint 2010 较以前版本增加了新的切换方式和动画效果,并增强了多媒体支持、网络放映等功能,它将文字、图形、图像、声音、视频剪辑及动画等多媒体元素融为一体,赋予信息强大的感染力,是目前制作演示文稿最受欢迎的软件之一。此外,PowerPoint 2010 可使您与其他人员同时工作或联机发布演示文稿并使用 Web 或 Smartphone 访问它。

5.1.1 PowerPoint 2010 的启动与退出

1. PowerPoint 2010 的启动

启动 PowerPoint 常用的方法有以下几种:

(1) 单击"开始"按钮,选择"所有程序"→"Microsoft Office"→"Microsoft PowerPoint 2010"命令。

(2) 双击桌面上已有的"Microsoft PowerPoint 2010"的快捷方式。

(3) 双击已有的 PowerPoint 演示文稿(扩展名为.pptx)。

2. PowerPoint 2010 的退出

Power Point 退出的方法有以下几种：
（1）单击 PowerPoint 窗口标题栏右端的"关闭"按钮。
（2）单击 PowerPoint 窗口"文件"菜单，选择"退出"命令。
（3）双击 PowerPoint 窗口标题栏的控制图标。
（4）单击 PowerPoint 窗口标题栏的控制图标，选择"关闭"命令。
（5）按快捷键【Alt+F4】。

5.1.2 PowerPoint 工作窗口介绍

PowerPoint 2010 的工作界面由"快速访问"工具栏、标题栏、"文件"选项卡、功能选项卡和功能区、"大纲/幻灯片"窗口、"幻灯片编辑"窗口、状态栏和视图栏等部分组成，如图 5-1 所示。

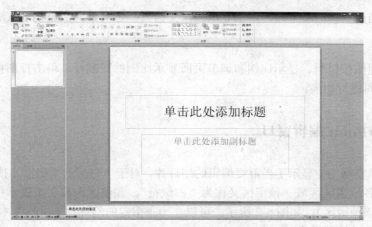

图 5-1　PowerPoint 工作界面

1．"快速访问"工具栏

"快速访问"工具栏位于标题栏左侧，它包含了一些 PowerPoint 2010 最常用的工具按钮，如"保存"按钮、"撤销"按钮和"恢复"按钮等；单击快速访问栏右侧的下拉按钮，在弹出的菜单中可以自定义快速访问栏中的命令。

2．标题栏

标题栏位于"快速访问"工具栏的右侧，主要显示正在使用的文档名称、程序名称及窗口控制按钮等。

3．"文件"选项卡

PowerPoint 2010 中的"文件"选项卡取代了 PowerPoint 2007 中的"Office"按钮。单击"文件"选项卡后，会显示一些基本命令，包括"保存"、"另存为"、"打开"、"新建"、"打印"、"选项"及一些其他命令。

4．功能选项卡和功能区

功能选项卡和功能区位于"快速访问"工具栏的下方，单击其中的一个功能选项卡，可打开相应的功能区。功能区由工具选项组组成，用来存放常用的命令按钮或列表框等。除了"文件"选项卡，还包括了"开始"、"插入"、"设计"、"转换"、"动画"、"幻灯片放映"、"审阅"、"视图"和"加载项"9个选项卡。

5."大纲/幻灯片"窗口

"大纲/幻灯片"窗口位于"幻灯片编辑"窗口的左侧，用于显示当前演示文稿的幻灯片数量及位置，包括"大纲"和"幻灯片"两个选项卡，单击选项卡的名称可以在不同的选项卡之间切换。

如果仅希望在编辑窗口中观看当前幻灯片，可以将"大纲/幻灯片"窗口暂时关闭。在编辑中，通常需要将"大纲/幻灯片"窗口显示出来。单击"视图"功能区的"演示文稿视图"选项组中的"普通视图"按钮，即可恢复"大纲/幻灯片"窗口。

6."幻灯片编辑"窗口

"幻灯片编辑"窗口位于工作界面的中间，用于显示和编辑当前的幻灯片。

7. 状态栏

状态栏位于当前窗口的最下方，用于显示当前文档页、总页数、字数和输入法状态等。

8. 视图栏

视图栏包括视图按钮组、显示比例和调节页面显示比例的控制杆。单击视图按钮组的按钮，可以在各种视图之间进行切换。

5.1.3　PowerPoint 编辑窗口

在幻灯片编辑窗格中，显示了当前要编辑的幻灯片，对于"空演示文稿"，幻灯片是空白的，并以虚线框表示出各预留区区域（预留区又称为"占位符"，预留区内有文本提示信息，文本提示告诉用户如何利用该预留区），如图 5-2 所示。可以在一张指定的幻灯片上进行文本录入、改变布局、插入对象、创建超链接等操作。

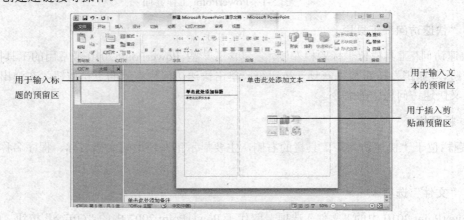

图 5-2　PowerPoint 编辑窗口

5.1.4　视图方式

PowerPoint 提供了 3 种基本视图方式，即普通视图、幻灯片浏览视图和幻灯片阅读视图。

（1）普通视图方式：在这种视图方式下，编辑窗口中除幻灯片编辑窗格外，还包括了大纲、幻灯片、备注 3 种视图窗格，如图 5-3 所示。

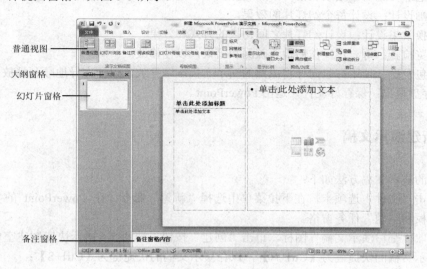

图 5-3 PowerPoint 窗口组成

幻灯片窗格：是幻灯片缩略显示，便于幻灯片进行定位、复制、移动、删除等操作。

大纲窗格：可组织演示文稿中的内容框架，可以使用"大纲"工具栏中的"降级"按钮、"升级"按钮等，制作不同级别的标题和正文，从而使演示文稿具有层次结构。

备注页窗格：可以为演示文稿创建备注页。备注页主要是供报告人自己看的，用于写入在幻灯片中没列出的其他重要内容，以便于演讲之前或讲演过程中查阅。每张幻灯片都有一个备注页。在这种视图方式中，可以输入和编辑文字及图表，就如同在普通视图方式中一样。

（2）幻灯片浏览视图方式：在这种视图方式下，幻灯片缩小显示，因此在窗口中可同时显示多张幻灯片，同时可以重新对幻灯片进行快速排序，还可以方便快捷地增加或删除某些幻灯片。在该视图方式下，双击某一幻灯片，即可在普通视图中打开此幻灯片。

（3）幻灯片阅读视图方式：在这种视图方式下，可以全屏阅读幻灯片内容。

如果用户要切换视图方式，可单击"视图"菜单，选择相应的命令。有些视图方式可使用相应的视图切换按钮。

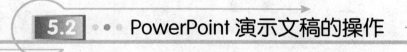

5.2　PowerPoint 演示文稿的操作

在 PowerPoint 中，最基本的工作单元是幻灯片。一个 PowerPoint 演示文稿由一张或多张幻灯片组成，幻灯片又由文本、图片、声音、表格等元素组成。

PowerPoint 演示文稿制作流程大致如下：

（1）开始：启动 PowerPoint，创建或打开已有的演示文稿。

（2）选模板：根据所涉及文稿的主题，从模板中选择符合的模板。

（3）定版式：根据内容，自定义或者从系统提供的自动版式中选定所需的布局方案。

(4) 内容编辑：输入内容，确定格式。
(5) 其他媒体编辑：绘制表格，添加制作图形，组织结构图，声音和视频等。
(6) 动画设计：设计每个幻灯片的效果。
(7) 切换效果设计：设计幻灯片之间切换的方式和效果。
(8) 预览检查：每一步操作后检查疏漏和错误，以便修改。
(9) 打包发送：使用打包向导将成熟的演示文稿压缩存放，以便在异地顺利播放。
(10) 存盘退出：保存好文件，退出 PowerPoint。

5.2.1 新建演示文稿

创建新的演示文稿方法如下：

(1) 单击"文件"选项卡，在下拉菜单中选择"新建"命令，在 PowerPoint 的主窗口右侧显示"可用模板和主题"任务窗格。

(2) 选取"空白演示文稿"图标，单击"创建"按钮，如图 5-4 所示快速创建空白文档。

新建演示文稿的快捷键为【Ctrl+N】，保存演示文稿的快捷键为【Ctrl+S】；

(3) 利用 PowerPoint 2010 还可以使用模板创建演示文档。单击"文件"选项卡，在下拉菜单中选择"新建"选项，在"可用模板和主题"列表中单击任意一种模板后，单击"创建"按钮，即可创建模板文档，设计模板可以为演示文稿提供设计完整、专业的外观。

"开始"选项卡在此提供了"版式"选项组，用户可以从中选择所需的主题：标题幻灯片、标题和内容、节标题、两栏内容、比较、仅标题、空白、内容与标题、图片与标题、标题和竖排文字、垂直排列标题与文本，如图 5-5 所示。

在选择包含了"内容"的版式后，幻灯片中会出现一个或者多个小图框，包括 6 个选项，即插入表格、插入图表、插入 SmartArt 图形、插入来自文件的图片、剪贴画、插入媒体剪辑。单击"内容版式"框中的按钮就可以插入相应的内容类型。

(4) 在"文件"选项卡"新建"选项组中单击"根据现有内容新建"图标，打开"根据现有演示文稿新建"对话框。选择或输入演示文稿名，单击"创建"按钮，创建与所选择的演示文稿内容相同的新演示文稿。

图 5-4 "新建演示文稿"任务窗格

图 5-5 版式样式

演示文稿的保存和打开

其操作方法与 Word 类似。

5.2.2 幻灯片的基本操作

在普通视图的幻灯片窗格和幻灯片浏览视图中可以进行幻灯片的选定、查找、添加、删除、移动和复制等操作。

1. 选定幻灯片

在对幻灯片进行操作之前，先要选定幻灯片。选定幻灯片常用的方法有：

单击相应幻灯片（或幻灯片编号），可选定该幻灯片。

在按住【Ctrl】键的同时单击相应幻灯片（或幻灯片编号），可以选定多张幻灯片。

单击要选定的第一张幻灯片，按住【Shift】键的同时单击要选定的最后一张幻灯片，可以选定多张连续的幻灯片。

按下【Ctrl+A】键，可以选定全部幻灯片。

若要放弃被选定的幻灯片，则单击幻灯片以外的任何空白区域即可。

2. 查找幻灯片

通常使用以下几种方法查找幻灯片：

单击垂直滚动条下方的"下一张幻灯片"或"上一张幻灯片"按钮，可将上一张或下一张幻灯片作为当前幻灯片。

按【PgDn】键或【PgUp】键可选定上一张或下一张幻灯片（或幻灯片编号）。上、下拖曳垂直滚动条中的滑块，可快速定位到其他幻灯片。

3. 添加新幻灯片

打开一个新演示文稿后，用户可以根据自己的需要添加新幻灯片。操作步骤如下：

（1）定位插入点。

（2）单击"开始"功能区的"新建幻灯片"按钮，或在光标定位点单击右键，选择"新建幻灯片"命令。

（3）选择一种幻灯片版式。输入幻灯片内容。

4. 删除幻灯片

操作步骤如下：

（1）选定要删除的幻灯片。

（2）按【Delete】键。

5. 复制和移动幻灯片

使用复制、剪切和粘贴功能，可以对幻灯片进行复制和移动，操作步骤如下：

（1）选定要复制或移动的幻灯片。

（2）单击"开始"功能区中"剪贴板"选项组中的"复制"或"剪切"按钮。

（3）定位插入点。

（4）单击"开始"，功能区中"剪贴板"选项组中的"粘贴"按钮。

5.2.3 幻灯片文本的输入、编辑及格式化

在 PowerPoint 中，编辑幻灯片内容在普通视图方式下进行。

1. 文本的输入

编辑演示文稿时，若不选择"空白"版式，一般在每一张幻灯片上都有一些虚线方框，它们是各种对象的占位符。单击相应的提示处，在工作窗口中会出现一个文本框，即可输入文字或插入对象。

若用户希望自己设置幻灯片的布局，在创建演示文稿时，选择了"空白"版式，或需在占位符之外添加文本，在输入文字之前，必须先添加文本框。操作步骤如下：

（1）在"插入"功能区，选择"文本框"选项组中的"横排文本框"或"垂直文本框"命令。
（2）在幻灯片上，拖动鼠标添加文本框。也可直接单击"格式"功能区中的"文本框"或"垂直文本框"按钮，拖动鼠标添加文本框。
（3）单击文本框，输入文本。

2. 文本的编辑

在 PowerPoint 中对文本进行删除、插入、复制、移动等操作，与 Word 操作方法类似。
注意：在 PowerPoint 中只有插入状态，不能通过 Insert 键从插入状态切换为改写状态。

3. 文本的格式化

文本字体格式化包括字体、字形、字号、颜色及效果（效果又包括下画线、上/下标、阴影、阳文等）。

选定要设置的文本，单击"开始"功能区中相关的按钮。操作方法与 Word 相同。

单击"格式"功能区"段落"选项组右下角的"对话框"按钮，在弹出来的"段落"对话框中，可设置对齐方式、缩进、行距、段前、段后等。

4. 增加或删除项目符号和编号

在默认情况下，在幻灯片上各层次小标题的开头位置上会显示项目符号（如"●"），以突出小标题层次。

单击"开始"功能区的"项目符号"选项组中的"编号"的下拉按钮，可在显示的"项目符号和编号"对话框中进行设置（如是否使用项目符号或编号，采用什么样式的符号或编号、颜色、大小等）。

5.2.4 图形/影片和声音/视频的编辑

图形对象和图片是 PowerPoint 演示文稿中最常用的两种基本类型。图形包括自选图形、曲线、线条、任意多边形和艺术字等；图片是通过其他文件创建的图形，它们包括位图、扫描图片、照片、剪贴画等。PowerPoint 在幻灯片上插入图片、图形和艺术字等方法与 Word 相似。

PowerPoint 提供了在幻灯片放映时播放声音、音乐和影片的功能。制作时可在幻灯片中插入声音和视频信息，增强幻灯片的演示效果。

1. 插入声音或音乐

操作步骤如下：

（1）选定要操作的幻灯片。

（2）单击"插入"功能区"媒体"选项组中的"音频"按钮，在弹出的下拉列表中选择所需命令选项。

若使用"剪贴画音频"中的声音或音乐，可以从级联菜单中选择"剪贴画音频"命令，打开"剪贴画"任务窗格，可以从声音文件列表框中选择所需要的声音文件，或者可以在"搜索文字"文本框中输入声音文件的类型，这样可以快速找到某一类别的声音文件，缩小了查找文件的范围。

若要使用已有的声音文件，可以从级联菜单中选择"文件中的音频"命令，在"插入声音"对话框中选择所需的声音文件。

若要录制声音，可以从级联菜单中选择"录制音频"命令。

2．插入影片和声音

操作步骤如下：

（1）选定欲操作的幻灯片。

（2）单击"插入"功能区中的"视频"按钮。

若使用"剪辑库"中的视频，选择"剪贴画视频"命令，打开"剪贴画"任务窗格，从该窗格的列表框中选定所需的视频文件。

若要使用已有的视频，选择"文件中的视频"命令，在"插入影片"对话框中选择所需的影片文件。

若要使用网站上的视频，选择"来自网站的视频"命令，在"从网站插入视频"对话框中输入网站视频地址。

5.2.5 插入 Excel 表格/Word 表格

制作表格幻灯片可以直接利用 PowerPoint 中的表格模块，也可以利用 Word 或 Excel 中已有的表格。此处简要介绍如何利用 Word 或 Excel 中已有的表格制作表格幻灯片。

1．插入 Word 表格

在 PowerPoint 中，可以直接使用 Word 中已经建好的表格，这样的表格可以是整个表格也可以是表格中的一部分。具体操作步骤如下：

（1）启动 Word 并打开要使用的表格文档，然后选择整个表格或表格的一个部分。

（2）单击"开始"功能区的"剪贴板"选项组中的"复制"按钮。

（3）切换到 PowerPoint 窗口中要使用表格的幻灯片上。

（4）单击"开始"功能区的"剪贴板"选项组中的"粘贴"按钮。

执行了以上操作之后，原来的表格即出现在幻灯片上。单击表格之后会在表格的边缘出现 8 个句柄，这时只能改变表格的大小和位置，而不能对表格中的文本和单元格进行编辑和格式化。

2．插入 Excel 工作表

在 PowerPoint 中除了可以使用 Word 表格，也可以把 Excel 工作表复制到演示文稿中。与复制 Word 表格的过程相似，可以将已存在的工作表或工作表中的部分数据复制到 PowerPoint 演示文稿中。具体操作步骤如下：

（1）启动 Excel，打开要使用的工作簿中的工作表，选定想要复制的单元格范围。

（2）单击"开始"功能区的"剪贴板"选项组中的"复制"按钮。

（3）切换到 PowerPoint 中，并显示要放置工作表的幻灯片。

（4）单击"开始"功能区的"剪贴板"选项组中的"粘贴"按钮。

说明：当决定选用 Word 表格还是 Excel 工作表时，主要考虑的是处理数字还是文本。如果数字计算多于文本，最好使用 Excel 工作表；如果文本多于数字，则应使用 Word 表格。

3. 插入图表

利用 Word 或 Excel 中已有的图表制作图表幻灯片的方法类似于利用 Word 或 Excel 中已有的表格制作表格幻灯片。

编辑完一张幻灯片后，可以插入另一张新的幻灯片，继续编辑。

5.2.6 幻灯片整体框架更改

通常要求一个演示文稿中所有幻灯片具有统一的外观，如背景图案、标题字形、标头形式、标志等，为此 PowerPoint 提供了 3 种常用的方法：设计模板、母版和配色方案。

1. 使用演示文稿模板

在 PowerPoint 中，模板是一种特殊的演示文稿，它可以为被编辑演示文稿中所有幻灯片制作统一的颜色设置、总体布局等。模板是控制演示文稿统一外观最好、最快捷的一种手段。PowerPoint 提供了多种已有模板，用户也可根据自己的需要创建新模板，模板文件的扩展名为 pot。除了可在开始编制文稿时使用模板外，也可在编辑过程中或文稿编辑完成后使用模板，操作步骤如下：

选择需要设置主题颜色的幻灯片，单击"设计"功能区的"主题"选项组右侧的下拉按钮，在打开的"主题"列表中可以选择更多的主题效果样式，所选择的主题模板将会直接应用于当前幻灯片，如图 5-6 所示。

图 5-6 主题

2. 自定义模板

为了使幻灯片更加美观，用户除了使用 PowerPoint 模板外，还可以通过自定义模板来实现特殊效果。设定完专用的主题效果后，可以单击"设计"功能区的"主题"选项组右侧的下拉按钮，在下拉菜单中选择"保存当前主题"命令。保存的主题效果可以多次引用，不需要用一次设置一次。

PowerPoint 自带了一些字体样式，如果这些字体样式还不能满足需求，用户还可以自定义其他字体效果，以便将来再次使用。

单击"主题"项组中的"字体"按钮，在弹出的下拉列表中选择"新建主题字体"命令，从中可自行选择适当的字体效果，设置完毕单击"保存"按钮，即可完成自定义字体的操作，如图 5-7 所示。

3. 设置背景

PowerPoint 2010 自带多种背景样式，用户可根据需要挑选使用，具体的操作步骤如下：
（1）单击"文件"功能区中的"新建"按钮。
（2）在"可用模板和主题"中选择"样本模板"中的"PowerPoint 2010 简介"。
（3）单击"创建"按钮，如图 5-8 所示。

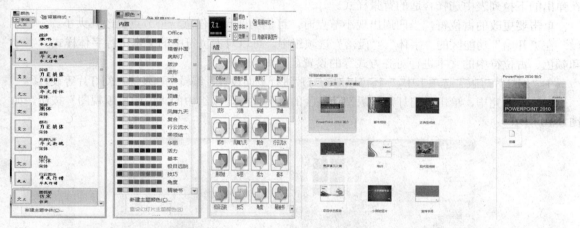

图 5-7　字体、颜色、效果选项　　　　　　　图 5-8　样本模板

所选的背景样式会直接应用于所有幻灯片，选择幻灯片后，单击"设计"功能区的"背景"选项组中的"背景样式"按钮，在弹出的下拉列表中选择一种样式，如果当前下拉列表中没有合适的背景样式，可以选择"设置背景格式"选项。在弹出的"设置背景格式"对话框，在"填充"面板"预设颜色"下拉列表中选择

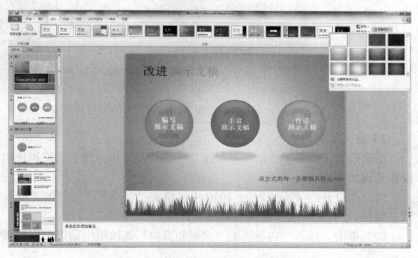

图 5-9　自定义背景样式应用到当前幻灯片

一种预设选项，然后单击"关闭"按钮，自定义的背景样式就会被应用到当前幻灯片，如图 5-9 所示。

4．使用母版

母版分为幻灯片母版、备注母版和讲义母版，其中幻灯片母版较为常用。

1）幻灯片母版

幻灯片母版是指具有特殊用途的幻灯片，用来设置演示文稿中所有幻灯片的文本格式，如字体、字形或背景对象等。通过修改幻灯片母版，可以统一修改文稿中所有幻灯片的文本外观。当幻灯片母版修改以后，PowerPoint 会自动更新已有幻灯片格式。

注意：通过文本框按钮添加的文本外观不受母版支配。

操作步骤如下：

（1）单击"视图"功能区的"母版视图"选项组中的"幻灯片母版"按钮，屏幕将显示出当前演示文稿的幻灯片母版。

（2）编辑幻灯片母版。幻灯片母版类似于其他一般幻灯片，用户可以在其上面添加文本、图形、边框等对象，也可以设置背景对象。以下仅介绍几种常用的编辑方法：

改变母版的背景效果，在"幻灯片母版"功能区的"背景"选项组中单击"背景样式"按钮，在弹出的下拉列表中选择合适的背景样式。

单击要更改的占位符，当四周出现小节点时，可拖动四周的任意一个节点更改其大小。

在"开始"功能区的"字体"、"段落"选项组中，可以对占位符中的文本进行字体样式、字号和颜色、占位符中的文本进行对齐方式等的设置。

在"幻灯片母版"选项卡中，还可以对幻灯片进行页面设置、编辑主题及插入幻灯片等设置。

（3）设置完毕，单击"幻灯片母版"功能区的"关闭"选项组中的"关闭母版视图"按钮，如图 5-10 所示。

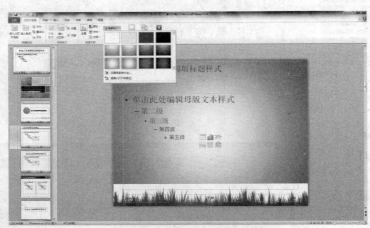

图 5-10 设置后的幻灯片母版

2）讲义母版

讲义母版可以将多张幻灯片显示在一张幻灯片中，便于预览和打印输出。设置讲义母版的具体操作步骤如下：

（1）在打开的 PowerPoint 2010 中，单击"视图"功能区的"母版视图"选项组中的"讲义母版"按钮，"讲义母版"选项卡如图 5-11 所示。

（2）单击"插入"功能区的"页眉和页脚"选项组中的"页眉和页脚"按钮，在弹出的"页眉和页脚"对话框中单击"备注和讲义"选项卡。

(3) 为当前讲义母版添加页眉和页脚，然后单击"全部应用"按钮，如图 5-12 所示，新添加的页眉和页脚就会显示在编辑窗口中。

图 5-11   "讲义母版"选项卡

图 5-12   "页眉和页脚"的"全部应用"按钮

3）备注母版

备注母版主要用于显示幻灯片中的备注，可以是图片、图表或表格等。设置备注母版的具体操作步骤如下：

(1) 在打开的 PowerPoint 2010 中，单击"视图"功能区的"母版视图"选项组中的"备注母版"按钮，如图 5-13 所示。

(2) 选择备注文本区的文本，在弹出的菜单中，用户可以设置文字的大小、颜色和字体等。

(3) 设置完成后，单击"备注母版"选项卡中的"关闭母版视图"按钮，返回普通视图，在"备注"窗口输入要备注的内容，输入完毕。

(4) 单击"视图"功能区的"演示文稿视图"选项组中的"备注页"按钮，即可查看备注的内容及格式。

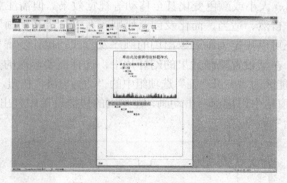

图 5-13   "备注母版"按钮

5.3 幻灯片的放映

在幻灯片制作中，除了合理设计每一张幻灯片的布局，还需应用动画效果控制幻灯片中的文本、声音、图像及其他对象的进入方式和顺序，以突出重点，增加趣味性。用户控制幻灯片的换片方式，可人工操作来控制换片，也可以自动定时换片。用户还可设置幻灯片在屏幕上自动循环放映方式（如用于广告性放映），直至按【Esc】键终止放映。

5.3.1 动画设置

默认情况下，幻灯片放映（即简单放映）效果与传统的幻灯片一样，幻灯片上的所有对象都是无声无息地同时出现的。利用 PowerPoint 提供的动画功能，可以为幻灯片上的每个对象（如层次小标题、图片、艺术字、文本框等）设置出现的顺序、方式及伴音，以突出重点，控制播放的流程和提高演示的趣味性。

在 PowerPoint 中，实现动画效果有两种方法："动画方案"和"自定义动画"。

1. 预设动画方案

"动画方案"命令提供了一组基本的动画设计效果，可以使各对象的动画设置一次完成，快速为幻灯片中的对象设置动画效果。放映时，只有单击鼠标、按【Enter】键、按【↓】键、或者设置成自动播放等时，动画对象才会出现。

操作步骤如下：

（1）在普通视图或浏览视图中，选择要设置动画效果的文字或图形等对象。

（2）单击"动画"功能区的"其他"按钮，在弹出的下拉列表中选择一种动画效果，如图 5-14 所示。设置后单击"预览"按钮，即可提前观看设置的动画效果。

2. 自定义动画

如果想要定义一些多样的动画效果，或为多个对象设置统一的动画效果，可以自定义动画。可以将 PowerPoint 2010 演示文稿中的文本、图片、形状、表格、SmartArt 图形和其他对象制作成动画，赋予它们进入、退出、大小或颜色变化甚至移动等视觉效果。但需注意的是，在使用动画的时候，要遵循动画的醒目、自然、适当、简化及创意原则。在"自定义动画"中，PowerPoint 提供了更多的动画形式，而且还可以规定动画对象出现的顺序及方式，操作步骤如下：

（1）在普通视图中，在欲设置动画效果的幻灯片中，选择需要修改的文字或图形。

（2）单击"动画"功能区的"高级动画"选项组中的"动画窗格"按钮，弹出"动画窗格"窗格。

（3）在"动画窗格"窗格中用鼠标右击动画，在弹出的快捷菜单中列出了可以设置的菜单命令，这里选择"从上一项开始"命令。

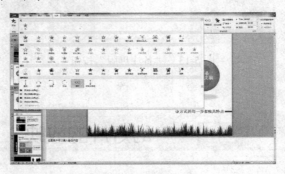

图 5-14 动画效果选项

（4）单击"效果选项"命令，弹出"淡出"对话框，在"效果选项卡"的"声音"下拉列表中选择一个声音选项。在"计时"选项卡中设置动画开始时间、延迟、期间、重复等参数。"计时"

如图 5-15 所示。

（5）添加完动画效果之后，还可以调整动画的播放顺序。打开文件，单击"动画"功能区的"高级动画"选项组中的"动画窗格"按钮，弹出"动画窗格"窗格。选择"动画窗格"窗格中需要调整顺序的动画，单击下方的"重新排序"左侧或右侧的按钮调整即可，如图 5-16 所示。

PowerPoint 2010 提供了一些路径效果，可以使对象沿着路径展示其动画效果。

选择要设定的对象，单击"动画"功能区的"高级动画"选项组中的"添加动画"按钮，在弹出的下拉列表中选择需要使用的路径，如果需要自定义路径，可以选择"其他动作路径"命令，弹出如图 5-17 所示的对话框。

  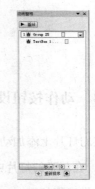

图 5-15　"计时"选项卡　　　　图 5-16　动画窗格排序　　　　图 5-17　其他动作路径

5.3.2　幻灯片的切换动画

切换效果是应用在换片过程中的特殊效果，它将决定以何种效果从一张幻灯片换到另一张幻灯片。设置切换效果的操作步骤如下：

（1）切换到"普通视图"或"幻灯片浏览视图"，并选定要设置切换效果的幻灯片（一张或多张）。

（2）单击"切换"功能区右下侧的"其他"按钮，在弹出的列表中选择所需的切换效果，如"分割"，设置完成后，即可预览该效果，如图 5-18 所示。

（3）重复上述步骤，为其他幻灯片设置切换效果。

（4）如果需要对当前切换效果附加一些效果选项，可以单击"切换"功能区的"切换到此幻灯片"选项组中的"效果选项"下拉按钮，在下拉列表中选择效果，例如"闪耀"切换方式可以附加的效果选项如图 5-19 所示。

（5）在"计时"选项组中"持续时间"下拉列表中可以选择切换持续时间控制切换速度。

（6）在"声音"下拉列表框中列出多种声音方式，如"打字机"声、"鼓掌"声等，用户可以从中选择一种。如不安排发声，则选择"无声音"。如果选定"播放下一段声音之前一直循环"复选框，则在放映过程中循环播放指定声音，直到下一声音出现为止。

（7）在"换片方式"选项组中，提供以下两种幻灯片的换片方式："单击鼠标时"复选框：通过人工单击鼠标来控制进片，这也是默认的幻灯进片方式；"设置自动换片时间"复选框：自动定时进片。采用本选项时，用户必须设定每张幻灯片在屏幕上停留的时间。这里指定的定时时间将显示在幻灯片浏览视图中对应幻灯片的下方。

（8）若要检查设置后的实际效果，可单击编辑区左上方的"预览"按钮，通过预览该幻灯片来进行检查。

图 5-18　"分割"切换效果　　　　图 5-19　切换附加效果选项

5.3.3　动作按钮设置

在幻灯片上添加动作按钮，可以控制演示文稿的放映，使演示文稿的播放更加灵活。

1. 在单张幻灯片中插入动作按钮

操作步骤如下：

（1）选择要放置按钮的幻灯片。

（2）单击"幻灯片放映"功能区的"动作按钮"选项组中所需的按钮（例如，"第一张""后退或前一项""前进或下一项""开始""结束"或"上一张"）。

（3）单击该幻灯片，打开"动作设置"对话框。

（4）选定"超链接到"单选按钮，接受"超链接到"列表中建议的超链接，或单击箭头选择所需的链接。

（5）单击"确定"按钮。

2. 在每张幻灯片中插入动作按钮

操作步骤如下：

（1）单击"视图"功能区的"母版"选项组中"幻灯片母版"按钮。

（2）单击"幻灯片放映"功能区的"动作按钮"选项组中所需的按钮（例如"第一张""后退或前一项""前进或下一项""开始""结束"或"上一张"）。

（3）单击该幻灯片，打开"动作设置"对话框。

（4）选定"超链接到"单选按钮。接受"超链接到"列表中建议的超链接，或单击箭头选择所需的链接。

（5）单击"确定"按钮。

（6）单击"母版视图"选项卡中的"关闭母版视图"按钮。

5.3.4　超链接设置

用户可以使用演示快捷菜单中的播放控制命令，播放时可根据自己的需求，利用"超链接"功能进行相应内容的跳转。超链接功能可以创建在任何幻灯片对象上，如文本、图形、图片等。

1．插入超链接

操作步骤如下：

（1）选定要设置超链接的对象。

（2）单击"插入"功能区的"链接"选项组中的"超链接"按钮，弹出"插入超链接"对话框，如图 5-20 所示，选择"链接到"列表框中的"本文档中的位置"选项。在此对话框中可完成如下设置：

现有文件或网页：超链接到其他文档、应用程序或由网站地址决定的网页。

本文档中的位置：超链接到本文档的其他幻灯中，可以实现不同幻灯片之间的跳转，如图 5-21 所示。

图 5-20　"插入超链接"对话框　　　　图 5-21　链接到本文档中的位置

新建文档：超链接到一个新文档中。

电子邮件地址：在"插入超链接"对话框中，选择"链接到"列表框中的"电子邮件地址"选项，在右侧的文本框中分别输入"电子邮件地址"与邮件的"主题"然后单击"确定"按钮即可。

（3）单击"确定"按钮。

设置了超链接功能的文本对象将自动加下画线。超链接只在幻灯片放映时才有效。

2．利用动作设置创建超链接

操作步骤如下：

（1）选择文本对象后，单击"插入"功能区的"链接"选项组中的"动作"按钮，弹出"动作设置"对话框，如图 5-22 所示。

图 5-22　"动作设置"对话框

（2）在此对话框中，有两个选项卡：

"单击鼠标"选项卡用于设置单击动作交互的超链接功能。

"超链接到"下拉列表框：打开下拉列表框并选择跳转的目的地。

"运行程序"下拉列表框：可以创建和计算机中其他程序相连的链接。

"运行宏"以及"对象动作"暂时为不可用状态。

"播放声音"下拉列表框：可实现单击某个对象时发出某种声音。

"鼠标移过"选项卡用于提示、播放声音或影片。采用鼠标移过的方式，可能会出现意外的跳转。建议采用单击鼠标的方式。

（3）单击"确定"按钮。

3. 超链接的删除

单击"插入"功能区"链接"选项组中的"超链接"按钮，打开"编辑超链接"对话框，单击"删除链接"按钮。

选定代表超链接的对象，在"动作设置"对话框中选择"无动作"选项。

创建超链接后，用户还可以根据需要更改超链接或取消超链接。右击要更改的超链接对象，在弹出的快捷菜单中选择"编辑超链接"菜单命令。如果当前幻灯片不需要再使用超链接，可以用鼠标右击要取消的超链接对象，在弹出的快捷菜单中选择"取消超链接"命令即可。取消超链接后，文本颜色将恢复到创建超链接之前的颜色。

5.3.5 演示文稿的放映

根据用户的需求，在演示时需要掌握好演示的时间，为此，需要测定幻灯片放映时的停留时间。用户可以根据实际需要，设置幻灯片的放映方法，如普通手动放映、自动放映、自定义放映和排列计时放映等。演示文稿可以采用不同的放映方式进行放映。

1. 简单手动放映

默认情况下，幻灯片的放映方式为普通手动放映。一般来说普通手动放映是不需要设置的，直接放映幻灯片即可。单击"幻灯片放映"功能区的"开始放映幻灯片"选项组中的"从头开始"按钮，也可按【F5】键，系统开始播放幻灯片，滑动鼠标或者按【Enter】键切换动画及幻灯片。

在放映过程中，单击当前幻灯片或按下键盘上的【Enter】键、【N】键、【Space】键、【PgDn】键、【→】键或【↓】键，可以进到下一张幻灯片；单击键盘上的【P】键、【Back Space】键、【PgUp】键、【←】键或【↑】键，可以回到上一张幻灯片；单击【Esc】键，可以中断幻灯片放映而回到放映前的视图状态。

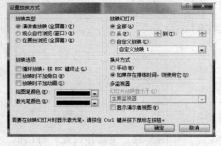

图 5-23 "设置放映方式"对话框

若再无其他幻灯片，则返回原来的视图状态。

2. 设置人工放映方式

通过使用"设置幻灯片放映"功能，用户可以自定义放映类型、设置自定义幻灯片、换片方式和笔触颜色等选项，如图 5-23 所示。

"设置放映方式"对话框，对话框中各个选项区域的含义如下：

"放映类型"：用于设置放映的操作对象，包括演讲者放映、观众自行浏览和在展台浏览。

"放映选项"：用于设置是否循环放映、旁白和动画的添加，以及设置笔触的颜色。

"放映幻灯片"：用于设置具体播放的幻灯片。默认情况下，选择"全部"播放。

"换片方式"：用于设置换片方式，包括手动换片和自动换片两种换片方式。

3. 用鼠标控制幻灯片放映

在放映幻灯片过程中，PowerPoint 将在当前幻灯片的左下角显示弹出式菜单控制按钮，单击该按钮，或右击幻灯片，弹出快捷菜单，菜单中常用命令的功能如下：

(1)"下一张"和"上一张"命令：分别移到下一张或上一张幻灯片。

(2)"结束放映"命令：结束幻灯片的放映。

(3)"定位至幻灯片"命令：以级联菜单方式显示出当前演示文稿的幻灯片清单，供用户查阅或选定当前要放映的幻灯片。

(4)"指针选项"命令：选择此项后，将显示出包括以下命令的级联菜单。
- "永远隐藏"命令：把鼠标指针隐藏起来。
- "箭头"命令：使鼠标指针形状恢复为箭头形。
- "绘图笔"命令：使鼠标指针变成笔形，以供用户在幻灯片上画图或标注，例如为某个幻灯片对象加一个圆圈、画上一个箭头、加一些文字注解等。

(5)"屏幕"命令：选择此命令后，将显示一个级联菜单，用户可从中选择所需命令。
- "暂停"命令：暂停幻灯片放映。
- "黑屏"命令：用黑色屏幕替代当前幻灯片（以示处于中断状态）。
- "擦除笔迹"命令：清除已经画在幻灯片上的内容。

用户可以通过该弹出式菜单控制幻灯片的放映。

4．自定义放映

操作步骤如下：

(1) 单击"幻灯片放映"功能区的"开始放映幻灯片"选项组中"自定义幻灯片放映"按钮，在下拉列表中选择"自定义放映"命令，打开"自定义放映"对话框。

(2) 单击"新建"按钮。打开"定义自定义放映"对话框，如图 5-24 所示。

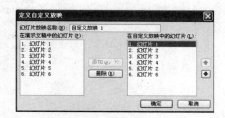

图 5-24 "定义自定义放映"对话框

(3) 在"幻灯片放映名称"文本框中，输入自定义幻灯片放映的名称，在"在演示文稿中的幻灯片"列表框中选择要放映的幻灯片，单击"添加"按钮，将其添加到"在自定义放映中的幻灯片"列表框中。也可以使用"删除"按钮，删除一个已在列表框中的幻灯片。可用其上的箭头按钮改变列表框中幻灯片的播放顺序。

(4) 单击"确定"按钮。

5.4 演示文稿的打印与发布

5.4.1 打印

演示文稿不仅可以放映，还可以打印成讲义。打印之前，应设计好被打印文稿的大小和打印方向，以获得良好的打印结果。

1．黑白方式打印彩色幻灯片

大部分的演示文稿都设计成彩色，而打印的演示文稿以黑白居多。底纹填充和背景在屏幕上看起来很美观，但实际打印出来的演示文稿可能会不易阅读。为了在打印之前先预览打印效果，PowerPoint 提供了黑白显示功能。在提供黑白显示的同时，系统也同时显示对应原稿的幻灯片缩略图。单击"文件"选项卡，在下拉菜单中"打印"命令级联菜单中的"颜色"下拉选项中选择"纯黑白"命令，可以看到一份黑白打印时幻灯片的灰度预览。

2. 打印页面设置

幻灯片上的页面设置决定了幻灯片在屏幕和打印纸上的尺寸和放置方向。一般情况下，使用默认的页面设置。如要改变页面设置，操作步骤如下：

（1）打开演示文稿。

（2）单击"文件"选项卡，在下拉菜单中选择"打印"命令，如图5-25所示。

图5-25 "打印"命令

（3）在"设置"下拉列表框中选择幻灯片打印范围，若不想用"1"作为幻灯片的起始编号，可在"幻灯片编号起始值"数值框中输入数字。

（4）在"幻灯片"选项组中选定打印版式和讲义，在"备注""讲义"和"大纲"选项组中可以选定"纵向"或"横向"单选按钮。即使幻灯片设置为横向，仍可以纵向打印备注页、讲义和大纲。

（5）在"颜色"下拉列表中可以设定打印颜色为彩色、灰度或者纯黑白色。

（6）单击"确定"按钮。

5.4.2 演示文稿的打包

PowerPoint提供了一个"打包"工具，它将播放器（系统默认为pptview.exe）和演示文稿压缩后存放在一起，然后在演示的计算机上再将播放器和演示文稿一起解压缩，实现演示文稿在异地的计算机（不需安装PowerPoint软件）上播放。

1. 将演示文稿打包

演示文稿"打包"工具是一个很有效的工具，它不仅使用方便，而且也极为可靠。如果将播放器和演示文稿一起打包，就能在没有安装PowerPoint的计算机上播放此演示文稿。

演示文稿打包的步骤如下：

（1）打开要打包的演示文稿。

（2）单击"文件"选项卡，在下拉菜单中选择"保存并发送"命令，在右侧出现的菜单中，选择"将演示文稿打包成CD"选项中的"打包成CD"命令。

（3）出现如图5-26所示的"打包成CD"对话框。

（4）若单击"添加"按钮，则将打开"添加文件"对话框，添加所需的文件；若单击"选项按钮",则将打开"选项"对话框,如图 5-27 所示。可更改设置,还可设置密码保护,单击"确定"按钮返回图 5-26 所示的对话框。

若单击"复制到文件夹"按钮,则将打开"复制到文件夹"对话框,如图 5-28 所示,在此处可设置文件夹名及存放位置。

(5) 单击"确定"按钮。

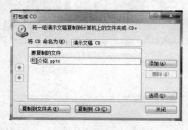 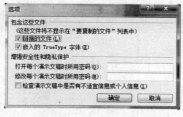 

图 5-26 "打包成 CD"对话框　　　图 5-27 "选项"对话框　　　图 5-28 "复制到文件夹"对话框

2. 演示文稿的解包

已打包的演示文稿在异地计算机中必须解开压缩(解包)方能进行演示放映。其操作步骤如下:

(1) 插入装有已打包的演示文稿的存储介质(如光盘、软盘等)。

(2) 使用"Windows 资源管理器"定位在已打包的演示文稿所在的驱动器,然后双击其中的 pptview.exe 文件。

(3) 在打开的对话框中选择所需演示的打包文稿。

存放在计算机中已展开的演示文稿,随时都可使用 PowerPoint 播放器播放。

5.4.3 保存并发送

PowerPoint 2010 可以实现将演示文稿使用电子邮件发送、保存到 Web、保存到 SharePoint、广播幻灯片、发布幻灯片等。

另外,可以将演示文稿更改成不同的文件类型保存,如图 5-29 所示。并且可以根据需要将演示文稿转换成 PDF/XPS、视频、创建讲义等。

图 5-29 演示文稿更改文件类型保存

第 6 章

数据库基础与 Access 2010

学习目标

- 了解数据库的产生与发展、数据模型与关系数据库。
- 掌握 Access 2010 的基本操作。
- 掌握 Access 2010 中创建数据库与表的方法。
- 掌握 Access 2010 中创建查询的方法。
- 掌握 SQL 语言基础知识。

6.1 数据库系统概述

数据库技术是计算机应用技术的一个重要分支,是从 20 世纪 60 年代末开始逐步发展起来,它的产生推动了计算机在各行各业信息管理中的应用。数据库的建设规模、数据库信息容量的大小和使用频率,已成为衡量一个国家信息化程度的重要标志。

6.1.1 数据库系统的产生与发展

数据库技术的发展经历 3 个阶段:人工管理阶段、文件系统阶段、数据库系统阶段。

1. 人工管理阶段

20 世纪 50 年代以前,计算机主要用于数值计算。硬件方面外存储器只有卡片、纸带和磁带,存储信息容量小,访问速度慢。软件方面没有系统软件和管理数据的软件。程序员不但要负责处理数据还要负责组织数据。程序员直接与物理设备打交道,程序与物理设备高度相关,一旦物理存储发生变化,程序必须全部修改。

2. 文件系统阶段

20 世纪 50 年代后期至 60 年代中期,计算机软、硬件技术有了很大发展。外存储器有磁鼓和磁盘等直接存取设备,存储信息容量和存取速度得到很大提高。软件方面,操作系统中有了数据管理软件,一般称为文件系统。基本特点:数据可以长期保存、由文件系统管理数据、程序和数据有一定的独立性,数据共享性差。

3. 数据库系统阶段

20 世纪 60 年代后期至今，计算机系统有了进一步的发展，外存储器中出现了大容量磁盘，存储数据速度明显提高而且价格下降。出现了统一管理数据的专门软件——数据库管理系统（Data Base Management System，DBMS），数据库系统有以下特点：

1）数据结构化

数据库是存储在外存上的按一定的结构组织好的相关数据集合。在文件系统中，文件之间是没有联系的，而数据库中的文件是相互联系的。

2）数据共享性好、冗余度低

数据共享指不同应用程序使用同一个数据库中的数据时不需要各自定义和存储数据。数据库中的数据面向应用系统内所有用户的需求。

3）数据独立性强

数据库采用三级模式、两级映射体系结构，具有很强的数据独立性。数据库中的数据独立性包括物理数据独立性和逻辑数据独立性。

4）DBMS 统一管理

数据库的定义、创建、维护和运行操作等所有功能由 DBMS 统一管理和控制，使数据库的性能大幅提高。

6.1.2 数据模型

数据库需要根据应用系统中数据的性质、内在联系，按照管理的要求来设计和组织。计算机信息处理的对象是现实生活中的客观事物。人们把客观存在的事物以数据的形式存储到计算机中，经历了对事物特征的认识、概念化到计算机数据库里的具体表示的逐级抽象过程。

（1）数据模型是数据库中用来对现实世界进行抽象的工具，是数据库中用于提供信息表示和操作手段的形式构架。

（2）数据模型通常由数据结构、数据操作和完整性约束三部分组成。

- 数据结构：是所研究的对象类型的集合，是对系统静态特性的描述。
- 数据操作：是指对数据库中各种对象的实例允许进行的操作的集合，包括操作及有关的操作规则，是对系统动态特性的描述。
- 数据的约束条件：是一组完整性规则的集合，完整性规则是给定的数据模型中数据及其联系所具有的制约和依存规则，用以限定符合数据模型的数据库状态以及状态的变化，以保证数据的正确、有效、相容。

（3）在数据库中，把满足以下两个条件的基本层次联系的集合称为"层次模型"：

- 有且仅有一个结点无双亲，这个结点称为"根结点"；
- 其他结点有且仅有一个双亲。

在数据库中把满足以下两个条件的基本层次结构的集合称为"网状模型"：

- 允许一个以上结点无双亲；
- 一个结点可以有多个双亲。

关系模型是建立在严格的数学概念基础上的，由关系数据结构、关系操作集合和关系完整性约束三部分组成，在用户的观点下，关系模型中数据的逻辑结构是一张二维表，由行和列组成。

（4）数据模型是现实世界中各种实体之间存在着联系的客观反映，是用记录描述实体信息的基本结构，它要求实体和记录一一对应。层次模型、网状模型和关系模型，它们是依据描述实体与实体之间联系的不同方式来划分的。用二维表格表示实体和实体之间联系的模型叫做关系模型，用图结构来表示实体和实体之间联系的模型叫做网状模型，用树结构来表示实体和实体之间联系的模型叫做层次模型。

（5）层次模型的优点是：结构清晰，容易表示现实世界的层次结构的事物及其之间的联系。缺点是：不能表示两个以上实体之间的复杂联系和实体之间的多对多联系，严格的层次顺序使数据插入和删除操作变得复杂。

网状模型的优点是：能够表示实体之间的多种复杂联系。缺点是网状模型比较复杂，需要程序员熟悉数据库的逻辑结构。在重新组织数据库时，容易失去数据独立性。

关系模型的优点是：使用表的概念，简单直观，直接表示实体之间的多对多联系，具有更好的数据独立性，具有坚实的理论基础。缺点是：关系模型的连接等操作开销较大，需要较高性能的计算机的支持。

6.1.3 关系数据库

以关系模型建立的数据库就是关系数据库。关系数据库包含一些相关的表和其他数据实体的集合。

1．数据组织

1）二维结构表

在关系数据库中，信息被存放在二维结构的表中，一个表即一个关系。一个关系数据库可以包含多个表，每个表又包含记录和字段。可以将表想象为一个电子表格，其中，行对应的是记录，列对应的是字段。记录是某一个事物个体的完整描述，字段则是对这一事物某方面属性的描述。

2）表间相互的关联

多个表之间可以相互关联。表之间的这种关联是由主键（primary key）和外键（foreign key）所体现的参照关系实现的。主键是指表中某一列或多列的集合，该集合所映射的值能够唯一地标识所在行，主键不允许为空值。表中某个属性或属性组合并非关键字，但却是另一个表的主关键字，则此属性或属性组合为本表的外键。

3）数据实体对象

数据库中不仅包含表，而且包含其他数据实体对象，如：视图、存储过程、索引等。视图是数据库的一个动态查询子集，存储过程是对数据库的预定义查询规则，索引是对数据不同方式的排序文件，这些实体对象的存在可以帮助简化数据库的查询过程和提高访问速度。

2．关系数据库的完整性约束

完整性约束是为保证数据库中数据的正确性和相容性，对关系模型提出的某种约束条件或规则。完整性通常包括实体完整性、参照完整性和用户自定义完整性，其中实体完整性和参照完整性是关系模型必须满足的约束条件。

1）实体完整性

实体完整性是指表中主键不能为空（null），也不能重复。一个关系对应现实世界中一个实体集。

现实世界中的实体具有某种唯一性的标识。在关系模式中，以主关键字作为唯一性标识，而主关键字中的属性不能取空值。否则，表明关系模式中存在着不可标识的实体，这与现实世界的实际情况相矛盾。如果主键是多个属性的组合，则所有的主属性均不得取空值。

2）参照完整性

参照完整性是指表中外键的值必须与另一表中主键的值相匹配。关系数据库中通常都包含多个存在相互联系的关系，关系与关系间的联系是通过公共属性实现的。所谓公共属性，它是一个关系 R 的主键，同时又是另一个关系 K 的外键。

3）用户自定义完整性

实体完整性和参照完整性适用于任何关系型数据库系统，它主要针对关系的主键和外键取值必须有效而做出的约束。用户自定义完整性是根据应用环境的要求和实际需要，对某一具体应用所涉及的数据提出的约束性条件。这一约束机制一般不应由应用程序提供，而应由关系模型提供。用户自定义完整性主要包括字段有效性约束和记录有效性约束。

6.2 Access 2010 基本操作

Access 2010 是 Microsoft 公司推出的 Office 2010 办公组件中重要的组成部分，是目前较流行的小型桌面数据库管理系统。Access 2010 新增了导入、导出和处理 XML 数据文件等功能。该软件可以识别和标记常见错误，并提供更正错误的选项，在 Access 2010 中工作变得更加轻松自如。另外，Access 2010 的新功能还可以帮助数据库开发人员查看有关数据库对象之间的信息。

6.2.1 Access 2010 数据库对象

Access 2010 将数据库定义为一个扩展名为 .accdb 的文件，由对象和组两部分构成。其中数据库对象分为 6 种，包括表、查询、窗体、报表、宏和模块。

1．表

表是 Access 2010 中最基本的对象，是存储数据的基本单元。表以行、列的格式组织数据，每一行称为一条记录，每一列称为一个字段。字段中存放数据的类型有很多，包括：文本、数字、日期、货币和 OLE 对象等，每个字段包含一类信息。大部分表都要设置关键字。

2．查询

查询用来操作数据库中的记录对象，查询可以查看、更改及分析数据，也可作为窗体和报表的数据源。查询结果以二维表的形式显示出来，但结果并没有真正地被存储，每次执行查询，Access 2010 都要对基本表中的数据重新进行组织。

3．窗体

窗体实际上就是在 Windows 操作系统中看到的窗口，Access 2010 是基于 Windows 的数据库管理系统，一个完整的 Access 2010 数据库应用程序离不开对窗体的设计和开发。窗体是用户和数据库之间的桥梁，用户可以通过它与数据库进行各种交互地操作，如查看、删除及修改数据。

4．报表

报表用来设计和实现数据的格式化打印输出，在报表对象中也可以实现对数据的运算统计处理，可以将报表在 Internet 或者 Intranet 上发布。

5．宏

宏是一系列操作命令的组合，为了实现某种功能，可能需要将一系列的操作组织起来，作为一个整体执行。宏可以打开并执行查询、打开表、打开新窗体、打印、显示报表、修改数据及统计信息，也可以运行另一个宏。

6．模块

模块是利用 VBA（VB Application）语言编写的实现特定功能的程序段。

以上 6 种对象共同组成 Access 数据库。这 6 种对象中，表实现数据的组织和存储。查询实现数据的检索、运算处理和集成。窗体可以查看、添加和更新表中的数据。报表以特定的版式分析或打印数据。窗体、报表实现了数据格式化的输入/输出功能。宏和模块是 Access 数据库的较高级功能，实现对数据的复杂操作和运算、处理。

6.2.2 启动与退出

Access 2010 是 Office 2010 办公组件的一部分，在安装 Office 2010 时，需要选择安装 Access 2010 组件，这样它会和其他组件一起安装到 Windows 操作系统中。

1．启动 Access 2010

可使用下列方法启动 Access 2010：

（1）单击"开始"按钮，在弹出的菜单中，选择"所有程序"→"Microsoft Office 2010"→"Microsoft Office Access 2010"。

（2）如果桌面上有 Access 2010 快捷方式图标时，双击该图标。

（3）双击扩展名为".accdb"的 Access 2010 数据库文件。

2．Access 2010 工作界面

Access 2010 用户界面的三个主要组件是：Backstage 视图、功能区

（1）Backstage 视图 是功能区的"文件"选项卡上显示的命令集合。

在"Backstage"视图中，可以创建新数据库、打开现有数据库、通过"SharePoint Server"将数据库发布到 Web，以及执行很多文件和数据库维护任务，界面如图 6-1 所示。

（2）功能区是一个包含多组命令且横跨程序窗口顶部的带状选项卡区域。

功能区是菜单和工具栏的主要替代部分，并提供了 Access 2010 中主要的命令界面，如图 6-2 所示。打开数据库时，功能区显示在 Access 主窗口的顶部，它在此处显示了活动命令选项卡中的命令。功能区由一系列包含命令的命令选项卡组成。在 Access 2010 中，主要的命令选项卡包括"文件""开始""创建""外部数据"和"数据库工具"。

图 6-1　Backstage 视图

图 6-2　功能区界面

在功能区中可以使用键盘快捷方式。早期版本 Access 中的所有键盘快捷方式仍可继续使用。"键盘访问系统"取代了早期版本 Access 的菜单加速键。此系统使用包含单个字母或字母组合的小型指示器，这些指示器在按下【Alt】键时显示在功能区中。这些指示器显示用什么键盘快捷方式激活下方的控件。

（3）导航窗格是 Access 程序窗口左侧的窗格，可以在其中使用数据库对象。导航窗格取代了 Access 2007 中的数据库窗口。

3. 退出 Access 2010

可使用下列方法关闭 Access 应用程序：
（1）单击"文件"选项卡，在下拉菜单中选择"退出"命令。
（2）单击窗口右上角的"关闭"按钮。
（3）双击窗口标题栏左端的控制图标。
（4）使用快捷键【Alt+F4】。

6.2.3　数据类型与表达式生成器

1. 数据类型

数据类型规定数据的取值范围、表达方式和运算种类。不同类型的数据具有不同的格式。

1）文本型和备注型

文本型是默认的数据类型，通常用于表示文字数据，如：姓名，工作单位等。也可以表示不需要计算的数字，如：学号，邮政编码等。文本型数据默认大小是 50 个字符，最多可达 255 个字符。备注型数据也是文本，主要用于存储长度差别大的数据，例如简历、说明等。

2）数字型和货币型

数字型和货币型数据都是数值，由 0～9、小数点、正负号等组成。数字型又可进一步分为字节、整型、长整型、单精度型、双精度型、小数等，不同类型数据的取值范围和精度有区别。

货币型数据是一种特殊的数字型数据，该类型字段占有 8 字节，向该类型字段输入数据时，系统会自动添加货币符号和千位分隔符。

3）日期/时间型

日期/时间型数据用来保存日期和时间，该类型数据的长度固定为 8 字节。

4）自动编号型

每一个数据表中只允许有一个自动编号型字段，该类型字段固定占用 4 字节，在向表中添加记录时，由系统为该字段指定唯一的顺序号，有三种类型的编号方式：每次增加固定值的顺序编号、随机编号和同步复制 ID。

5）是否型

该类型数据用于表达具有真或假的逻辑值，可以取的值有"true"与"false"、"yes"与"no"等。长度固定为1字节。

6）OLE对象型

用于存放多媒体信息，如图片、声音、文档等。例如，存储员工的照片就需使用OLE对象型数据。若要显示OLE对象，可以在界面对象如窗体或报表中使用对应的控件。

7）超链接型

该类型数据以文本形式保存超链接的地址，用来链接到文件、Web页、本数据库中的对象、电子邮件地址等，字段长度最多640 00字符。一个完整的超链接地址最多有三部分构成：

（1）显示文本：表示在字段或控件中显示的文本。

（2）地址：到达文件的路径，称为UNC，或到达页面的路径，称为URL。

（3）子地址：在页面或文件中的地址。

8）查阅向导型

创建允许用户使用组合框选择来自其他表的字段。在数据类型列表中选择此项，将启动向导进行定义。

2．运算符

在数据库的查询和数据处理中，经常要对各种类型的数据进行运算，不同类型的数据运算方式各不相同。在Access 2010中，由运算符和运算对象组成的运算式称为表达式。Access 2010支持多种运算符，其中包括算术运算符，如"+"、"-"、"*"（乘）和"/"（除），以及用于比较的关系运算符、用于连接的文本运算符、用于确定"True"或"False"值的逻辑运算符。

1）算术运算符

算术运算符用来对数字型或货币型数据进行运算，运算的结果也是数字型数据或货币型数据，表6-1列出了各种类型算术运算符。

2）关系运算符

同类型的数据可以进行比较运算，结果为：True、False或Null，关系运算符如表6-2所示。

表6-1 各种类型算术运算符

运算符	用途
+	求两个数的和
-	求两个数的差或者指示某个数的负值
*	将两个数相乘
/	用第一个数除以第二个数
\	将两个数都舍入为整数，用第一个数除以第二个数，然后将结果截断为一个整数
Mod	用第一个数除以第二个数，然后只返回余数
^	求一个数的指数幂次方

表6-2 关系运算符

运算符	用途
<	如果第一个值小于第二个值，则返回True
<=	如果第一个值小于或等于第二个值，则返回True
>	如果第一个值大于第二个值，则返回True
>=	如果第一个值大于或等于第二个值，则返回True
=	如果第一个值等于第二个值，则返回True
<>	如果第一个值不等于第二个值，则返回True

文本型数据比较大小时，两个字符串逐位按照字符的机内编码比较，只要有一个字符分出大小，

即整个字符串就分出大小。注意,在 Access 2010 中,同一个字母不区分大小写。

如果第一个值或第二个值为 Null,则结果也为 Null。因为 Null 表示一个未知的值,任何与 Null 值进行比较的结果也是未知的。

3)文本运算符

可以使用连接运算符将两个文本值合并成一个值。普通的文本运算符是"&"或"+",二者功能都是将两个字符串连接成一个字符串。其中,"+"还可以传递"Null"值。

4)逻辑运算符

逻辑运算是指针对是否型数据进行的运算,并返回 True、False 或 Null 结果,逻辑运算符如表 6-3 所示。

表 6-3 逻辑运算符

运算符	用途	示例
And	当 Expr1 和 Expr2 均为 True 时,返回 True	Expr1 And Expr2
Or	当 Expr1 或 Expr2 为 True 时,返回 True	Expr1 Or Expr2
Not	当 Expr 不为 True 时,返回 True	Not Expr
Xor	当 Expr1 为 True 或 Expr2 为 True(但两者不能同时为 True)时返回 True。	Expr1 Xor Expr2

3. 表达式生成器

表达式指算术或逻辑运算符、常数、函数和字段名称、控件属性的任意组合,计算结果为单个值。表达式可执行计算、操作字符或测试数据。Access 2010 中提供了功能强大的表达式生成器帮助用户完成各种操作。表达式生成器界面如图 6-3 所示。

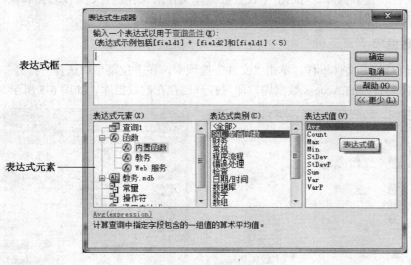

图 6-3 表达式生成器

1)表达式框

生成器的上方是表达式框,可在其中创建表达式。使用生成器的下方区域可以创建表达式的元素,然后将这些元素粘贴到表达式框中以形成表达式。也可以直接在表达式框中输入表达式。

2)表达式元素

生成器下方含有三个框,分别为:

（1）左侧的框包含文件夹，该文件夹列出了表、查询、窗体及报表等数据库对象，以及内置和用户定义的函数、常量、运算符和常用表达式。

（2）中间的框列出左侧框中选定文件夹内特定的元素或特定的元素类别。例如：在左边的框中单击"内置函数"，中间的框中便列出 Microsoft Access 函数的类别。

（3）右侧的框列出了在左侧和中间框中选定元素的值。

6.3 数据库与表的操作

6.3.1 数据库的操作

数据库是相关数据和对象的集合，能够对相关的表和数据库对象进行统一的组织和管理。Access 2010 数据库文件的扩展名为".mdb"。

1．创建空数据库

（1）单击"开始"按钮，在弹出的菜单中选择"所有程序"→Microsoft Office→Microsoft Office Access 2010，即可启动 Access 数据库管理系统。

（2）单击"文件"选项卡，在下拉菜单中选择"新建"选项，出现"新建文件"任务窗格，如图 6-4 所示。在任务窗格中单击"空数据库"图标，打开"文件新建数据库"窗口。

（3）在"文件新建数据库"对话框中设置数据库文件的保存位置、文件名称和保存类型等参数。设置完成后，单击"创建"按钮，完成"教务"数据库的创建。

2．打开数据库

与打开其他 Office 文件一样，单击"文件"选项卡，在下拉菜单中选择"打开"命令，在打开对话框中找到需要打开的 Access 数据库，即可打开已存在的数据库，如图 6-5 所示。

图 6-4　新建数据库窗口

图 6-5　打开数据库窗口

3．关闭数据库

关闭数据库的方法如下：

（1）单击数据库文档窗口右上角上的"关闭"按钮。

（2）单击"文件"选项卡，在下拉菜单中选择"关闭"命令。

6.3.2 表的创建

1. 创建 Access 表

1）使用设计试图

打开 Access 2010 软件，新建一个空数据库，就会自动新建一个表。或者单击"创建"功能区的"表格"选项组中的"表"按钮，也可新建一个表，除此之外还可以在表设计视图下创建表，如图 6-6 所示。

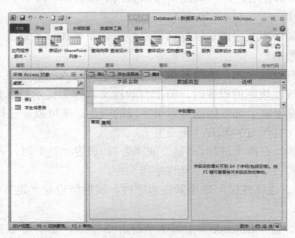

图 6-6　设计视图

定义各字段的名称、数据类型，设置字段的属性。在表设计窗口中，先定义第一个字段：单击"字段名称"列下第一个单元格，输入"学号"，按下【Tab】键，在"数据类型"列中出现一个下拉列表，选择"文本"。其他各字段的名称、类型见表 6-4，操作界面如图 6-7 所示。

表 6-4　学生表结构

字 段 名 称	类　　型	大　　小	是否为主键
学号	文本	10	是
姓名	文本	10	
专业	文本	10	
性别	文本	2	
出生日期	日期/时间		
是否党员	是/否		
补助	数字	小数	
分数	数字	整型	
等级	文本	6	

图 6-7　表设计窗口

在创建表结构时，除了输入字段的名称、指定字段的类型外，还需要设置字段的属性。字段属性分为常规属性和查阅属性两类，本书主要介绍字段的常规属性。包括字段大小、格式、输入掩码和索引等。

（1）字段大小。该属性用来设置存储在字段中文本的最大长度或数字取值范围。当设定字段类型为文本型时,字段的大小可设置为 1~255,默认长度为 50 个字符。设置"字段大小"属性时,在满足需要的前提下,字段越小越好。

(2) 格式。在不改变数据的情况下,改变数据显示或打印的格式。可用于定义数字、日期、时间及文本等数据的显示及打印的方式。

(3) 输入掩码。设置该属性可以控制输入到字段中的值,如输入值的哪几位才能输入数字,什么地方必须输入大写字母等。

(4) 输入法模式。该属性只针对文本型数据有效,输入法模式有三个选项:随意、输入法开启和输入法关闭。如果选择"输入法开启",则在该字段输入数据时,将自动切换到中文输入法。

(5) 标题。显示表中数据时,标题属性值可以取代字段名称。即表中该列的栏目名称将是标题属性值,而不是字段名称。

(6) 默认值。根据需要为某字段设置默认值属性后,新增加一条记录时,Access 2010 可为该字段填入的一个特定的数据。

(7) 有效性规则和有效性文本。有效性规则属性用于对输入到记录中本字段的数据进行约束。当输入的数据违反了有效性规则的设置时,将把有效性文本作为提示信息显示给用户。

(8) 索引。为字段设置索引可以加速对索引字段的查询,还可以加速排序和分组操作。索引属性有三个选项:无、有(有重复)和有(无重复)。

(9) 必填字段。该属性有两个选项:"是"或"否"。设置"是"时,表示此字段必须输入。设置"否"时,可以不填写该字段的数据,允许字段为空。

(10) 允许空字符串。该属性仅用来设置文本字段,属性值也是"是"或"否",设置"是"时,表示该字段可以为空值。

(11) Unicode 压缩。在"Unicode"中每个字符占 2 字节,而不是 1 字节,它最多支持 65536 个字符。"Unicode"属性值有两个,分别是"是"和"否",设置"是",表示本字段中数据可能存储和显示多种语言的文本。

2) 定义主键

选择要定义主键的一个或多个字段,如果要选择一个字段,在字段行上右击,在弹出的快捷菜单上选择"主键"命令,即可完成主键设置。如果要选择多个字段作为主键,可配合【Ctrl】键使用。

3) 对表进行保存

单击工具栏上的"保存"按钮,输入表的名称"学生",单击"确定"按钮,完成学生表结构的创建。用同样方式创建课程表与成绩表,其结构见表 6-5 与表 6-6。

表的结构创建完成之后,打开数据库窗口,选择"表"对象,在表名上双击,即可输入相应表的各行内容。

表 6-5 课程表结构

字 段 名 称	类 型	大 小	是 否 主 键
课程号	文本	5	是
课程名	文本	30	
学分	数字	字节	

表 6-6 成绩表结构

字 段 名 称	类 型	大 小	是 否 主 键
学号	文本	10	是
课程号	文本	5	是
成绩	数字	整型	

2. 修改表的结构

(1) 打开数据库后,单击选中要修改的表名,在数据库窗口上方工具栏中单击"设计视图"按钮,如图 6-8 所示。

（2）插入字段。如果要在最后追加字段，则与创建表结构时操作相同。在某行前插入字段，则需要先选中该行右击，在弹出的快捷菜单中选择"插入行"命令，即可插入一个新行，如图6-9所示。

（3）删除字段。先选中要删除字段的行右击，在弹出的快捷菜单中选择"删除行"命令，即可删除一个字段，如图6-10所示。

图6-8　修改表结构窗口　　　　图6-9　插入行　　　　图6-10　删除行

6.3.3 表的编辑

表的编辑主要包括以下操作：选定记录、添加记录、删除记录、修改记录、复制记录。

1．选定记录

在"数据表视图"中，选定记录包括以下操作：

（1）选定一行记录：单击记录选定器（记录左侧的按钮）。

（2）选中一列：单击该字段的选定器（字段名按钮）。

（3）选中多行：选中首行，按下【Shift】键，再选中末行，则可以选中相邻的多行记录。

（4）选中多列字段：选中首字段，按下【Shift】键，再选中末列字段，则可以选中相邻多列字段。

（5）选中所有字段：把鼠标指针移动到数据表中字段的左边缘，鼠标指针变成空心十字时，单击鼠标即可选中所有字段。

2．添加记录

在"数据表"视图中，单击工具栏上"新记录"按钮，输入记录数据。

3．删除记录

在"数据表"视图中，选中要删除的记录后，单击工具栏上的"删除记录"按钮。

4．修改记录

在"数据表"视图中，将光标移动到需要修改数据的位置后，即可修改对应的数据。

5．复制记录

在"数据表"视图中，选中要复制的数据，单击"开始"功能区的"剪贴板"选项组中的"复制"按钮,将光标移动到要放置数据的位置,再单击"开始"功能区的"剪贴板"选项组中的"粘贴"按钮,即可完成复制记录操作。

6.3.4 表间的关系

1. 表间关系的含义

在 Access 2010 中,不同表中的数据之间都存在一种关系,这种关系将各张表中的每条记录都和数据库中唯一的主题相联系,使得对一个数据的操作都成为对数据库的整体操作。为了把数据库中表之间的这种数据关系体现出来,Access 2010 提供一种建立表与表之间"关系"的方法。建立了关系的数据只需要通过一个主题就可以调出来使用,非常方便。建立关系所使用的字段称为连接字段,连接字段使一个表的主键与另一个表的外键中的条目进行匹配。

2. 表间关系的类型

表之间的关系有三种类型:
(1)一对一关系:表 A 中的一行最多只能匹配表 B 中的一行,反之亦然。
(2)一对多关系:表 A 中的一行可以与表 B 中的多行记录相匹配。但表 B 中的记录只能与表 A 中的一行记录相匹配。
(3)多对多关系:表 A 中的一行可以匹配表 B 中的多行,反之亦然。

建立两个表关系时,可以设置参照完整性。参照完整性规定:主键的值为空值或者重复,以及外键的值在参照表的主键字段中不存在,这些都是非法的数据。

3. 创建表间关系

创建表之间的关系时,相连接的字段不一定要有相同的名称,但必须有相同的字段类型,除非主键字段是个"自动编号"字段。仅当"自动编号"字段与"数字"字段的"字段大小"属性相同时,才可以将"自动编号"字段与"数字"字段进行匹配。例如,如果一个"自动编号"字段和一个"数字"字段的"字段大小"属性均为"长整型",则它们是可以匹配的。两个字段都是"数字"字段,必须具有相同的"字段大小"属性设置,才是可以匹配的。

【例 6-1】为"教务.accdb"数据库中的"学生表"和"成绩表"建立一对多的关系。
(1)单击"数据库工具"功能区的"关系"选项组中的"关系"按钮 ,启动关系窗口,如图 6-11 所示。
(2)拖动"学生"表中的"学号"字段到"成绩"表中的"学号"字段处并释放鼠标,打开"编辑关系"对话框,如图 6-12 所示。
(3)选择"实施参照完整性"复选框,单击"创建"按钮,完成关系的建立,如图 6-13 所示。

在关系窗口中所创建的关系为"永久性关联",这种关系在设计查询、窗体、报表时,都会自动起作用。若没有在关系窗口中创建关系,在查询时也可以设置表间关系,此时称为"临时关系",该类型关系只是在本次查询中起作用。

图 6-11 关系窗口

图 6-12 "编辑关系"对话框

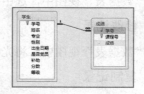
图 6-13 表间关系图

关系设置完成之后，还可以"编辑"和"删除"关系。在"关系"窗口中，右击关系线，在弹出的快捷菜单中选择"编辑关系"命令或"删除"命令，完成相应的操作。

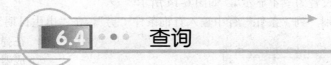

6.4 查询

6.4.1 创建查询的方法

与在 Access 中创建其他数据库对象一样，创建查询有两种方法。使用向导或设计视图来创建查询。

1．查询向导

使用"查询向导"，可创建简单的查询，检索需要的记录。操作步骤如下：

（1）单击"创建"功能区的"查询"选项组中的"查询向导"按钮，弹出"新建查询"对话框，在"简单查询向导""交叉表查询向导""查找重复项查询向导"与"查找不匹配项查询向导"中选择一种向导类型。

（2）选择一个表或现有的查询，选定要在查询中包含的字段。单击"下一步"按钮。

（3）在最后一个向导对话框中，输入查询的名称。

（4）选择是在"设计"视图中查看查询结果，还是修改查询设计。单击"完成"按钮。

2．设计视图

使用"设计视图"创建查询时，可以指定要创建的查询种类及要检索的表。操作步骤如下：

（1）在"创建"功能区的"查询"选项组中，单击"查询设计"按钮。

（2）选择要使用的表或现有的查询。

（3）单击"添加"按钮。

（4）对于其他表或查询，重复步骤 3 和 4，然后单击"关闭"按钮。

（5）双击或拖动字段列表中要在查询中包括的每一个字段。

（6）在设计网格的"条件"文本框中输入所需的查询条件。

（7）单击"排序"框的下拉按钮，然后指定排列顺序。

（8）单击"保存"按钮，输入查询的名称，然后单击"确定"按钮。

6.4.2 选择查询

选择查询是最常见的一种查询，它从一个或多个表中检索数据。使用选择查询可以对记录进行分组，并且对记录作总计、计数、平均值以及其他类型的计算。

【例 6-2】创建一个选择查询，在学生表中查询出 1988 年出生的男同学的姓名和出生日期，查询名为"XZCX1"。

（1）打开"教务.accdb"数据库。

（2）单击"创建"功能区的"查询"选项组中的"查询设计"按钮，弹出"显示表"对话框。

(3) 在"显示表"对话框中，选择"学生表"选项，依次单击"添加"按钮、"关闭"按钮。

(4) 双击表中"姓名""出生日期"、"性别"3个字段，此时这3个字段依次显示在网格的"字段"行中。在"表"行显示出这3个字段所在的表名，在"性别"列"显示"行的方框中单击鼠标，将"性别"字段设置为"不显示"，如图6-14所示。

(5) 在"性别"列"条件"行中输入查询条件"男"。在"出生日期"列"条件"行中右击，在弹出的快捷菜单中选择"生成器"命令，如图6-15所示。

(6) 在表达式生成器中，双击"函数"选项，依次选择"内置函数""日期与时间"，双击"year"函数，再选择"教务.accdb"文件夹中的"表"选项，单击"学生"表，双击"表达式类别"文本框中的"出生日期"字段，如图6-16所示。

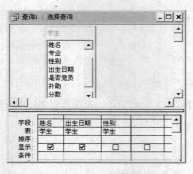
图6-14 选择查询设计窗口

图6-15 "生成器"命令

(7) 单击工具栏上的"保存"按钮，弹出"另存为"对话框，输入查询的名称"XZCX1"，如图6-17所示，单击"确定"按钮。

(8) 单击工具栏上的"运行"按钮，运行并显示查询结果，如图6-18所示。

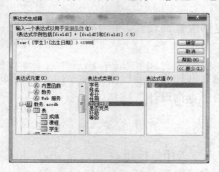
图6-16 表达式生成器

图6-17 "另存为"对话框

图6-18 查询结果

6.4.3 参数查询

参数查询的特点是每次运行查询时，都会打开"输入参数值"对话框，输入查询的参数后，获得查询结果。参数查询体现了查询的灵活性，可以创建包含一个或多个参数的查询。

【例6-3】创建一个参数查询，在学生表中，将"分数"字段作为参数，查询分数在指定的范围之间的记录，查询名为CSCX1。

操作步骤如下：

(1) 打开"教务.accdb"数据库。

(2) 单击"创建"功能区的"查询"选项组中的"查询设计"按钮，弹出"显示表"对话框。

(3) 选中"学生"表选项，依次单击"添加"按钮和"关闭"按钮。

(4) 双击"学生"表中的"*"和"分数"字段，此时上述两个字段依次显示在"设计视图"

下面的"字段"行对应的列中，去掉"分数"字段中的"显示"标记。

（5）选择"设计"功能区的"显卡/隐藏"组中的参数"按钮，如图 6-19 所示。

（6）打开"查询参数"对话框，在"参数"列中依次输入"最低分数"和"最高分数"，并在"数据类型"列中分别确定数据类型，如图 6-20 所示，单击"确定"按钮。

（7）在"分数"字段的"条件"行中输入"between [最低分数] and [最高分数]"。

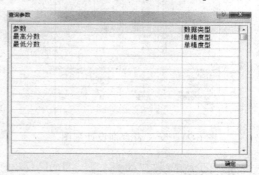

图 6-19 参数查询按钮　　　　　　　　图 6-20 "查询参数"对话框

（8）单击"查询设计"工具栏的"保存"按钮，保存查询名为"CSCX1"。

（9）单击工具栏上的"运行"按钮，打开输入参数值对话框，分别输入最低分数"70"与最高分数"85"，单击"确定"按钮，显示查询结果。

6.4.4　交叉表查询

在用两个分组字段进行交叉表查询时，一个分组列在查询的左侧，另一个分组列在查询的上部，在表的行和列的交叉处显示某个字段的计算值，如总和、平均、计数等，所以在创建交叉表查询时，需要指定三类字段：

（1）放在查询表最左边的分组字段构成行标题。

（2）放在查询表最上边的分组字段构成列标题。

（3）放在行与列交叉位置上的字段采用的计算方式。

【例 6-4】创建一个交叉表查询，在学生表中，查询各专业中男、女生人数，专业为行标题，性别为列标题，查询名为 JCCX1。

操作步骤如下：

（1）打开"教务.accdb"数据库。选择"创建"功能区的"查询"选项组中的"查询设计"按钮，弹出"显示表"对话框。

（2）选中"学生"表选项，依次单击"添加"按钮和"关闭"按钮。

（3）选择"设计"面板中的"交叉表"选项。

（4）双击"学生"表中的"性别"、"专业"和"学号"字段，此时这三个字段依次显示在设计视图下面的"字段"行对应的列中。

（5）设置"性别"字段与"专业"字段的"总计"属性为"Group by"，在"学号"字段的"总计"属性中选择"计数"选项。设置"性别"字段的"交叉表"属性为"列标题"，设置"专业"字段的"交叉表"属性为"行标题"，设置"学号"字段的"交叉表"属性为"值"，如图 6-21 所示。

(6) 单击"查询设计"工具栏中的"运行"按钮,查询结果如图 6-22 所示。单击"工具栏"中的"保存"按钮,弹出对话框,单击"是"按钮,打开"另存为"对话框,在文本框中输入 JCCX1,单击"确定"按钮。

图 6-21 交叉表查询设计视图

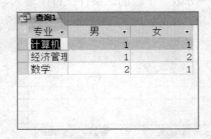

图 6-22 交叉表查询结果

6.4.5 操作查询

操作查询是指在一个操作中更改或移动许多记录的查询,共有四种类型:生成表查询、追加查询、更新查询与删除查询。

1. 生成表查询

生成表查询就是利用一个或多个表中的全部或部分数据创建新表,如果将查询结果保存在已有的表中,则该表中原有的内容将被删除。

【例 6-5】创建一个生成表查询,在学生表中,要求对 1990 年出生的女同学按照分数升序排列,并生成表名为"学生 2"的新表,查询名为"SCBCX1"。

操作步骤如下:

(1) 打开"教务.accdb"数据库。单击"创建"功能区的"查询"选项组中的"查询设计"按钮,弹出"显示表"对话框。

(2) 选中"学生表"选项,依次单击"添加"按钮和"关闭"按钮。

(3) 在"设计"功能区的"查询类型"选项组中单击"交叉表"按钮,如图 6-23 所示。

(4) 屏幕上显示生成表对话框,如图 6-24 所示。在文本框中输入新表名"学生 2",单击"确定"按钮。

图 6-23 "生成表"按钮

图 6-24 "生成表"对话框

(5) 将学生表中的所有字段添加到设计网格的"字段"行,在"分数"字段的"排序"区域选择"升序",在"性别"字段的"条件"区域中输入"女",在"出生日期"字段的"条件"区域中输入"Year([出生日期])=1990",如图 6-25 所示。

(6) 单击"保存"按钮,在"另存为"对话框中输入查询名称 SCBCX1。

(7) 预览查询结果。单击工具栏上的"视图"按钮右侧的下拉按钮,在弹出的下拉列表框中选择"数据表视图"命令,如图 6-26 所示。

图 6-25　输入条件　　　　　　　　图 6-26　选择"数据表视图"命令

(8) 运行查询。在"设计视图"中,单击工具栏上的"运行"按钮,屏幕上显示生成表对话框。单击"否"按钮,不能建立新表。单击"是"按钮,Access 2010 将建立"学生 2"表,生成表后不能撤销所作的更改。然后在数据库窗口中单击"表"对象,可以看到列表中已生成一个名为"学生 2"的表。

2. 追加查询

追加查询可将一个或多个表中的一组记录追加到一个或多个表的末尾。例如,在"罗斯文"示例数据库中,"客户"表有 11 个字段。假设要从另一表来追加记录,该表中有 9 个字段分别与"客户"表中的字段匹配。追加查询将只追加匹配字段中的数据而忽略其他数据。

【例 6-6】创建一个追加查询,在"教务.accdb"数据库中,将男生的学号、姓名、专业和性别提取出来,追加到已生成的"学生 1"表中,查询名为"ZJCX1"。

操作步骤如下:

(1) 打开"教务.accdb"数据库。单击"创建"功能区的"查询"选项组中的"查询设计"按钮,弹出"显示表"对话框。

(2) 选中"学生"表选项,依次单击"添加"按钮和"关闭"按钮,选择"设计"功能区的"追加"命令,打开"追加"对话框,设置表名为"学生 1",单击"确定"按钮。

(3) 在设计网格的字段属性中依次选择"学号"、"姓名"、"专业"和"性别"字段。在"性别"字段的"条件"行中输入"男",如图 6-27 所示。

(4) 单击工具栏上的"保存"按钮,保存查询名"ZJCX1"。

3. 更新查询

如果要对数据表中的某些数据进行有规律的更新替换操作,可以用更新查询来实现。

【例 6-7】创建一个更新查询,在学生表中,将专业名称"计算机"更改为"计算机应用",查询名为 GXCX1。

操作步骤如下:

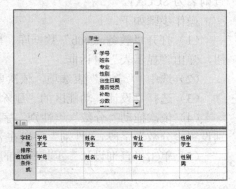

图 6-27　追加查询设计视图

（1）打开"教务.accdb"数据库。选择"创建"功能区的"查询"选项组中的"查询设计"按钮，弹出"显示表"对话框。

（2）选中"学生"表选项，依次单击"添加"按钮和"关闭"按钮。

（3）选择"设计"功能区的"更新"选项。

（4）在查询设计视图窗口中，将"专业"字段添加到设计网格的"字段"行上。

（5）在"条件"行中输入"计算机"，在"更新到"行中输入"计算机应用"，如图 6-28 所示。

（6）单击工具栏上的"保存"按钮，打开"另存为"对话框，在对话框中查询名称 GXCX1，单击"确定"按钮。

（7）单击工具栏上"视图"按钮右侧的下拉按钮，在弹出的下拉列表中选择"数据表视图"命令，可以看到运行更新查询前的数据，如图 6-29 所示。

（8）运行查询。单击工具栏上的"运行"按钮，屏幕上显示生成表提示对话框，如图 6-30。单击"是"按钮，执行更新查询。

 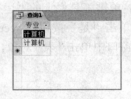 

图 6-28　更新查询设计视图　　　图 6-29　运行更新查询前的数据　　图 6-30　更新查询提示对话框

（9）单击"保存"按钮，在"另存为"对话框中输入查询名 GXCX1。

双击"学生"表将其打开，可以看到执行更新查询以后，数据表中"专业"字段原来为"计算机"的内容被改为"计算机应用"。

4．删除查询

删除查询可以从一个或多个表中删除一组记录。运行删除查询的结果是自动删除了表中的有关数据。若设置了级联删除，则删除"一方"数据的同时，"多方"的数据也会自动删除。数据一旦删除，则不能恢复。

【例 6-8】创建一个删除查询，在"教务.accdb"数据库"学生"表中，删除不及格的男生记录，查询名为 SCCX1。

操作步骤如下：

（1）打开"教务.accdb"数据库。单击"创建"功能区的"查询"选项组中的"查询设计"按钮，弹出"显示表"对话框。

（2）选中"学生"表选项，依次单击"添加"按钮和"关闭"按钮。

（3）选择"设计"功能区的"删除"选项，如图 6-31 所示。

（4）依次拖动"分数"、"性别"字段到设计网格中的"字段"属性，在设计网格的不同行，分别设置"分数"字段、"性别"字段在"条件"行的取值为"<60"与"男"，如图 6-32 所示。

（5）单击"查询设计"工具栏中的"保存"按钮，输入查询名称为 SCCX1。

第 6 章　数据库基础与 Access 2010

图 6-31　删除选项卡

图 6-32　删除查询设计视图

6.4.6　SQL 查询

SQL 查询是使用 SQL 语句创建的查询。可以用结构化查询语言（SQL）来查询、更新和管理 Microsoft Access 2010 关系数据库。

1．SQL

SQL 全称是"结构化查询语言（Structured Query Language）"，它语言结构简洁，功能强大，简单易学，自从 IBM 公司 1981 年推出以来，SQL 得到广泛应用。无论是 Oracle，Sybase，Informix，SQL server 这些大型的数据库管理系统，还是 Visual Foxpro，PowerBuilder 这些微机上常用的数据库开发系统，都支持 SQL 语言作为查询语言。

SQL 基本语句由 Insert，Select，Update 和 Delete 构成。在命令格式中，约定定界符"[ ]"中的内容是可选的，界限符"< >"中的内容是必选的，"|"表示在其中任选一项。

1）Insert

语法格式：Insert into <表名> [（<字段名表>）] Values（<表达式表>）

说明：此语句在指定的表尾部追加新纪录，"字段名表"指要追加数据的各个字段名，用"表达式表"中的各个表达式值填写对应字段值。表达式与字段名按前后顺序一一对应，且表达式值的数据类型必须与对应字段的数据类型一致。如果省略"字段名表"，则表示要填写表中所有字段值，并按照表中字段顺序与表达式一一对应。

2）Select

语法格式：　Select [Distinct] * | < 列表达式 1 >[As <别名 1 >]

　　　　　　　　　　[，…，< 列表达式 n >[As <别名 n >]]

　　　　　　　From < 表名 1 >[，…，< 列表达式 n >]

　　　　　　　[Where < 条件 >]

　　　　　　　[Order By < 排序关键字 > [ASC | DESC]]

　　　　　　　[Group By < 分组字段 >[Having <条件>]]

说明：执行此语句时，将数据表中满足 Where < 条件 >的记录作为整个查询的结果。

（1）* | < 列表达式 1 >[，…，< 列表达式 n >]，用来指定某列显示的值。只有"*"时，列标题为所有字段。

（2）< 别名 1 >[，…，< 别名 n >]为输列出表达式值指定对应列名。如果省略此项，当表达式是一个字段名时，字段名即为列名。

（3）系统默认情况下，输出数据可能有重复行（对应字段值相同）。如果使用"Distinct"，则对那些重复的数据仅输出第一行。

（4）"From"之后可以使用多个表名，用","分隔开，用于指出数据来源，即从哪些表中提取出操作的数据。

（5）[Where < 条件 >]不仅用于说明选择数据记录的条件，也用于设置多个表的连接条件。

（6）❽Order By"用于说明输出结果数据的排序关键字，排序关键字可以是单独字段，也可以是表达式。系统默认按关键字值升序（ASC）排列，也可以按关键字值降序（DESC）排列。

（7）"Group By"用于说明数据分组的关键字段，分组字段值相同的数据记录汇总成一行输出。"Having"<条件>指出仅输出那些符合"条件"的分组行。

3）"Update"

语法格式：Update < 表名 > Set < 字段名 1 > = < 表达式 1 >
　　　　　[…, < 字段名 n > = < 表达式 n >] [Where < 条件 >];

说明：执行此语句时，用表达式的值去修改对应的字段。如果省略 Where< 条件 >选项，则修改表中全部记录；如果使用 Where < 条件 >，则仅修改符合条件的记录。

4）"Delete"

语法格式：Delete From < 表名 > [Where < 条件 >];

说明：使用此语句时，如果省略 Where< 条件 >选项，则删除表中全部记录，如果使用 Where < 条件 >，则仅删除那些满足"条件"的记录。Access 2010 中没有逻辑删除和物理删除的概念，一旦删除就无法恢复了。

2．SQL 视图工作界面

SQL 的基本工作方式是命令方式。Access 2010 没有提供独立的 SQL 工具，可以将查询设计视图之一的"SQL 视图"作为一般的 SQL 工具使用。该工具功能有限，一次只能编辑处理一条 SQL 语句，并且除错误定位和提示外，没有其他任何辅助性的功能。

"SQL 视图"是与"设计视图"对应的一种界面，如图 6-33 所示。

图 6-33　SQL 视图界面

这是一个文本编辑器，编辑的方法与记事本相似。用户在窗口中可以完成：

（1）输入、编辑 SQL 语句。

（2）运行 SQL 语句并查看查询结果。

（3）保存 SQL 语句为查询对象。

（4）在"SQL 视图"和"设计视图"之间切换。

在这个窗口只能使用"SQL"命令语句。包括定义命令："CREATE、ALTER、DROP"；查询命令"SELECT"；操作命令："INSERT、UPDATE、DELETE"。

【例 6-9】在"教务.accdb"数据库"学生"表中，列出分数在 82 分以上的党员姓名、分数和补助。

　　SELECT 姓名，分数，补助
　　　　FROM 学生
　　WHERE 分数>82 AND 是否党员=True;

【例 6-10】在"教务.accdb"数据库"学生"表中，若学号的前 4 位表示入学年份，要求统计 2009 年入学计算机专业同学的平均分数，并将结果赋给变量 x（或者新字段 x）。

　　SELECT Avg（分数）AS x
　　FROM 学生

WHERE 专业="计算机" AND Left（学号，4）=2009；

【例 6-11】在"教务.accdb"数据库"学生"表中，要求统计 1987 年以前（不包括 1987 年）出生的女生的补助总和，并将结果赋给变量 x（或者新字段 x）。

SELECT Sum（补助）AS x
FROM 学生
WHERE 性别="女" AND Year（出生日期）<1987；

【例 6-12】在"教务.accdb"数据库"学生"表中，若学号的前 4 位表示入学年份，要求删除 2007 年入学的男同学的记录。

DELETE FROM 学生
WHERE Left（学号，4）=2007 AND 性别="男"；

【例 6-13】在"教务.accdb"数据库"学生"表中，要求给 8 月份出生的或计算机专业的学生的补助增加 300 元。

UPDATE 学生 SET 补助=补助+300
WHERE 专业="计算机"OR Month（出生日期）=8；

【例 6-14】在"教务.accdb"数据库"学生"表中，要求对 1986 年出生的女同学按照分数的升序排列，并生成表名为"学生 1"的新表。

SELECT * INTO 学生 1
FROM 学生
WHERE Year（出生日期）=1986 AND 性别="女"
ORDER BY 分数；

【例 6-15】在"教务.accdb"数据库"学生"表中，要求利用出生日期产生一个新字段"年龄"，并在查询中显示原来的所有字段和"年龄"。

SELECT *，Year（Date（））-Year（出生日期）AS 年龄
FROM 学生；

第 7 章 计算机网络与信息安全

- 掌握计算机网络的定义、分类、拓扑结构，了解计算机网络的形成与发展和体系结构。
- 掌握局域网的拓扑结构和组成，了解虚拟局域网和无线局域网。
- 了解 Internet 的发展和 TCP/IP 协议，掌握 IP 地址和域名。
- 掌握 Internet 的常用服务。
- 理解信息安全的基本概念，掌握计算机病毒的基本知识。

7.1 计算机网络基础

计算机网络是通信技术和计算机技术相结合的产物，始于 20 世纪 50 年代。计算机网络是信息收集、分发、存储和处理的重要载体，一个国家网络建设的规模和水平是衡量一个国家综合国力、科技水平和社会信息化的重要标志。目前，计算机网络技术已经进入一个崭新的时代，特别在当今的信息社会，网络技术已经日益深入到国民经济各部门和社会生活的各个方面，成为人们日常生活、工作不可或缺的工具。

计算机网络是指将不同地理位置上分散的具有独立处理能力的多台计算机经过传输介质和通信设备相互联接起来，在网络操作系统和网络通信软件的控制之下，按照统一的协议进行协同工作，以达到资源共享的目的。计算机网络由硬件和软件两大部分组成。硬件主要由多台计算机组成的计算机资源子网，以及连于计算机之间的通信线缆和通信设备组成的通信子网组成；软件主要包括各种网络操作系统和信息资源。

7.1.1 计算机网络的形成与发展

计算机网络源于计算机技术与通信技术的结合，由最初的终端与主机之间的远程通信到今天世界范围内成千上万台计算机之间互联。世界上公认的、最成功的第一个远程计算机网络是在 1969 年由美国高级研究计划署（Advanced Research Projects Agency，ARPA）组织研制成功的 ARPANET，它就是现在 Internet 的前身。计算机网络的发展大致经历 4 个主要阶段：

第一阶段：以单台计算机为中心的联机系统

20 世纪 60 年代末，计算机网络发展的萌芽阶段。该阶段又称为终端—计算机网络，是早期计算机网络的主要形式,它是将一台计算机经通信线路与若干终端直接相连。终端是一台计算机的外围设备包括显示器和键盘,无 CPU 和内存。美国于 20 世纪 50 年代建立的半自动地面防空系统 SAGE 就属于这一类网络。

其主要特征是:为了增加系统的计算能力和资源共享,把小型计算机连成实验性的网络。这种系统虽然不是现代意义上的网络,但已经能够简单地满足用户从异地使用计算机的要求。

第二阶段:多个自主功能的主机通过通信线路互连的计算机网络

第二阶段的计算机网络是以多个主机通过通信线路互连起来,为用户提供服务,主机之间不是直接用线路相连,而是由接口报文处理机(IMP)转接后互连的。IMP 和它们之间互连的通信线路一起负责主机间的通信任务,构成了通信子网。通信子网互连的主机负责运行程序,提供资源共享,组成资源子网。

这个时期,网络概念为"以能够相互共享资源为目的互连起来的具有独立功能的计算机之集合体",形成了计算机网络的基本概念。

两个主机间通信时对传送信息内容的理解、信息表示形式及各种情况下的应答信号都必须遵守一个共同的约定,称为协议。

第三阶段:计算机网络互联标准化

计算机网络互联标准化是指具有统一的网络体系结构并遵循国际标准的开放式和标准化的网络。ARPANET 兴起后,计算机网络发展迅猛,各大计算机公司相继推出自己的网络体系结构及实现这些结构的软硬件产品。由于没有统一的标准,不同厂商的产品之间互联很困难,人们迫切需要一种开放性的标准化实用网络环境,这样两种国际通用的最重要的体系结构应运而生了,即 TCP/IP 体系结构和国际标准化组织的 OSI 体系结构,由此计算机网络进入了新的阶段。计算机局域网及其互联产品的集成使得局域网与局域网互联、局域网与各类主机互连,以及局域网与广域网互联的技术越来越成熟。

第四阶段:计算机网络高速和智能化发展(高速网络技术阶段)

20 世纪 90 年代初至今是计算机网络飞速发展的阶段,Internet 把已有的计算机网络通过统一的协议连成一个世界性的大计算机网,从而构造出一个虚拟的世界。Internet 上不仅有分布于世界各地计算机上成千上万的资源,而且 Internet 上丰富的网络应用程序也为网络用户提供了各种各样的服务,使得计算机网络成为人们社会生活中不可或缺的组成部分。可以说 Internet 的普及应用,是人类由工业社会向信息社会发展的重要标志。

任何一台计算机都必须以某种形式连网,以实现资源共享或协同工作,否则就不能充分发挥计算机的性能。计算机的发展已经完全与网络融为一体,体现了"网络就是计算机"的口号。

7.1.2 计算机网络的分类

计算机网络的分类标准有很多,可以从覆盖范围、交换方式、拓扑结构、传输介质、通信方式等方面进行分类。

1. 根据覆盖范围分类

按网络的覆盖范围进行分类,计算机网络可以分为三种基本类型:局域网(Local Area Network,LAN)、城域网(Metropolitan Area Network,MAN)和广域网(Wide Area Network,WAN)。这种分类方法也是目前比较流行的一种方法。

1)局域网

局域网也称为局部网,是指在有限的地理范围内构成的规模相对较小的计算机网络。它具有较高的传输速率,通常将一座大楼或一个校园内分散的计算机连接起来构成局域网。它的特点是分布距离近,传输速度高,连接费用低,数据传输可靠,误码率低。

2)城域网

城域网也称为市域网,它是在一个城市内部组建的计算机网络,提供全市的信息服务。城域网是介于广域网与局域网之间的一种高速网络,通常是将一个地区或一座城市内的局域网连接起来构成城域网。城域网一般具有以下几个特点:采用的传输介质相对复杂;数据传输速率低于局域网;数据传输距离相对局域网要长,信号容易受到干扰;组网比较复杂,成本较高。

3)广域网

广域网也称为远程网,它的联网设备分布范围很广。它所涉及的地理范围可以是市、地区、省、国家,乃至世界范围。广域网是通过卫星、微波、无线电、电话线、光纤等传输介质连接的国家网络和国际网络,它是全球计算机网络的主干网络。广域网一般具有以下几个特点:地理范围没有限制;传输介质复杂;由于长距离的传输,数据的传输速率较低,且容易出现错误,采用的技术比较复杂;是一个公共的网络,不属于任何一个机构或国家。

2. 根据交换方式分类

按交换方式分类,计算机网络可以分为三种基本类型:电路交换网、报文交换网和分组交换网。

1)电路交换网

电路交换网类似于传统的电话网络,用户在开始通信前,必须申请建立一条从发送端到接收端的物理信道,并且在双方通信期间始终占用该信道,直到通信一方释放这条物理通道。电话交换网的优点是数据传输可靠,传输延迟小,实时性好,但线路使用效率低。电路交换适用于模拟信息的传输和实时性大批量连续的数字信息传输,电路交换网络主要用于远程用户或移动用户连接企业局域网,或用做高速线路的备份。

2)报文交换网

报文交换是以报文为单位进行存储交换的技术,所谓报文就是需要发送的整个数据块,其长度并无限制。报文交换采用存储-转发原理,中间结点把收到的报文存储起来,等到信道空闲时再把报文转发到下一个结点。报文经过多个中转结点存储转发,最终到达目标节点。报文包含三部分:报头、正文和报尾。报头中有报文号、源地址和目的地址,每个中间结点根据目的地址为报文进行路由选择,使其能最终到达目的端。报文交换网线路利用率高,但结点存储转发的时延较大,不适用于实时交互通信。

3)分组交换网

分组交换把要传输的报文分成若干个小的数据块,称为分组,然后以分组为单位按照与报文交换相同的方法进行传输。分组交换 1969 年首次在 ARPANET 上使用,现在人们都公认 ARPANET 是分组交换网之父,并将分组交换网的出现作为计算机网络新时代的开始。分组头中包含了分组编号,当各个分组都到达目的结点后,目的结点按照分组编号重组报文。由于分组长度有限,可以在中间结点机的内存中进行存储处理,其转发速度大大提高,但由于要在目的结点对报文进行重组,因此增加了目的结点加工处理的时间和处理的复杂性。

根据网络的拓扑结构,可以将计算机网分为星形网、总线型网、环形网、树状网和网状网;根据网络的传输介质,可以将计算机网络分为有线网、光纤网和无线网三种类型;根据网络的通信方式可分为广播式传输网络和点到点传输网络。除了以上几种分类方法外,还可按网络信道的带宽分为窄带网和宽带网;按网络不同的用途分为科研网、教育网、商业网、企业网等。

7.1.3 计算机网络的体系结构

计算机网络是一种复杂、多样、无处不在的大系统。计算机网络的实现要解决很多复杂的技术问题：支持多种通信介质；支持多厂商、异种机互联，包括软件的通信协议及硬件接口的规范；支持多种业务；支持高级人-机界面，满足人们对多媒体日益增长的需求。工程设计中常常将一个复杂的问题分解成若干个容易处理的子问题。根据这一思想，将计算机网络按照功能划分成不同的层次，各层次独立完成一定的功能。网络体系结构（Network Architecture）就是为了完成计算机间的通信合作，把每台计算机互联的功能划分成有明确定义的层次，并规定了同层次进程通信的协议及相邻之间的接口及服务。

目前，计算机网络体系结构模型主要有 OSI 参考模型和 TCP/IP 协议模型两种。

1．开放系统互连参考模型 OSI/RM

1977 年，国际标准化组织（ISO）为适应网络向标准化发展的需求，成立了 SC16 委员会，在研究并吸取各计算机厂商网络体系结构标准化经验的基础之上，制定了开放系统互连参考模型（OSI/RM），形成了网络体系结构的国际标准。所谓"开放"是指任何两个系统只要遵守参考模型和有关标准，都能够进行互连。OSI 采用层次化结构的构造技术，该模型把整个系统分为 7 层，从低到高分别为物理层、数据链路层、网络层、传输层、会话层、表示层和应用层，如图 7-1 所示。

物理层：最底层，建立在物理通信介质的基础上，作为系统和通信介质的接口，为数据链路层实体间实现透明的比特（bit）流传输。

用户要传递信息就要利用一些物理媒体，如双绞线、同轴电缆等，但具体的物理媒体并不在 7 层之内。物理层的任务是为它的上层提供一个物理连接，以及他们的机械、电气、功能和过程特性。如规定使用电缆和接头的类型、传送信号的电压等。

数据链路层：通过物理层提供的比特流服务，在相邻结点之间建立链路，对传输中可能出现的差错进行检错和纠错，向网络层提供无差错的透明传输。包括逻辑链路控制子层 LLC 和介质访问控制子层 MAC，LLC 负责与网络层通信，MAC 负责对物理层的控制。

以帧为单位传送数据，每一帧包括一定数量的数据和一些必要的控制信息。和物理层类似，数据链路层要负责建立、维持和释放数据链路的连接。在传送数据时，如果接收点检测到数据中有差错，就要通知发送方重发这一帧。

网络层：为传输层实体提供端到端的交换网络数据传送功能。使得传输层摆脱路由选择、交换方式、拥挤控制等网络传输细节；为传输层实体建立、维持和拆除一条或多条通信路径；对网络传输中发生的不可恢复的差错予以报告。

网络层将从高层传送下来的数据打包，再进行必要的路由选择，差错控制，流量控制及顺序检测等处理，使发送站传输层所传下来的数据能够正确无误地按照地址传送到目的站，并交付给目的站传输层。

传输层：为会话层提供透明的、可靠的数据传输服务，保证端到端的数据的完整性；选

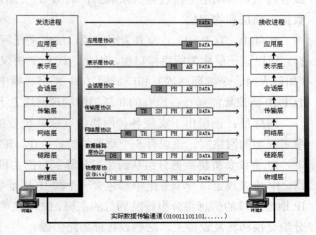

图 7-1　OSI/RM 参考模型

择网络层能提供最适合的服务；提供建立、维护和拆除传输连接等功能。

传输层将数据分段，建立端到端的虚连接，提供可靠的 TCP 或者不可靠的 UDP 传输。在这一层，信息的传送单位是报文。传输层在 OSI/RM 中起到承上启下的作用，是整个网络体系结构的关键。

会话层：负责在两个进程之间建立、组织和同步会话，解决进程之间会话的具体问题。

这一层也可以称为会晤层或对话层，在会话层及以上的高层次中，数据传送的单位不再另外命名，统一称为报文。会话层不参与具体的运算，它提供包括访问验证和会话管理在内的建立和维护应用之间通信的机制。如服务器验证用户登录便是由会话层完成的。

表示层：负责定义信息的表示方法，并向上层提供一系列的信息转换，是人机之间的协调者。即将欲交换的数据从适合于某一用户的抽象语法，转换为适合于 OSI 系统内部使用的传送语法，提供格式化的表示和转换数据服务。如进行二进制与 ASCII 码的转换、数据的压缩和解压缩、加密和解密等。

应用层：人机通信的接口，直接为用户访问 OSI 环境提供各种服务。应用层包括了各种公共应用程序，如电子邮件、文件传输、远程登录等，并提供网络管理功能。

OSI 参考模型规定的是两个开放系统进行互联所要遵循的标准，其中高 4 层定义了端到端对等实体之间的通信，低 3 层涉及通过通信子网进行数据传送的规程。

2．TCP/IP 体系结构

TCP/IP 协议集是一组工业标准协议，于 20 世纪 70 年代首先在 ARPANET 中使用，后来经过许多大学和研究所的研究，以及网络商业化的发展，TCP/IP 协议集已被众多网络产品商家和用户支持和采用，实现了在异构环境中不同结点的相互通信，成为计算机网络中使用最广泛的体系结构之一。

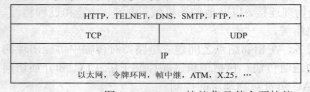

图 7-2 TCP/IP 协议集及其主要协议

TCP/IP 体系结构分为四层：网络接口层、网际层、传输层和应用层。与 OST/RM 的分层方法类似，TCP/IP 通常表示为如图 7-2 所示的层次模型。

网络接口层：负责将 IP 分组封装成适合在物理网络上传输的格式，以比特的形式进行传输；或者将从物理网络中接收到的帧解封，取出 IP 分组递交至网络层。该层相当于 OSI 参考模型中的数据链路层和物理层。

实际上，TCP/IP 并没有为网络接口层定义任何协议，它仅定义了与不同的网络进行连接的接口，所以这一层称为网络接口层。因此，TCP/IP 协议集可以用来连接不同类型的网络，包括局域网（如以太网、令牌环网等）和广域网（如 X.25、帧中继等），并独立于任何特定的物理网络，使得 TCP/IP 协议集能运行在原有的和新型的物理网络之上。

网际层：该层用于实现各种网络的互联，把分组独立地从信源传递到信宿，该层相当于 OSI 参考模型的网络层。该层有 5 个重要的协议：IP、ICMP、ARP、RARP 和 IGMP。

IP 协议负责将数据分组从源主机传输到目的主机，无论中间经过什么样的网络或经过多少个网络。IP 协议规定每一个分组中都包含一个源 IP 地址字段和一个目的 IP 地址字段，IP 协议利用目的 IP 地址字段的信息将分组转发到目的主机。IP 不仅可以运行在各种主机上，也可以运行在网络中的分组交换和转发设备上，这些设备称为路由器。

ICMP 协议为路由器提供机制，以便向请求传输路由信息或路由可达性状态信息的其他路由器或主机提供这些信息，还可以为其他结点通告当前时间等。

ARP 协议负责将 IP 地址解析为主机的物理地址，以便于物理设备按该地址发送和接收数据。

RARP 协议负责将物理地址解析为 IP 地址，这个协议主要针对无盘工作站获取 IP 地址而设计的。

IGMP 负责对 IP 多播组进行管理，包括多播组成员的加入和删除等。

传输层：在源主机和目的主机对等实体之间提供端对端可靠的数据传送服务，该层相当于 OSI 参考模型中的传输层。为保证数据传输的可靠性，传输层协议规定接收端必须发回确认，并且假定报文丢失，必须重新发送。传输层还要解决不同应用进程的标识问题，因为在计算机中，常常是多个应用进程同时访问网络。此外，传输层的每个报文均带有一个校验和，以便目的主机检查所接收的分组是否正确。

传输层有两个主要的协议：TCP 和 UDP。TCP 协议是一个可靠的、面向连接的协议。UDP 协议是一个不可靠的、无连接的传输层协议。TCP 和 UDP 协议的具体实现细节在 7.4 节中介绍。

应用层：应用层为用户的应用程序提供了访问网络服务的能力并定义了不同主机上的应用程序之间交换用户数据的一系列协议。应用层包括了所有的高层协议，由于不同的网络应用对网络服务的要求各不相同，因此应用层的协议非常丰富，并且不断有新的协议加入。主要协议包括 FTP、DNS、SMTP 和 HTTP 等。

TCP/IP 协议是该模型的核心。TCP 提供传输层服务，IP 提供网络层服务。TCP/IP 协议模型和 OSI 参考模型的对比如图 7-3 所示。

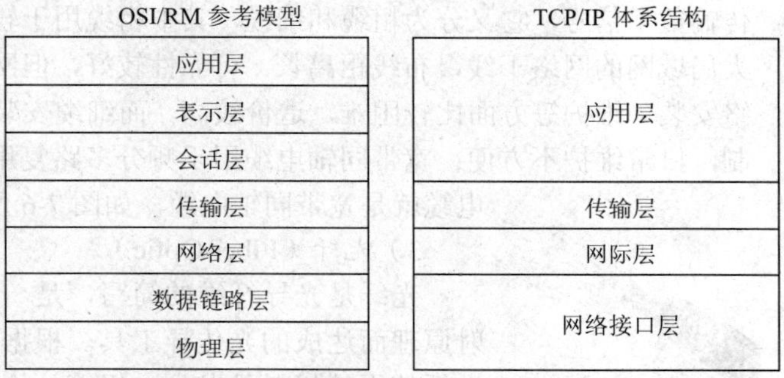

图 7-3　OSI/RM 参考模型和 TCP/IP 参考模型的对比

7.1.4　网络通信设备

1．网络传输介质

网络传输介质是指在网络中传输信息的载体，常用的传输介质分为有线传输介质和无线传输介质两大类。有线传输介质主要有双绞线、同轴电缆和光纤，双绞线和同轴电缆传输电信号，光纤传输光信号；无线传输介质又分为微波、卫星和红外线多种。

1）双绞线（Twisted Pair，TP）

双绞线，是将一对以上的双绞线封装在一个绝缘外套中，为了降低信号的干扰程度，电缆中的每一对双绞线一般是由两根绝缘铜导线相互扭绕而成，也因此把它称为双绞线。

双绞线分为屏蔽双绞线（Shield Twisted Pair，STP）和非屏蔽双绞线（Unshield Twisted Pair，UTP）。非屏蔽双绞线价格便宜，传输速度偏低，抗干扰能力较差；屏蔽双绞线抗干扰能力较好，具有更高的传输速度，但价格相对较贵，适用于网络流量较大的高速网络协议应用，如图 7-4 所示。

双绞线又可分为 3 类、4 类、5 类、超 5 类、6 类和 7 类双绞线，现在常用的是 5 类 UTP，其频率带宽为 100MHz。6 类、7 类双绞线分

图 7-4　超五类非屏蔽双绞线

图 7-5 六类屏蔽双绞线

别可工作于 200MHz 和 600MHz 的频率带宽上，且采用特殊设计的 RJ-45 插头，如图 7-5 所示。

双绞线一般用于 10BASE-T 和 100BAST-T 的以太网中，具体规定是：双绞线每端需要安装一个 RJ-45 头（水晶头），连接网卡与集线器，最大网线长度为 100 米，如果要加大网络的范围，在两段双绞线之间可安装中继器，最多可安装 4 个中继器，如安装 4 个中继器连接 5 个网段，最大传输范围可达 500 米。

2）同轴电缆（Coaxial）

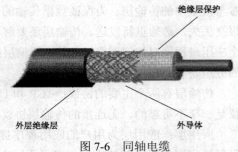

图 7-6 同轴电缆

同轴电缆由同轴的内外两个导体组成，如图 7-6 所示，内导体是一根金属线，外导体是一根圆柱形的套管，一般是细金属线编制成的网状结构，内外导体之间有绝缘层。同轴电缆又分为基带同轴电缆（阻抗为 50Ω）和宽带同轴电缆（阻抗为 75Ω）。基带同轴电缆用来直接传输数字信号，它又分为粗缆和细缆，其中粗缆用于较大局域网的网络干线，布线距离长，可靠性较好，但网络安装、维护等方面比较困难，造价较高，而细缆安装容易，且造价低，但因受网路布线结构的限制，日常维护不方便；宽带同轴电缆用于频分多路复用的模拟信号发送，闭路电视所使用的 CATV 电缆就是宽带同轴电缆，如图 7-6 所示。

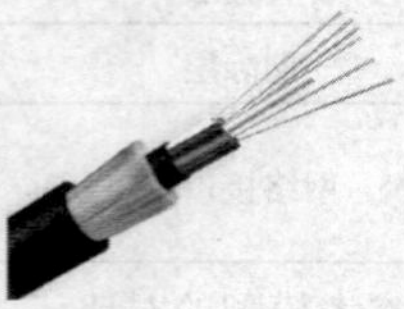

3）光纤（Fiber Optic）

光纤是光导纤维的简写，是一种利用光在玻璃或塑料制成的纤维中的全反射原理而达成的光传导工具。根据光源的不同分为多模光纤和单模光纤。多模光纤使用的材料是发光二极管，价格较便宜，但定向性差。单模光纤使用的材料是注入型激光二极管，定向性好，损耗少，效率高，传播距离长，但价格昂贵，如图 7-7 所示。

图 7-7 光缆

4）微波和卫星

微波传输使用的频率范围在 2G～40GHz。频率越高，意味着可用带宽越宽，因此数据传输速率就越高。与任何传输系统一样，损耗的主要原因是衰减，它与距离的平方成正比。一般微波系统的中继器间隔为 10～100km，长途通信时必须建立多个中继站。中继站的功能是变频和放大，进行功率补偿。另外，微波的衰减还会随天气变化，雨雪天气对微波产生吸收损耗。随着微波应用的日益普及，传输区域的重叠会造成严重的干扰，所以微波频带的使用与分配要受到国家的严格控制。

卫星实际上是一个微波中继站，它被用来连接两个以上的微波收发系统。卫星接收来自地面发送站发出的电磁波信号后，再以广播方式用不同的频率发回地面，由地面工作中接收。卫星通信可以克服地面微波通信距离的限制，一个同步卫星可以覆盖地球三分之一以上的表面，3 个卫星就可以覆盖全球的通信区域，这样地球上的各个地面站就可以相互通信了。卫星通信的优点是容量大，距离远，缺点是传播延迟长。

2．网络设备

一个计算机网络是由各种各样的网络设备连接组成的，使用网络设备可以建立更大规模的网络，支持更多的计算机，提供更多的带宽。

1）网络适配器

网络适配器简称网卡（见图 7-8），连接计算机与网络的硬件设备，是网络的基本部件之一。网络适配器插在计算机总线插槽中，与网络程序配合工作，负责将要发送的数据转换成网络上其他设备能够识别的格式，通过网络介质进行传输，或从网络介质接收信息，转换成网络程序能够识别的格式，提交给网络操作系统。无论是双绞线连接、同轴电缆连接还是光纤连接，都必须借助于网卡才能实现数据的通信。

网卡拥有 MAC 地址，实现了物理层和数据链路层的功能，它使得用户可以透过电缆或无线相互连接。MAC 地址是一个独一无二的 48 位序列号，被写在卡上的一块 ROM 中。电气电子工程师协会（IEEE）负责为网卡生产商分配 MAC 地址，没有任何两块被生产出来的网卡拥有同样的地址。

网卡是局域网中连接计算机和传输介质的接口，局域网中每一台联网计算机都需要安装一块或多块网卡。网卡完成物理层和数据链路层的大部分功能，包括网卡与网络电缆的物理连接、介质访问控制、数据帧的拆装、帧的发送与接收、错误校验、数据信号的编/解码、数据的串/并行转换等功能。

图 7-8　网卡

无线网卡是终端无线网络设备，采用无线信号进行数据传输，其功能与普通网卡一样。无线网卡是一个信号收发的设备，只有在找到上互联网的出口时才能实现与互联网的连接，所有无线网卡只能局限在已布有无线局域网的范围内。无线网卡根据接口的不同，主要有 PCMCIA 无线网卡、PCI 无线网卡、MiniPCI 无线网卡、USB 无线网卡（见图7-9）、CF／SD 无线网卡等。

图 7-9　USB 无线网卡

网卡有多种类型，选择网卡时应从计算机总线的类型、传输介质的类型、组网的拓扑结构、结点之间的距离及网络段的最大长度等几个方面来考虑。

2）集线器

集线器（Hub）是对网络进行集中管理的最小单元，在局域网中广泛使用的网络设备，可将来自多个计算机的双绞线集中于一体，并将接收到的数据转发到每个端口，从而构成一个局域网，还可连接多个网段，扩展局域网的物理作用范围。

集线器（见图7-10）本质上是一个多端口的中继器，工作中当一个端口接收到数据信号时，由于信号在从源端口到集线器的传输过程中已有了衰减，所以集线器便将该信号进行整形放大，使被衰减的信号再生（恢复）到发送时的状态，紧接着转

图 7-10　集线器

发到其他所有处于工作状态的端口上。从它的工作方式可以看出，集线器在网络中只起到信号放大和重发作用，其目的是扩大网络的传输范围，而不具备信号的定向传送能力，是一个标准的共享式设备。集线器级联起来作为多个网段的转接设备。集线器是局域网的星型连接点，一旦它出问题整个网络便无法工作。

Hub 按照对输入信号的处理方式上，可以分为无源 Hub、有源 Hub、智能 Hub 和其他 Hub；按照带宽可以分为 10MB、100MB、10/100MB 及自适应 Hub 等；按照结构的不同可以分为：独立型 Hub、可堆叠型 Hub 和模块化 Hub。

3）网桥

网桥工作在数据链路层的 MAC 子层，将两个相似的网络连接起来，而且可提高网络的性能、可靠性和安全性。网桥监听所有流经它所连接的网段的数据帧，并检查每个数据帧中的 MAC 地址，以此决定是否将该帧发往其他网段。网桥还是一个存储转发设备，具有对数据帧进行缓冲的能力。网桥可以把两个（或多个）物理网络连接成一个逻辑网络，使这个逻辑网络的行为从外部看起来就

像一个单独的物理网络一样。桥的功能在延长网络跨度上类似于中继器，然而它能提供智能化连接服务，即根据帧的终点地址处于哪一网段来进行转发和滤除。

根据网桥的路径选择方法，可以将网桥分为两种类型：透明网桥和源路由网桥。透明网桥类似于一个黑盒子，对网络上的站点完全透明。优点是安装和管理十分方便，即插即用，且与现有的 IEEE 802 产品兼容，但不能选择最佳路径，也就无法充分利用冗余的网桥来分担负载。透明网桥多用于以太网，也可以用于令牌环网和 FDDI。源路由网桥要求主机参与路由选择，从理论上来说，它可以选择最佳路径，因而可以充分利用冗余的网桥来分担负载，但实际实现起来并不容易。源路由网桥主要用于令牌环网和 FDDI。

4）交换机

交换机是一种廉价且高效的网络连接设备，已经逐渐取代传统集线器在网络连接中的地位。使用网桥进行网络分段可以在一定程度上缓解由于冲突而引起的网络性能下降和网络阻塞问题，但网络分段对网路上的通信拥挤问题解决得并不彻底。以太网交换机可以解决网段分割问题，又能解决分担带来的网络主干拥挤问题。

以太网交换机也是根据数据帧中的源 MAC 地址来构造转发表，根据目标 MAC 地址进行过滤转发操作，但转发速度接近线速。并且，交换机比网桥具有更高的端口密度。当工作站需要通信时，交换机能连通许多对端口，每一对互相通信的工作站能像独占通信媒体那样，无冲突地传输数据，通信完成后自动断开连接。与集线器的分类相似，以太网交换机也可分为独立型、可堆叠型和模块化机箱式三种。

5）路由器

路由器是互联网的主要结点设备，是不同网络之间互相连接的枢纽。在因特网中，路由器是骨干网络的重要组成部分之一。路由器工作在 OSI 模型的网络层。它的主要功能是为经过路由器的每个数据分组选择一条最佳路径。路由器中用路由表来保存路由信息，路由表中包含了互联网络中各个子网的地址、到达各子网所经过的路径及与路径相联系的传输开销等内容。

一个路由器有多个网络接口，分别连接一个网络或另一个路由器。当路由器在某个接口上收到一个分组时，它就找出该分组中的目的网络地址，并到路由器表中查找这个地址。路由表中的每个网络地址都对应一个转发接口，所以一旦查到了地址，路由器就知道该分组应该从哪个接口转发出去。互联网中各个网络和它们之间相互连接的情况经常会发生变化，因此路由表中信息也会及时更新。

6）网关

网关工作在网络层以上，通常由运行在一台计算机上的专用软件来实现。常见的网关有两种：协议网关和安全网关。协议网关通常用于实现不同体系结构网络之间的互连或在两个使用不同协议的网络之间做协议转换。网络互连的层次越高，就能对差别越大的异构网实现互连，但是互连的代价就会越大，效率也会越低。校园网的典型结构是由一个主干网和若干个子网段组成。主干网和子网之间常选用路由器或第三层交换机进行连接；校园网和其他网络一般采用网关进行互连。安全网关通常又称防火墙，主要用于网络的安全防护。

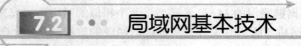

7.2 局域网基本技术

局域网与广域网（WAN）不同，局域网 LAN（Local Area Network），是一种在有限的地理范围内将大量 PC 及各种设备互连以实现数据传输和资源共享的计算机网络，具有以下主要特点：

（1）数据传输速率较高。一般为 0.1～100Mbit/s，目前已出现速率高达 1000Mbit/s 的局域网。可交换各类数字和非数字（如语音、图像、视频等）信息。随着局域网技术的进一步发展，目前正在向着更高的速度发展。

（2）通信质量较好，传输误码率低，一般在 10^{-11}～10^{-8} 以下。这是因为局域网通常采用短距离基带传输，可以使用高质量的传输媒体，从而提高了数据传输质量。

（3）通常为一个单位所建，由单位或部门内部进行控制管理和使用。在设计、安装、操作使用时由单位统一考虑、全面规划，不受公用网络当局的约束。

（4）支持多种通信传输介质。根据网络本身的性能要求，局域网中可使用多种通信介质，例如细缆、粗缆、双绞线、光纤及无线传输介质等。

（5）局域网成本低，安装、扩充及维护方便。LAN 的安装较简单，可扩充性好，尤其在目前大量采用以交换机或集线器为中心的星形网络结构的局域网中，扩充服务器、工作站等十分方便，某些站点出现故障时整个网络仍可以在正常工作。

如果采用宽带局域网，则可以实现数据、语音和图像的综合传输。在基带网上，随着技术的迅速发展也逐步能实现语音和静态图像的综合传输，这正是办公自动化所需求的。

7.2.1 拓扑结构

计算机网络的拓扑结构，即是指网上计算机或设备与传输介质形成的结点与线的物理构成模式。网络的结点有两类：一类是转换和交换信息的转接结点，包括结点交换机、集线器和终端控制器等；另一类是访问结点，包括计算机主机和终端等。线则代表各种传输介质，包括有线传输介质和无线传输介质。

计算机网络的拓扑结构主要有：总线型拓扑、星形拓扑、环形拓扑、树状拓扑和混合形拓扑。

1. 总线型拓扑

总线型结构由一条高速公用主干电缆即总线连接若干个结点构成网络，如图 7-11 所示。网络中所有的结点通过总线进行信息的传输。这种结构的特点是结构简单灵活，建网容易，使用方便，性能好。其缺点是主干总线对网络起决定性作用，总线故障将影响整个网络。总线型拓扑是使用最普遍的一种网络。

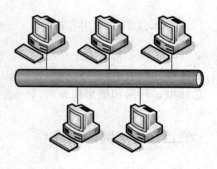

图 7-11 总线型拓扑结构

2. 星形拓扑

星形拓扑由中央结点集线器与各个结点连接组成，如图 7-12 所示。这种网络各结点必须通过中央结点才能实现通信。星形结构的特点是结构简单、建网容易，便于控制和管理；故障隔离和检查容易；网络延迟时间短。其缺点是中央结点负担较重，容易形成系统的"瓶颈"，线路的利用率也不高。

3. 环形拓扑

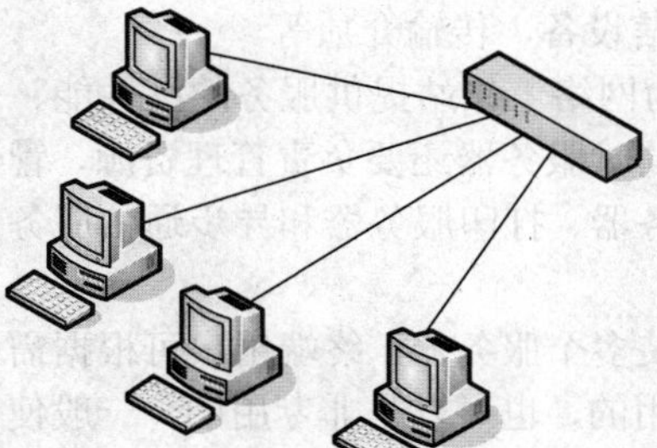

图 7-12 星形拓扑结构

环形拓扑由各结点首尾相连形成一个闭合环形线路，如图

7-13 所示。环形网络中的信息传送是单向的,即沿一个方向从一个结点传到另一个结点;每个结点需安装中继器,以接收、放大、发送信号。这种结构的特点是结构简单,建网容易,便于管理。其缺点是当结点过多时,将影响传输效率,不利于扩充。

4．树状拓扑

树状拓扑是一种分级结构,如图 7-14 所示。在树状结构的网络中,任意两个结点之间不产生回路,每条通路都支持双向传输。这种结构的特点是扩充方便、灵活,成本低,易于推广,适合于分主次或分等级的层次型管理系统。

5．网状拓扑

网状拓扑主要用于广域网,由于结点之间有多条线路相连,所以网络的可靠性较高,如图 7-15 所示。由于结构比较复杂,建设成本较高。

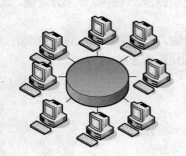 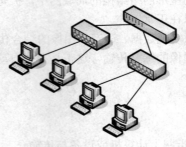 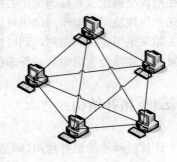

图 7-13 环形拓扑结构图　　图 7-14 树状拓扑结构图　　图 7-15 网形拓扑结构

除了以上常见的拓扑结构外,还有混合形拓扑和蜂窝拓扑结构。在一个较大的网络中,往往根据需要,利用不同形式的组合,形成网络拓扑结构。广域网多用树状拓扑或网状拓扑,局域网多用总线型、环形和星形拓扑。

7.2.2　局域网的组成

局域网由两部分组成:网络硬件系统和网络软件系统两大部分,所涉及的网络组件主要有服务器、工作站、通信设备、软件系统等。

1．网络硬件系统

组建局域网需要的网络硬件主要有服务器、网络工作站、通信设备、传输介质等。

服务器(Server)是以集中方式管理局域网中的共享资源,为网络工作站提供服务的高性能、高配置计算机。网络中可共享的资源大部分都集中在服务器中,同时服务器还要负责管理资源,管理多个用户的并发访问。常见的服务器有文件服务器、数据库服务器、打印服务器和异步通信服务器等,在一个计算机网络中至少要有一个文件服务器。

在局域网中,按照信息量的多少和用户的组网要求,可以安装多个服务器,终端用户可根据需要通过一定的命令来存取指定服务器中的数据。服务器可以是专用的,也可以是非专用的,一般使用高性能、特别是内存和外存容量较大、运行速度较快的计算机,在基于 PC 的局域网中也可以使用高档微机。

网络工作站简称工作站（WorkStation，WS），是为本地用户访问本地资源和网络资源，提供服务的配置较低的微型计算机。一般情况下，一个工作站在退出网络后，可以作为一台普通微型计算机使用，用来处理本地事务，工作站一旦联网就可以使用网络服务器提供的各种共享资源。

工作站分带盘（磁盘）工作站和无盘工作站两种类型。带盘工作站是带有硬盘（本地盘）的微型计算机。加电启动带盘工作站与网络中的服务器连接后，盘中存放的文件和数据不能被网上其他工作站共享。通常可将不需要共享的文件和数据存放在工作站的本地盘中，而将那些需要共享的文件和数据存放在文件服务器的硬盘中。

无盘工作站是不带硬盘的微型计算机，其引导程序存放在网络适配器的 EPROM 中，加电后自动执行，与网络中的服务器连接。这种工作站不仅能防止计算机病毒通过工作站感染文件服务器，还可以防止非法用户复制网络中的数据。

局域网中常用的通信设备有：网络适配器、中继器、集线器、网桥、交换机、路由器等。网络适配器是计算机与网络之间的物理链路，要使计算机连接到网络中，就必须在计算机中安装网卡；中继器具有信号放大和再生功能，用来扩展局域网覆盖范围；集线器实质上是多端口中继器，常用来组建星形网络；交换机是"智能型集线器"，采用交换技术为所连接的设备同时建立多条专用线路，是局域网最常见的通信设备；路由器用于网络与网络之间的互连；网关是最复杂的网络连接设备，可以用于局域网互联，也可以用于广域网互联。

传输介质包括双绞线、同轴电缆、光纤等有线传输介质和红外线、激光、卫星通信等无线传输介质。早期的局域网中使用最多的是同轴电缆。伴随着技术的发展，双绞线和光纤的应用越来越广泛，尤其是双绞线。目前在局部范围内的中、高速局域网中使用双绞线，在较远范围内的局域网中使用光纤已很普遍。在同轴电缆、双绞线及光纤 3 种传输介质中，双绞线的价格最低且安装、维护方便。同轴电缆造价介于双绞线和光纤之间，维护方便。光纤的价格高于同轴电缆和双绞线，但光纤具有低损耗、高数据传输速率、低误码率、安全保密性好的特性，因此是一种有前途的传输介质。

2．网络软件系统

组建局域网的基础是网络硬件，网络的使用和维护要依赖于网络软件。在局域网上使用的网络软件主要是网络操作系统、网络数据库管理系统和网络应用软件。

网络操作系统：它是管理计算机网络资源的系统软件，是网络用户与计算机网络之间的接口。网络操作系统既有单机操作系统的处理机管理、存储器管理、文件管理、设备管理和用户接口等功能，还具有对整个网络的资源进行协调管理，实现计算机之间高效可靠的通信，提供各种网络服务和为网上用户提供便利的操作与管理平台等网络管理功能。网络操作系统的水平决定着整个网络的水平及能否使所有网络用户都能方便、有效地利用计算机网络的功能和资源。

目前，世界上较流行的网络操作系统有：Novell 公司的 NetWare、Microsoft 公司的 Windows Server 2003、IBM 公司的 LAN Server 等。

它们在技术、性能、功能方面各有所长，支持多种工作环境，支持多种网络协议，能够满足不同用户的需要，为局域网的广泛应用奠定了良好的基础。局域网操作系统主要由服务器操作系统、网络服务软件、工作站软件及网络环境软件 4 部分组成。

网络数据库管理系统：该系统是一种可以将网上的各种形式的数据组织起来，科学、高效地进行存储、处理、传输和使用的系统软件，可把它看作网上的编程工具。如 Visual FoxPro、SQL Server、Oracle、Informix 等。

网络应用软件：软件开发者根据网络用户的需要，用开发工具开发出各种应用软件。网络应用软件随着计算机网络的发展和普及也越来越丰富，例如浏览软件、传输软件、电子邮件管理软件、游戏软件、聊天软件等。

7.2.3 无线局域网

通常局域网的通信介质主要是电缆或光缆，都是有线局域网。虽然有线局域网可以解决大部分的计算机连网问题，但是，有线网络在某些环境中，例如，在具有空旷场地的建筑物内，在具有复杂周围环境的制造业工厂、货物仓库内，在机场、车站、码头、股票交易场所等一些用户频繁移动的公共场所，在缺少网络电缆而又不能打洞布线的历史建筑物内，在一些受自然条件影响而无法实施布线的环境中，在一些需要临时增设网络结点的场合，如体育比赛场地、展示会等，有线网络都存在明显的限制。而无线局域网使得网络中的计算机具有可移动性，能快速、方便地实现有线方式不易实现的特定场合的连网需求。有线局域网要求工作站保持静止，只能提供介质和计算机在一定范围内的移动，而无线连网将真正的可移动性引入了计算机世界。

目前支持无线网络的技术标准主要有蓝牙技术、Home RF 技术，以及 IEEE 802.11 系列标准。Home RF 主要用于家庭无线网络，其通信速率比较慢；蓝牙技术是在 1994 年爱立信为寻找蜂窝电话和 PDA 那样的辅助设备进行通信的廉价无线接口时创立的，是按 IEEE 802.11 标准的补充技术设计的；IEEE 802.11 是由 IEEE 802 委员会制订的无线局域网系列标准，在 1997 年，IEEE 发布了 IEEE 802.11 协议，这也是在无线局域网（WLAN）领域内的第一个国际上被广泛认可的协议。

1. 蓝牙技术

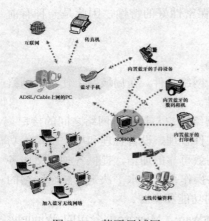

图 7-16 蓝牙局域网

蓝牙（Bluetooth）技术实际上是一种短距离无线通信技术，利用"蓝牙"技术，能够有效地简化掌上电脑、笔记本电脑和移动电话手机等移动通信终端设备之间的通信，也能够成功地简化这些设备与 Internet 之间的通信，使数据传输变得更加迅速高效，为无线通信拓宽道路。蓝牙技术使得一些轻易携带的移动通信设备和计算机设备不必借助电缆就能连网，其实际应用范围还可以拓展到各种家电产品、消费电子产品和汽车等信息家电，组成一个巨大的无线通信网络，如图 7-16 所示。

蓝牙技术的标准为 IEEE 802.15，蓝牙的通信协议采用分层结构，分层结构使其设备具有最大可能的通用性和灵活性。蓝牙技术体系结构中的协议可以分为三部分：底层协议、中间协议和选用协议。底层协议包括基带协议和链路管理协议，负责各蓝牙设备间连接的建立。中间协议建立在主机控制接口之上，它们的功能由协议软件在蓝牙主机上运行。选用协议包括点对点协议 PPP、TCP/UDP/IP、对象交换协议（OBEX）、电子名片交换协议（vCard）、电子日历及日程交换格式（vCal）、无线应用协议（WAP）和无线应用环境（VAF）等。

蓝牙技术使各类计算机、传真机、打印机设备增添无线传输和组网功能，在家庭和办公自动化、家庭娱乐、电子商务、无线公文包应用、各类数字电子设备、工业控制、智能化建筑等场合开辟了广阔的应用。

2. Home RF 技术

Home RF 主要是为家庭网络设计的，是无线局域网技术与数字无绳电话技术结合的产物，旨在降低语音数据成本。Home RF 利用跳频扩频方式，既可以通过时分复用支持语音通信，又能通过载波监听多路访问/冲突避免（CSMA/CA）协议提供数据通信服务。Home RF 与 TCP/IP 已能良好地集成，支持广播、多点传送。目前，Home RF 标准工作在 2.4GHz 的频段上，跳频带宽为 1MH，最大传输速率为 2Mb/s，传输范围超过 100m。

无线局域网技术 IEEE802.11 采用 CSMA/CA 方式，特别适合于数据业务；而数字无绳电话技术使用 TDMA（时分多路复用）方式，特别适合于话音通信。两项技术融合形成家庭射频使用的共享无线应用协议 SWAP（Shared Wireless Access Protocol），其使用 TDMA＋CSMA/CA 方式，适合语音和数据业务，且为家庭小型网络进行了优化。家庭射频系统的设计目的就是为了在家用电器设备之间传送语音和数据，并且能够与公众交换电话网（PSTN）和互联网进行交互式操作。

Home RF 是对现有的无线通信标准的综合和改进：当进行数据通信时，采用 IEEE802.11 规范中的 TCP/IP 传输协议；当进行语音通信时，则采用数字增强型无绳通信标准。但是，该标准与 802.11b 不兼容，并占据了与 802.11b 和 Bluetooth 相同的 2.4GHz 频率段，所以在应用范围上会有很大的局限性，更多的是在家庭网络中使用。

3. IEEE 802.11 标准

最早的无线局域网标准是 1997 年 IEEE 发布的 802.11 标准，这是无线局域网领域内的第一个国际上被认可的标准。1999 年 9 月 IEEE 又公布了 802.11 标准的补充标准 802.11a 和 802.11b。最新的 802.11g 补充标准于 2003 年 6 月由 IEEE 正式公布。

IEEE 802.11 标准为无线局域网协议定义了物理层和 MAC 子层的技术规范，且使用了 IEEE 802.2 中定义的标准 LLC 子层。在网络层及以上各层，系统可以使用任何标准的协议组，IEEE 802.11 标准的体系结构如图 7-17 所示。

IEEE802.11 标准定义了 3 种物理介质：跳频扩展频谱（Frequency Hopping Spread Spectrum，FHSS）、直接序列扩展频谱（Direct Sequence Spread Spectrum，DSSS）和红外线。

LLC		
MAC		
跳频 PHY	直接序列 PHY	红外线 PHY

图 7-17　IEEE 802.11 标准的体系结构

IEEE 802.11 和它的 3 个补充标准的工作频带和速率分别为：

（1）802.11 工作在 2.4GHz 频带，通信速率为 1Mbit/s 和 2Mbit/s。

（2）802.11a 工作在 5.8GHz 频带，通信速率为 5Mbit/s、11Mbit/s 和 54Mbit/s。

（3）802.11b 工作在 2.4GHz 频带，通信速率为 1Mbit/s、2Mbit/s、5.5Mbit/s 和 11Mbit/s。

（4）802.11g 工作在 2.4GHz 频带，通信速率为 1Mbit/s、2Mbit/s、5.5Mbit/s、11Mbit/s 和 54Mbit/s。

标准的 802.11 产品由于传输速率比较低，所以未得到广泛应用。目前使用最广泛的是价格低廉、速度较高的 802.11b 产品。802.11a 虽然速度快，但价格昂贵，推广起来有一定的难度。最新公布的 802.11g 标准除了具有与 802.11a 相同的高速度之外，还能对目前已经普及的 802.11b 标准具有良好向下兼容性，保护了用户的投资，具有极大的市场潜力。

IEEE802.11 定义了可选的 MAC 层加密机制，即具有 40 位秘钥的等效有线网络加密（Wired Equivalent Protection，WEP），为无线局域网与有线网络相同级别的安全保护。除了 WEP 安全机制之外，在软件上，IEEE 802.11 标准还采用了域名控制、访问权限控制和协议过滤等多重安全机制，并提供了可选的 128 位共享秘钥 RC4 加密算法。

7.2.4 虚拟局域网

虚拟局域网（Virtual Local Area Network，VLAN）技术是一种网络构造和用户的组织方式。VLAN通过路由和交换设备在网络的物理拓扑结构的基础上构建，是由位于多个相同或不同地点的网段和站点构成的一个逻辑工作组。可以按功能、部门、应用等来划分 VLAN，而不用考虑它们所在的位置和物理网段的连接。

一个 VLAN 都包含一组有着相同需求的计算机工作站，但由于是逻辑地而不是物理地划分，所以同一个 VLAN 内的各个工作站无须被放置在同一个物理空间里。一个 VLAN 就是一个独立的广播域，因此同属于一个 VLAN 的用户工作站可以不受地理位置的限制而像处于同一个局域网中那样相互访问，但是 VLAN 间却不能随意访问。

1. VLAN 的优点

VLAN 带来的优点有以下几方面：

1）提高管理效率

网络的设计、布线施工往往是一次性的，用户的工作位置、性质发生变更时，重新规划网络结构很困难。网络中站点的移动、增加和改变一直是让网络管理员头疼的问题之一，同时也是网络维护过程中相对开销比较大的一部分。

使用 VLAN 技术可以提高管理效率，VLAN 允许用户工作站从一个地点移动到另一个地点，而无须重新布线和重新配置（或只需要做简单的配置）。另外，当用户的工作部门发生变化时，只要在网络管理工作站上进行设置就可以实现 VLAN 的重新划分。

2）抑制广播风暴

网络中的很多协议及服务都是利用广播实现的，它们会产生大量的广播流量。网络设备的故障也可能会带来大量的流量。在较大的网络中，大量的广播流量容易引起网络性能的急剧下降，甚至导致整个网络的瘫痪。

使用 VLAN 技术可以将广播流量限制在 VLAN 内传播，而不是发送到整个网络，从而抑制了广播风暴。VLAN 技术极大地减少了整个网络的通信量，保证网络的有效带宽和网络的高性能。

3）提高安全性

VLAN 技术通过将整个网络划分成若干个独立的广播域来增强网络安全性，且非常有效和易于管理。VLAN 可以控制用户对网络资源的访问，控制 VLAN 的大小和成员，且可以借助网络管理软件在发生非法入侵时及时通知管理人员。

4）实现虚拟工作组

虚拟工作组是指，当在网络实现了 VLAN 之后，划分不同的用户到不同的工作组，同一工作组的用户也不必局限于某一固定的物理范围。当某个成员从一个地方移动到另一个地方时，如果工作组不变，不需要对其计算机重新配置。与此类似，当用户的工作组变化时，也可以不改变工作地址，只需要管理员修改其 VLAN 身份。VLAN 技术使得网络的构建和维护更方便灵活。

2. VLAN 的划分方式

1）根据端口划分

基于端口的 VLAN 划分是根据网络交换机的端口号来定义的。例如，一个交换机的 1、2、3、4 端口被定义为 VLAN1，5、6、7、8 端口组成 VLAN2，其余端口设置为 VLAN3。那么连接到 1~

4端口的工作站都属于VLAN1，连接到端口5～8的属于VLAN2，其余属于VLAN3。但是，这种划分模式将虚拟网限制在一台交换机上。第二代端口VLAN技术允许跨越多个交换机的多个不同端口划分VLAN，不同交换机上的若干个端口可以组成同一个虚拟网。

这种划分方法属于静态VLAN配置，即某个端口固定属于某个VLAN。网络管理员一旦设置好VLAN，那么端口的VLAN属性将一直保持不变，除非网络管理人员重新设置。这种方法灵活性差，但比较安全，易于配置和维护。

2）根据MAC地址划分

可以通过交换机端口所收到的帧的MAC地址来确定端口所属的VLAN。因为每一个用户工作站的MAC地址是唯一的，所以这也可以看成是基于用户的VLAN划分方法。例如，可以设置MAC地址分别为M1、M3、M5的工作站为VLAN1，MAC地址分别为M2、M4、M6的工作站为VLAN2。当MAC地址为M1的工作站连接到交换机时，交换机通过读取工作站的MAC地址就将它所连接的端口划入VLAN1。

这种划分方法的最大优点是：当用户物理位置移动时不用重新配置；缺点是：初始化时，所有的用户都必须进行配置。如果有几百甚至上千个用户，配置工作量将非常大。而且，这种划分的方法也导致了交换机执行效率的降低，因为在每一个交换机的端口都可能属于多个VLAN，这样就无法限制广播包。

3）根据网络地址划分

与根据MAC地址的VLAN划分方法类似，通过所收到的分组中的IP地址或协议类型来确定端口所属的VLAN，属于动态VLAN配置。虽然是根据网络地址来划分VLAN，比如IP地址，但它不是路由，故与网络层的路由毫无关系。用户的物理位置改变，不需要重新配置所属的VLAN，而且可以根据协议类型来划分VLAN，这对网络管理者来说很重要，根据网络层划分VLAN不需要附加帧标签来识别VLAN，这样可以减少网络的通信量。但这种划分方法效率低，因为检查每个数据包的网络层地址是需要消耗一定的时间。一般的交换机芯片都可以自动检查网络上数据包的以太网帧头，但要让芯片能检查IP帧头，需要更高的技术，同时也更费时。当然，这与各个厂商的实现方法有关。

4）根据IP组播划分VLAN

IP组播实际上也是一种VLAN的定义，即认为一个组播组就是一个VLAN，这种划分的方法将VLAN扩大到了广域网，因此这种方法具有更大的灵活性，而且也很容易通过路由器进行扩展，这种方法效率不高，不太适合局域网。

5）基于规则的VLAN

基于规则的VLAN也称为基于策略的VLAN。这是最灵活的VLAN划分方法，具有自动配置的能力，能够把相关的用户连成一体，在逻辑划分上称为"关系网络"。网络管理员只需在网管软件中确定划分VLAN的规则（或属性），那么当一个站点加入网络时，将会被"感知"，并自动包含到正确的VLAN中。同时，对站点的移动和改变也可自动识别和跟踪。

采用这种方法，可以非常方便地通过路由器扩展网络规模。有的产品还支持一个端口上的主机分别属于不同的VLAN，这在交换机与共享式集线器共存的环境中显得尤为重要。自动配置VLAN时，交换机中软件自动检查进入交换机端口的广播信息的IP源地址，然后软件自动将这个端口分配给一个由IP子网映射成的VLAN。

3. VLAN间的通信

划分VLAN后，一个VLAN中的工作站是不能与另一个VLAN中的工作站进行通信的。要实现不同 VLAN 之间的通信，必须在两个 VLAN 之间增加第 3 层设备。第三层设备可以是路由器，也可以是具有第 3 层路由功能的交换机。实际上 VLAN 间的路由通信大多是通过三层交换机实现的，三层交换机可以看成是路由器加交换机，因为采用了特殊的技术，其数据处理能力比路由器要大得多。

7.3 Internet 基础与资源服务

Internet 起源于 20 世纪 60 年代末，其前身是美国国防部高级计划研究局建立的"ARPANET"，该网于 1969 年投入使用。ARPANET 是现代计算机网络诞生的标志。

最初，ARPANET 主要是用于军事研究，其指导思想是：网络必须经受得住故障的考验而维持正常的工作，一旦发生战争，当网络的某一部分因遭受攻击而失去工作能力时，网络的其他部分应能维持正常的通信工作。ARPANET 在技术上的另一个重大贡献是 TCP/IP 协议簇的开发和利用。作为 Internet 的早期骨干网，ARPANET 奠定了 Internet 存在和发展的基础，较好地解决了异种机网络互连的一系列理论和技术问题。在整个 70 年代，ARPANET 上的计算机约有 200 台。

从 1969 年 ARPANET 诞生直到 20 世纪 80 年代中期，是 Internet 发展的第一阶段——试验研究阶段。

这时的 ARPANET，通信能力已趋于饱和，因而，1983 年，ARPANET 分裂为两部分，ARPANET 和纯军事用的 MILNET。同时，局域网和广域网的产生和蓬勃发展对 Internet 的进一步发展起了重要的作用。其中最引人注目的是美国国家科学基金会 NSF（National Science Foundation）建立的 NSFnet。NSF 在全美国建立了按地区划分的计算机广域网并将这些地区网络和超级计算机中心互连起来。NSFnet 于 1990 年 6 月彻底取代了 ARPANET 而成为 Internet 的主干网。NSFnet 包括 6 个超级计算机中心，这些中心之间有高速专线，作为 NSFnet 的主干线。在这一时期，美国国内很多大学和研究机构的校园网和局域网也纷纷联入 NSFnet，从而使 NSFnet 成为当时最大的 TCP/IP 网络，起着 Internet 的主干网作用。到 20 世纪 80 年代末，连接 Internet 的计算机数量已有 8 万台左右。

NSFnet 对 Internet 的最大贡献是使 Internet 向全社会开放，而不像以前那样仅供计算机研究人员和政府机构使用。1990 年 9 月，Merit、IBM 和 MCI 公司联合建立了一个非盈利的组织—先进网络科学公司 ANS（Advanced Network &Science Inc）。ANS 的目的是建立一个全美范围的 T3 级主干网，它能以 45Mbit/s 的速率传送数据。到 1991 年年底，NSFnet 的全部主干网都与 ANS 提供的 T3 级主干网相联通。

但此时的 Internet 已成为一个巨大的"国际网"，网上方便的信息共享和通信对商界产生了巨大的吸引力。因此，在 20 世纪 90 年代 Internet 开始走向商业化的经营方向。到 1995 年，原由国家资助的主干网 NSFnet 结束了它的使命，正式宣布停运，取而代之的是一个由多个公司分摊经营的 Internet 骨干网络。从此，Internet 才真正向社会公众开放，任何团体、个人都可申请接入 Internet。商界的介入，为 Internet 注入了大量的资金，使 Internet 得以飞速发展。

在短短的几十年时间里，Internet 从研究试验阶段发展到用于教育、科研的学术性阶段，进而发展到商业化阶段，这一历程充分体现了 Internet 发展的迅速，以及技术的日益成熟和应用的日益广泛。

Internet 使用户可以随时从网上选用世界各地的信息和技术资源。随着万维网的出现，扫清了用户入网的困难和障碍。它使不熟悉网络的用户也能十分方便地、快捷地从网上获取所需要的各种信息资源，还能借此传送信息或发布自己的信息。Internet 正在改变着人们的工作和生活方式，它为信息时代带来一场新的革命。

7.3.1 TCP/IP 协议

TCP/IP 是 Transmission Control Protocol/Internet Protocol 的缩写，中文译名为传输控制协议/网际协议，是 Internet 最基本的协议。TCP/IP 是一个协议簇，主要协议如下：

1）IP 协议

网际协议 IP 是 TCP/IP 的心脏，也是网络层中最重要的协议。

IP 接收由更低层（网络接口层，例如以太网设备驱动程序）发来的数据，并把该数据发送到更高层（TCP 或 UDP 层）；相反，IP 层也把从 TCP 或 UDP 层接收来的数据传送到更低层。IP 数据报是不可靠的，因为 IP 并没有做任何事情来确认数据报是按顺序发送的或者没有被破坏。IP 数据报中含有发送它的主机的地址（源地址）和接收它的主机的地址（目的地址）。

各个厂家生产的网络系统和设备，如以太网、分组交换网等，它们相互之间不能互通，不能互通的主要是因为它们所传送数据的基本单元（技术上称之为"帧"）的格式不同。IP 协议实际上是一套由软件程序组成的协议软件，它把各种不同"帧"统一转换成"IP 数据报"格式，这种转换是因特网的一个最重要的特点，使所有各种计算机都能在因特网上实现互通，即具有"开放性"的特点。

每个数据报都有报头和报文这两个部分，报头中有目的地址等必要内容，使每个数据报经过不同的路径都能准确地到达目的地。在目的地重新组合还原成原来发送的数据。这就要求 IP 具有分组打包和集合组装的功能。在实际传送过程中，数据报还要能根据所经过网络规定的分组大小来改变数据报的长度，IP 数据报的最大长度可达 65535 字节。

IP 协议中还有一个非常重要的内容，那就是给因特网上的每台计算机和其他设备都规定了一个唯一的地址，叫做"IP 地址"。由于有这种唯一的地址，才保证了用户在联网的计算机上操作时，能够高效而且方便地从千千万万台计算机中选出自己所需的对象来。

2）TCP 协议

TCP 被用来在一个不可靠的互联网络中为应用程序提供可靠的端点间的字节流服务。所有 TCP 连接都是全双工和点对点的。发送方的 TCP 实体将应用程序的输出不加分割地放在数据缓冲区中，输出时将数据块划分成长度适中的段，每个段封装在一个 IP 数据报中传输。段中的每个字节都被分配一个序号，接收方 TCP 实体完全根据字节序号将各个段组装成连续的字节流交给应用程序，并不需要知道这些数据是由发送方应用程序分几次写入的，对数据流的解释和处理完全由高层协议完成。

TCP 实体间交换数据的基本单元是"段"。对等的 TCP 实体在建立连接时，可以向对方声明自己所能接收的最大段长（Maximum Segment Size，MSS），如果没有声明，则双方将使用一个默认的 MSS。在不同的网络环境中，每个网络都有一个最大传输单元（Maximum Transfer Unit，MTU），当然也不能超过 IP 数据报的最大长度 65535B。当一个段经过一个 MTU 较小的网络时，需要在路由器中再分成更小的段来传输。

为了实现可靠的数据传输服务，TCP 提供了对段的检错、应答、重传和排序功能，提供了可靠的建立连接和拆除连接的方法，还提供了流量控制和阻塞控制的机制。

在 TCP/IP 协议中，TCP 协议提供可靠的连接服务，采用三次握手建立一个连接。

第一次握手：建立连接时，客户端发送 SYN 置 1 的 TCP 段，将客户进程所选择的初始连接序号放入 SEQ 域中（设为 x）。

第二次握手：服务器收到 SYN 包，同时返回一个 ACK 和 SYN 都置 1 的 TCP 段，将服务进程所选择的初始连接序号放入 SEQ 域中（设为 y），并在 ACK 域中对客户进程的初始连接序号进行应答（x+1）。

第三次握手：客户端向服务器发送 ACK 置 1 的 TCP 段，在 ACK 域中对服务器的初始连接序号进行应答（y+1）。发送完毕，客户端和服务器进入 ESTABLISHED 状态，完成三次握手。

面向连接的服务（例如 Telnet、FTP、SMTP 等）需要高度的可靠性，所以它们使用 TCP。DNS 在某些情况下使用 TCP（发送和接收域名数据库），但使用 UDP 传送有关单个主机的信息。

3）UDP 协议

UDP 是 User Datagram Protocol 的简称，中文名是用户数据报协议，是 OSI 参考模型中一种无连接的协议，提供不可靠信息传送服务。UDP 与 TCP 位于同一层，但它不管数据包的顺序、错误或重发。因此，UDP 不被应用于那些使用虚电路的面向连接的服务，UDP 主要用于那些面向查询-应答的服务，例如 NFS。相对于 FTP 或 Telnet，这些服务需要交换的信息量较小。使用 UDP 的服务包括 NTP（网络时间协议）和 DNS（DNS 也使用 TCP）。

欺骗 UDP 包比欺骗 TCP 包更为容易，因为 UDP 没有建立初始化连接（也可以称为握手）（因为在两个系统间没有虚电路），也就是说，与 UDP 相关的服务面临着更大的危险。虽然 UDP 是一个不可靠的协议，但它是分发信息的一个理想协议。例如，在屏幕上报告股票市场、在屏幕上显示航空信息等等。UDP 也用在路由信息协议 RIP（Routing Information Protocol）中修改路由表。在这些应用场合下，如果有一个消息丢失，在几秒之后另一个新的消息就会替换它。UDP 广泛用在多媒体应用中，例如，Progressive Networks 公司开发的 RealAudio 软件，它是在因特网上把预先录制的或者现场音乐实时传送给客户机的一种软件，该软件使用的 RealAudio audio-on-demand protocol 协议就是运行在 UDP 之上的协议，大多数因特网电话软件产品也都运行在 UDP 之上。

4）ICMP

ICMP 是 Internet Control Message Protocol 的缩写，用于在 IP 主机、路由器之间传递控制消息。控制消息是指网络通不通、主机是否可达、路由是否可用等网络本身的消息。这些控制消息虽然并不传输用户数据，但是对于用户数据的传递起着重要的作用。

ICMP 提供一致易懂的出错报告信息。发送的出错报文返回到发送原数据的设备，因为只有发送设备才是出错报文的逻辑接受者。发送设备随后可根据 ICMP 报文确定发生错误的类型，并确定如何才能更好地重发失败的数据报。但是 ICMP 唯一的功能是报告问题而不是纠正错误，纠正错误的任务由发送方完成。

在使用网络中经常会用到 ICMP 协议，比如用于检查网络通不通的 Ping 命令（Linux 和 Windows 中均有），这个"Ping"的过程实际上就是 ICMP 协议工作的过程。还有其他的网络命令如跟踪路由的 Tracert 命令也是基于 ICMP 协议的。

除了上述主要的协议以外，还有 SMTP（Simple Mail Transfer Protocol）简单邮件传输协议、SNMP（Simple Network Management Protocol）简单网络管理协议、FTP（File Transfer Protocol）文件传输协议、ARP（Address Resolution Protocol）地址解析协议，等等。

7.3.2 IP 地址和域名

Internet 上的每台主机都有一个唯一的 IP 地址。IP 协议的一项重要功能就是屏蔽主机原来的物理地址，从而在全网中使用统一的 IP 地址。IP 协议就是使用该地址在主机之间传递信息，这是 Internet 能够运行的基础。

TCP/IP 协议规定，IP 地址的长度为 32 位，即 4 字节。IP 地址由网络号和主机号组成，网络号用来标识一个网络，主机号用来标识这个网络上的某一台主机，如图 7-18 所示。

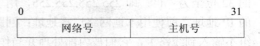

图 7-18　IP 地址的结构

寻址时先按 IP 地址中的网络号把网络找到，再按主机号把主机找到。所以 IP 地址并不只是一个计算机的编号，而是指出了连接到某个网络上的某个计算机。

IP 地址由 32 位二进制数组成，按 8 为单位分成 4 字节。如：11000000 10101000 00000000 01100011。由于二进制不容易记忆，IP 地址通常用点分十进制的方式表示。点分十进制方式就是将 32 位的 IP 地址中的每 8 位用其等效的十进制数字表示，每个十进制数字之间用小数点隔开。例如：上述二进制数用点分十进制方式可以表示为：193.168.0.99，相对于二进制形式，这种表示要直观的多，便于阅读和理解。

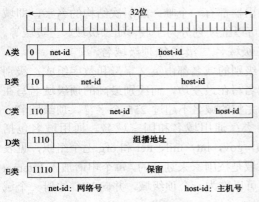

图 7-19　五类 IP 地址的结构

IP 地址分为五类：A 类、B 类、C 类、D 类和 E 类，其中 A、B 和 C 类地址被称为基本的 Internet 地址，供用户使用，为主类地址。D 类和 E 类地址为次类地址：D 类地址称为组播地址，E 类地址被称为保留地址。五类 IP 地址的结构如图 7-19 所示。

A 类地址第一个字节的第一位是"0"，其余 7 位为网络号，后 3 字节为主机号。A 类地址中网络数为 126（2^7-2）个，网络号全"0"和全"1"这两个值保留用于特殊目的。每个网络包含的主机数为 16777214（$2^{24}-2$）个，全"0"和全"1"也有特殊用途。一台主机能使用的 A 类地址的有效范围是 1.0.0.1～126.255.255.254，一般用于世界上少数的具有大量主机的网络。

B 类地址第一个字节的前两位是"10"，其余 6 位加上第二个字节的 8 位（14 位）为网络号，后 2 字节为主机号。B 类地址中网络数为 16382（$2^{14}-2$）个，网络号全"0"和全"1"这两个值保留用于特殊目的。每个网络包含的主机数为 65534（$2^{16}-2$）个，全"0"和全"1"也有特殊用途。一台主机能使用的 B 类地址的有效范围是 128.0.0.1～191.255.255.254，主要用于一些国际大公司和政府机构等中等规模的网络。

C 类地址第一个字节的前三位是"110"，其余 5 位加上第二、三字节共 21 位表示网络号，最后一个字节为主机号。C 类地址中网络数为 2097150（$2^{21}-2$）个，网络号全"0"和全"1"这两个值保留用于特殊目的。每个网络包含的主机数为 254（2^8-2）个，全"0"和全"1"也有特殊用途。一台主机能使用的 C 类地址的有效范围是 192.0.0.1～223.255.255.254，主要用于一些小公司和普通的研究机构等小型网络。

D 类地址第一个字节的前四位是"1110"，地址范围为 224.0.0.0～239.255.255.255。通常用于已知的多点传送或者组播的寻址，主要是留给 Internet 体系结构委员会 IAB 使用。

E 类地址第一个字节的前五位是"11110"，是一个实验性地址，保留给将来使用。

IP 地址不是任意分配的，分配 A 类 IP 地址的国际组织是国际网络信息中心 NIC；分配 B 类地址的国际组织是 InterNIC、APNIC 和 ENIC；分配 C 类地址的组织是国家或地区网络的 NIC。

还有一些特殊的地址：主机号全为"0"时，表示本地网络；例如，"11.0.0.0"表示 A 类"11"这个本地网络；主机号各位全为"1"的地址称为广播地址，用以标识网络上的所有主机；IP 地址的 32 位全为 "1"，即 255.255.255.255，用于本网广播，主机在获知自身的 IP 地址之前或本地网络的 IP 地址之前使用本地网络广播地址；回路测试地址，形式如 127.xx.yy.zz，发送到这个地址的分组不输入到线路上，它们被内部处理并当作输入分组。

从 20 世纪 90 年代起，IPv4 就面临着地址空间的耗尽问题，它已经成为制约 Internet 发展的瓶颈。为了解决该问题，IETF 开始着手开发 IP 的新版本，它具有永不会用尽的地址，并能解决其他问题，还具有灵活性与高效性，这就是 IPv6。IP 地址长度由 32 位扩展到 128 位，保证了世界上的 IP 资源不会用完；IPv6 具有灵活的报头，简化了协议，还引入了流量标识，可以提供 QoS。

由于作为数字的 IP 地址不便于记忆，人们在 IP 地址的基础上向用户提供了域名系统 DNS 服务，采用字符来识别网络上的计算机，即用字符为计算机命名。DNS 域名系统一方面可以帮助人们用容易记住的名字来标识自己的计算机，还可以建立域名与 IP 地址的对应关系。Internet 采用了层次树状结构的命名方法，就像全球邮政系统和电话系统那样。采用这种命名方法，任何一个连接到 Internet 上的主机或路由器都有一个唯一的层次结构的名字，即域名。域还可以继续划分为子域，如二级域、三级域等。如：….三级域名.二级域名.顶级域名。

表 7-1 顶级域名分配

顶级域名	分配情况
com	商业组织
edu	教育机构
gov	政府部门
mil	军事部门
net	主要网络支持中心
org	非盈利组织
int	国际组织
国家代码	各个国家

每一级别的域名都由英文字母和数字组成，级别最低的域名写在最左边，而级别最高的顶级域名写在最右边。完整的域名不超过 255 个字符。顶级域名一般分成两类：通用域名和国家域名。通用域名包括 com、edu、gov、int、mil、net 和 org 七个组织，见表 7-1。国家域是按国家来划分的，每个申请加入 Internet 的国家都可以作为一个顶级域，并向 NIC 注册一个域名，如 cn 代表中国，us 代表美国，jp 代表日本等。

域名与 IP 地址之间的转换工作称为域名解析，域名解析需要专门的域名解析服务器来完成，整个过程是自动的。域名服务器实际上是一种域名服务软件，运行在指定的机器上，完成域名和 IP 地址之间的映射。为了把一个域名映射为 IP 地址，应用程序调用客户方的解析程序，解析器将 UDP 分组传送到 DNS 服务器上，DNS 服务器查找域名并将 IP 地址返回给解析器，解析器再返回给调用者。

7.3.3 Internet 接入技术

传统的 Internet 接入方式是利用电话网络，采用拨号方式进入，随着 Internet 接入技术的发展，高速访问 Internet 技术已经进入人们的生活。常见的网络接入技术包括电话线、HFC、XDSL 接入技术等。

1．电话拨号接入

拨号接入业务是用户通过拨打电话接入中国公众计算机网（CHINANET）的一种低速上网方式。

采用拨号入网方式的用户需配备一台个人计算机，一套普通的拨号软件，一台调制解调器和一条电话线（普通电话或 ISDN 电话），通过特别的接入号码进入互联网。拨号上网用户获得动态 IP 地址，普通电话拨号上网的最高速率可达 56Kbit/s，ISDN 电话拨号上网的最高速率可达 128 Kbit/s。

使用拨号接入网络的客户端计算机要求必须安装调制解调器（Modem），俗称"猫"。其作用是：

一方面将计算机的数字信号转换成可在电话线上传送的模拟信号（这一过程称为"调制"）；另一方面，将电话线传输的模拟信号转换成计算机所能接收的数字信号（这一过程称为"解调"）。在安装好调制解调器之后，客户端用户需使用拨号软件拨通接入号 16300（公用账号 16300，密码 16300），或接入号 16900（公用账号 16900，密码 16900）。

使用拨号接入网络，要进行数字信号和模拟信号之间的转换，因此网络连接速度慢、性能较差。此外，拨号上网所需的电话线路因被调制解调器占用，所以无法提供电话语音服务。用户上网除了要支付网络流量所产生的费用外，还需要支付拨通接入号码所产生的电话费用。现在，拨号接入方式基本已经很少被使用，只有在需要网络接入而其他接入方式又无法实现的情况下才会使用。

2．ISDN 接入技术

ISDN（Integrated Service Digital Network，综合业务数字网）接入技术俗称"一线通"，它采用数字传输和数字交换技术，将电话、传真、数据、图像等多种业务综合在一个统一的数字网络中进行传输和处理。用户利用一条 ISDN 用户线路，可以在上网的同时拨打电话、收发传真，就像两条电话线一样。ISDN 基本速率接口有两条 64Kbit/s 的信息通路和一条 16Kbit/s 的信令通路，简称 2B+D，当有电话拨入时，它会自动释放一个 B 信道来进行电话接听。

就像普通拨号上网要使用 Modem 一样，用户使用 ISDN 也需要专用的终端设备，主要由网络终端 NT1 和 ISDN 适配器组成。网络终端 NT1 好像有线电视上的用户接入盒一样必不可少，它为 ISDN 适配器提供接口和接入方式。ISDN 适配器和 Modem 一样又分为内置和外置两类，内置的一般称为 ISDN 内置卡或 ISDN 适配卡；外置的 ISDN 适配器则称之为 TA。可以以 128Kbit/s 的速率上网，而且在上网的同时可以打电话、收发传真，是用户接入 Internet 及局域网互联的理想方法。

3．ADSL 接入技术

ADSL（Asymmetrical Digital Subscriber Line，非对称数字用户线路）是基于公众电话网提供宽带数据业务的技术，也是目前极具发展前景的一种接入技术。ADSL 接入技术利用现有的一对电话铜线，为用户提供上、下行非对称的传输速率（带宽）。非对称主要体现在上行速率（最高 640Kbit/s）和下行速率（最高 8 Mbit/s）的非对称性上。上行（从用户到网络）为低速的传输，可达 640Kbit/s；下行（从网络到用户）为高速传输，可达 8Mbit/s。最初，ADSL 主要是针对视频点播业务开发的，随着技术的发展，逐渐成为一种较为方便的宽带接入技术，是目前国内 ISP（因特网服务提供商）提供的主要接入服务的方式。

由于传统的电话线使用了 0～4kHz 的低频段进行语音传送，而电话线理论上有接近 2MHz 的带宽。ADSL Modem 采用频分多路复用（FDM）技术和回波消除（Echo Cancellation）技术在电话线上分隔有效带宽来实现多路信道。

频分多路复用技术在现有带宽中分配一段频带作为数据下行通道，同时分配另一段频带作为数据上行通道，下行通道通过时分多路复用（TDM）技术再分为多个高速信道和低速信道，同样在上行通道也由多路低速信道组成。回波消除技术则使上行频带与下行频带叠加，通过本地回波抵消来区分两频带。

使用 ADSL 连接网络时，ADSL Modem 便在电话线上产生了 3 个信息通道：一个为标准电话服务的通道，一个速率为 640 Kbit/s～1.0 Mbit/s 的上行通道，一个速率为 1～8Mbit/s 的高速下行通道，并且这 3 个通道可以同时工作，而这一切都是在一根电话线上同时进行的。

ADSL 使用了 26 kHz 以后的高频带提供非常高的速度，它的具体工作流程是，用户计算机产生的数字信号和电话产生的语音信号经滤波器编码后，信号通过电话线的中速上行通道传到电话局后再通过一个信号识别/分离器，如果是语音信号就传到电话交换机上，如果是数字信号就接入到互联网上。互联网的返回数据在电信局端也同样与电话模拟信号进行混合，使用下行通道传输到用户端的滤波器时重新被分离为数字信号和模拟信号。

ADSL 接入技术具有以下特点：

（1）可直接利用现有用户电话线，节省投资。

（2）可享受超高速的网络服务，为用户提供上、下行不对称的传输带宽。

（3）节省费用，上网同时可以打电话，互不影响，而且上网时不需要另交电话费。

（4）安装简单，不需要另外申请增加线路，只需要在普通电话线上加装 ADSL Modem，在计算机上加装网卡即可。

4．HFC 接入技术

HFC（Hybrid Fiber-Coaxial，混合光纤同轴电缆网）基于有线电视网络，通常由光纤干线、同轴电缆支线和用户配线网络 3 部分组成，从有线电视台出来的信号先变成光信号在干线上传输；到用户区域后把光信号转换成电信号，经分配器分配后通过同轴电缆送到用户。

HFC 与早期 CATV 同轴电缆网络的不同之处，主要是在干线上用光纤传输光信号，在前端需完成电—光转换，进入用户区后要完成光—电转换。最初 HFC 网络是用来传输有线电视信号的，HFC 网络除了可以提供有线电视节目外还可以提供电话、Internet 接入、高速数据传输和多媒体等业务。

HFC 网络接入主要采用局端系统（Cable Modern Termination Sys），完成数据到射频 RF 转换，并与有线电视的视频信号混合，送入 HFC 网络中。除了与高速网络连接外，也可以作为业务接入设备，通过 Ethernet 网口挂接本地服务器提供本地业务。

用户在接入 HFC 网络时，需要一台 Cable Modem 和用户计算机。电缆调制解调器（Cable Modem，CM），是一种将数据终端设备（计算机）连接到 HFC，以使用户能进行数据通信，访问 Internet 等信息资源的设备，主要用于在有线电视网中进行数据传输。

HFC 网络具有以下有特点：

（1）传输容量大，易实现双向传输。从理论上讲，一对光纤可同时传送 150 万路电话或 2000 套电视节目。

（2）频率特性好，在有线电视传输带宽内无须均衡。

（3）传输损耗小，可延长有线电视的传输距离，25 km 内无须中继放大；光纤间不会有串音现象，不怕电磁干扰，能确保信号的传输质量。

但是，HFC 是在单向的基础上进行双向改造来进行传输的。由于它共享一条信道，其带宽在用户量增加的时候，会不断减少，相互的干扰过大。没有一个网络在 Cable 上的用户超过 5000 个。目前有线电视网在带宽共享方式、网络安全和网络管理等方面依然存在缺陷。而且从网络结构上来看，整个 HFC 用户网络都是属于同一个广播域，随着网络用户的增加，网络性能会迅速下降。

5．DDN 接入技术

DDN（Digital Data Network，即数字数据网络）是随着数据通信业务的发展而迅速发展起来的一种新型网络。DDN 的主干网传输媒介有光纤、数字微波和卫星信道等，到用户端多使用普通电缆和双绞线。

DDN 利用数字信道传输数据信号，这与传统的模拟信道相比有本质的区别，DDN 传输的数据具有质量高、速度快和网络时延小等一系列优点，特别适合于计算机主机之间、局域网之间、计算机主机与远程终端之间的大容量、多媒体和中高速通信的传输，DDN 可以说是我国原来的中高速信息国道。

由于 DDN 是采用数字传输信道传输数据信号的通信网，因此它可提供点对点和点对多点透明传输的数据专线出租电路，为用户传输数据、图像和声音等信息。DDN 接入具有如下特点：

（1）DDN 是透明传输网。由于 DDN 将数字通信的规则和协议寄托在智能化程度的用户终端来完成，本身不受任何规程的约束，所以是全透明网，是一种面向各类数据用户的公用通信网，它可以看成是一个大型的中继开放系统。

（2）传输速率高，网络时延小。由于 DDN 用户数据信息是根据事先的协议，在固定通道带宽和预先约定速率的情况下顺序连接网络，这样只需按时隙通道就可以准确地将数据信息送到目的地，从而免去了目的终端对信息的重组，因而减少了时延。

（3）DDN 可提供灵活的连接方式。DDN 可以支持数据、语音和图像传输等多种业务，它不仅可以和客户终端设备进行连接，而且还可以和用户网络进行连接，为用户网络互联提供灵活的组网环境。DDN 的通信速率可根据用户需要在 N×64Kbit/s（N=1～32）之间进行选择，当然速度越快租用费用也就越高。

（4）灵活的网络管理系统。DDN 采用的图形化网络管理系统可以实时地收集网络内发生的故障并进行故障分析和定位。通过网络图形颜色的变化，显示出故障点的信息，其中包括网络设备的地点、网络设备的电路板编号及端口位置，从而提醒维护人员及时准确地排除故障。

（5）保密性高。由于 DDN 专线提供点到点的通信，信道固定分配，保证通信的可靠性，不会受其他客户使用情况的影响，因此通信保密性强，特别适合金融及保险客户的需要。

总之，DDN 将数字通信技术、计算机技术、光纤通信技术，以及数字交叉连接技术有机地结合在一起，提供了高速度、高质量的通信环境，为用户规划和建立安全、高效的专用数据网络提供了条件，因此在多种接入方式中深受广大客户的青睐。

6．高速局域网接入技术

一般单位的局域网都已接入 Internet，局域网用户可通过局域网中的服务器（或代理服务器）接入 Internet。局域网接入传输容量较大，可提供高速、高效、安全、稳定的网络连接。现在许多住宅小区也可以利用局域网提供宽带接入。

用户在选择接入 Internet 的方式时，可以从地域、质量、价格、性能、稳定性等方面考虑，选择适合自己的接入方式。

7.3.4 Internet 资源服务

1．浏览器的使用

在 Internet 中进行浏览或使用资源等操作就必须用到浏览器。Microsoft 公司的 Internet Explorer（简称 IE）是目前最为流行的浏览器之一，下面以 Internet Explorer 10 为例介绍其工作窗口。

选择"开始"→"所有程序"→"Internet Explorer"命令即可启动 IE 浏览器。IE10 窗口具有 Windows 窗口的风格，它包括许多栏目，如图 7-20 所示。

1）标题栏

右侧显示最小化、还原/最大化和关闭按钮。

2）工具栏

提供了对频繁使用菜单中的一些功能的快速访问。

"后退"按钮：单击该按钮可以返回到前一个访问过的网页；单击该按钮右侧的"▼"按钮，可以在弹出的下拉列表中选择已访问过的网页中的一个页面。

"前进"按钮：作用与"后退"按钮的作用相反，即返回到后一个访问后的网页。

"搜索"按钮：单击此按钮可以搜索历史浏览网页。

"刷新"按钮：单击此按钮可以使浏览器重新加载当前页。

3）地址栏

Internet 上的每个信息页都有它自己的地址，称为统一资源定位符（Uniform Resource Locator，URL）。可以在地址栏中输入某个已知的地址，然后按"Enter"键或单击地址栏右侧的"转到"按钮就可以显示该地址对应的页面。URL 的一般形式是：

<URL 的访问方式>://<主机>:<端口>/<路径>，例如：http://www.xcu.edu.cn。

其中：<URL 的访问方式>最常用的有三种方式：ftp（文件传输协议）、http（超文本传输协议）和 news（USENET 新闻）。<主机>是必须的，<端口>和<路径>有时可以省略。

4）文档显示窗口

用来显示文档或称 Web 页的窗口。

在 IE 浏览器的地址栏中直接输入网站的网址或利用超链接都可以打开需要访问的网页，下面分别进行介绍。

1）输入网站的网址访问网页

启动 IE 浏览器，在地址栏中输入网址，如 http://www.xcu.edu.cn，单击地址栏左侧的"转到"按钮或按【Enter】键即可打开相应的网页。地址栏的下拉列表框中将以列表的形式自动保存以前输入过的网站地址。因此，当需要访问原来已经访问过的网站时，只需要在地址栏的下拉列表框中选择相应的网址选项即可快速访问到该网页。

2）利用超链接访问网页

利用超链接访问网站是指对网页中的一段文字或一副图片进行超链接处理后，当鼠标移至其上（此时光标变成小手的形状）单击即可跳转至另一网页。大多数网页中的文字超链接下方都有条下划线，且被浏览过的超链接通常会以蓝紫色或红色显示。

下面利用在地址栏中输入网址打开许昌学院主页，并访问其中的网上教学专题网页。

操作步骤如下：

（1）启动 IE 浏览器，在地址栏输入 http://www.xcu.edu.cn，然后单击【Enter】键打开许昌学院主页，如图 7-20 所示。

（2）单击"网络空间"超链接，打开如图 7-21 所示的网页。

图 7-20　IE 浏览器的工作窗口

2. 电子邮箱的使用

E-mail 是 Internet 提供的最普通、最常用的服务之一。电子邮件是指 Internet 或常规计算机网络的各用户之间，通过电子信件的形式进行通信的一种电子邮政通信方式，以"存储-转发"的形式为用户传递邮件。电子邮件与传统邮件相比的优势是方便、快捷、费用低，邮件的内容可以是文本、图形和声音等。

电子邮件的格式为：用户名@主机域名。其中，符号"@"读作英文的"at"；用户名是指用户的信箱名，主机域名是指服务器的主机名。

若想发送电子邮件，必须有自己的电子信箱且知道接受者的地址。电子信箱有收费和免费两种服务方式，目前有很多网站都提供免费的电子邮箱，表 7-2 中给出免费电子邮箱的服务站点。不管从哪个 ISP 上网，只要能访问这些站点的免费电子邮箱的网页，用户就可以免费建立并使用自己的电子邮箱。要使用这些站点上的电子邮箱，首先用浏览器进入主页，登录后，在 Web 页上收发电子邮件，也即是所谓的在线电子邮件收发。

表 7-2 部分免费电子邮件服务站点

地址	名称
http://mail.163.com/	网易免费邮箱
http://mail.sohu.com/	搜狐免费邮箱
http://mail.sina.com.cn/	新浪免费邮箱
https://mail.qq.com/	腾讯免费邮箱
http://mail.21cn.com/	21cn 免费邮箱

图 7-21 许昌学院网络空间网页

利用 http 协议访问网易免费邮箱，域名为：http://mail.163.com/。

建立邮箱步骤如下：

（1）启动 IE10，在地址栏输入 http://mail.sohu.com/，按【Enter】键进入主页，如图 7-21 所示。

（2）单击"现在注册"按钮，出现如图 7-23 所示的页面，要求用户输入注册邮箱的用户名。

图 7-22 搜狐免费邮箱主页图　　　　　　图 7-23 注册页面

（3）按照要求填写相关内容（参见图 7-24），然后单击"立即注册"按钮。

（4）最后出现创建账号成功的页面，如图 7-25 所示。

注册成功以后，就可以在 Web 页上收发电子邮件，操作步骤如下：

1）登录邮箱

返回到如图 7-22 所示的页面，输入邮件账号和密码之后，单击"登录"按钮，激活之后就会出现如图 7-26 所示的邮件主页。

2）收邮件

可以看到有一封未读邮件，单击"未读邮件"的超链接，可以弹出如图 7-27 所示的页面。由于是第一次使用，此邮件为网站自动给新建邮箱用户发的一封欢迎信。单击信件名，可以阅读邮件内容。

3）发邮件

单击"写信"按钮，可弹出如图 7-28 所示的发送邮件的页面。单击页面上的各种功能按钮可以执行各种功能。可利用此免费的电子邮箱给自己发一封信，检查能否收到信件。最后单击"发送"

按钮发出。发送成功后会出现如 7-29 所示的发送成功页面。

图 7-24　输入相关内容

图 7-25　注册成功页面

图 7-26　搜狐邮箱页面

图 7-27　收邮件页面

图 7-28　发送邮件页面图

图 7-29　邮件成功发送的页面

3．文件下载与传输

随着 Internet 的飞速发展，其上的资源越来越丰富，越来越多的人开始利用上网来获取所需工具和文件。同时，网络也成为传播多媒体文件的重要媒介。如何将网上找到的信息传送到本地计算机（该过程称为下载），如何将自己的信息在网上发布（该过程称为上传），是上网用户迫切需要掌握的。

下载网络资源的常用方法有以下两种：

1）使用浏览器直接下载

可以利用浏览器直接从网页上下载文件，这种方法操作简单，不需要借助任何其他下载工具，只需单击网页上的超链接就能完成下载任务，适合下载一些小程序。

操作步骤如下：

首先，在网页中找到需要下载的文件，单击该程序的超链接，弹出"文件下载"对话框，如图 7-30 所示。对话框指明了程序来源，让用户选择如何处理这个程序。

第 7 章　计算机网络与信息安全

如果只是想运行程序，就单击"打开"按钮；如果想保存程序，则单击"保存"按钮，打开"另存为"对话框，如图 7-31 所示。在对话框中用户可以指定下载文件的保存位置和文件名。

单击"保存"按钮，保存完毕后弹出对话框，如图 7-32 所示。单击"关闭"按钮，可以关闭对话框；单击"打开文件夹"按钮，存放该下载文件的文件夹会被打开；单击"打开"按钮，则会运行本地磁盘上的文件。

图 7-30　"Internet Explorer"对话框　　　图 7-31　"另存为"对话框

图 7-32　下载完成对话框

上面介绍的直接使用浏览器下载文件的方法简单，方便，但如果在下载过程中发生断线，则需重新下载。

2）使用专业下载软件下载

对于一些较大的软件，使用以上方法下载不仅速度慢，而且容易导致下载失败，该方法为单线程下载，且不支持断点续传。若要下载较大的软件或音频、视频，一般采用支持多线程，能断点续传的下载软件，如迅雷、网际快车、网络蚂蚁等。

迅雷是目前常用的中文下载软件，它是针对国内网络线路传输速度慢、费用高等实际情况而设计的，其特点是：用户界面简洁明快，支持断点续传、批量下载、多点连接，可以和浏览器结合自动下载。

使用迅雷下载软件，首先要找到"软件的下载地址"，然后右击下载地址，在弹出的菜单中选择"使用迅雷下载"的命令，弹出如图 7-33 所示的"迅雷下载"页面。

单击"存储路径"旁边的"浏览"按钮可以选择文件下载到硬盘上的位置，单击"立即下载"按钮即可开始下载。

FTP 是 File Transport Protocol 的缩写，中文意思是文件传输协议。顾名思义，这一协议是专门用于在网络中传输文件的。现在最流行的超文本传输协议 HTTP 也能够用于传输文件，但是就传输文件的速度与稳定性而言，FTP 优于 HTTP。使用 FTP 进行文件传输，包括两个方面：Upload（上传）和 Download（下载）。下载是从网络服务器上将文件传送到本地计算机，上传正好相反，是由本地计算机向服务器传输文件。

1）使用 IE 进行文件传输

不依靠其他的软件，IE 浏览器就可以完成文件传输，并且十分简单。下面介绍大致步骤：

（1）在 IE 的地址栏中输入 FTP 服务器的地址，如：FTP://ftp.pku.edu.cn。确认输入的地址无误后按【Enter】键，IE 会自动搜索服务器。

（2）链接到服务器后，IE 会自动提示输入用户名和密码，或者是以匿名用户自动登录。如果是一般的软件下载站点，则可以选择以匿名用户登录，如果是个人网站一类的 FTP 站点，就需要输入用户名和密码。

217

(3）通过了站点的用户确认后，就可以进行文件的上传和下载。但一定要确认该站点是否对用户提供了上传和下载的权利。

2）使用 FTP 软件进行文件传输

目前常用的 FTP 软件有 CuteFTP、LeadFTP 和 WS-FTP 等。限于篇幅，感兴趣的用户可以参考相关书籍，自行上机尝试。

4．远程登录

远程登录也是 Internet 提供的较常用的服务。利用它，用户能够从一台计算机登录到另一台计算机，从而方便地使用该计算机中的软硬件资源。提供远程登录服务的计算机简称远程主机，远程主机分为付费主机和免费主机。远程登录需要运行相应的远程登录客户端程序来实现，常用的远程登录工具软件有 Netterm、Cterm 以及 Windows 7 自带的 Telnet 程序（见图 7-34）等。

图 7-33 "迅雷下载"页面

图 7-34 Telnet 终端仿真程序

Telnet 是一个使用方便的远程登录工具软件，能将普通的 PC 仿真成一台服务器的远程终端，将用户的击键传到网上主机，同时也能将该主机的输出通过 TCP 连接返回到用户屏幕。这种服务是透明的，因为用户感觉到好像键盘和显示器是直接连在网络主机上。

由于因特网上提供网络服务的 UNIX 主机很多，当用户需要通过 Windows 类的客户端直接操作和管理某个 UNIX 主机时，Telnet 就成为一个极为方便的工具。当然，用户同时应具备操作 UNIX 的基本常识。

为了使多个操作系统间的 Telnet 交互操作成为可能，就必须详细了解异构计算机和操作系统。比如，一些操作系统需要每行文本用 ASCII 回车控制符（CR）结束，另一些系统则需要使用 ASCII 换行符（LF），还有一些系统需要用两个字符的序列回车—换行（CR—LF）。此外，大多数操作系统为用户提供了一个中断程序运行的快捷键，但这个快捷键在各个系统中有可能不同（一些系统使用 CTRL+C，而另一些系统使用 ESCAPE）。如果不考虑系统间的异构性，那么在本地发出的字符或命令，传送到远地并被远地系统解释后很可能会不准确或者出现错误。因此，Telnet 协议必须解决这个问题。为了适应异构环境，Telnet 协议定义了数据和命令在 Internet 上的传输方式，此定义被称作网络虚拟终端 NVT（Net Virtual Terminal）。它的应用过程如下：

对于发送的数据：客户机软件把来自用户终端的按键和命令序列转换为 NVT 格式，并发送到服务器，服务器软件将收到的数据和命令，从 NVT 格式转换为远地系统需要的格式。

对于返回的数据：远地服务器将数据从远地机器的格式转换为 NVT 格式，而本地客户机将接收到的 NVT 格式数据再转换为本地的格式。

5．Internet 信息资源检索

信息检索是指知识有序化识别和查找的过程。广泛的信息检索包括信息存储与检索，狭义的信息检索则仅指该过程的后半部分，即根据用户的需要查找信息，并借助检索工具从信息集合中找出所需信息的过程。对于在校大学生来说，常用的信息检索包括 Internet 信息检索、文献信息检索与

图书信息检索等,为了快速地搜索资源,我们应该学会使用检索工具。

下面将介绍如何检索信息资源。

Internet 上的信息检索主要有两种方式:搜索引擎检索和网站的数据库检索。

1)使用搜索引擎查找信息

随着 Internet 技术的迅速发展,利用 Internet 进行传播、交流、共享资源已成为计算机发展的新方向。以前只有在图书馆、资料室才能获取的资料,如今在 Internet 上可以轻松获取,比手动查找更方便、更快捷、更有效,而且成本低廉。同时,其他领域的发展也越来越借助 Internet,如远程教学、远程医疗。

Internet 上的资源十分丰富,而且更新速度快。面对信息资源的海洋,如何能更迅速、更准确地检索到所需要的信息呢?专门提供信息检索功能的服务器叫搜索引擎。通常,"搜索引擎"是一些网站的特点。它们有自己的数据库,保存了因特网上很多网页的检索信息,并且不断更新。当用户查找某个关键词时,所有在页面内容中包含了该关键词的网页都将作为搜索结果被检索出来,再经过复杂的算法进行排序并按照与搜索关键词的相关度,依次排序呈现在结果网页中。Internet 上常见的搜索引擎网站如表 7-3 所示。

表 7-3　常见的搜索引擎

公司名称	服务器地址	公司名称	服务器地址
Google	www.google.com	百度	www.baidu.com
雅虎	www.yahoo.com	搜狐	www.sohu.com
新浪	www.sina.com.cn	网易	www.163.com

下面以百度公司提供的免费搜索引擎,查找"红楼梦"相关资料为例说明搜索过程。

(1)在 IE 的地址栏中输入:http://www.baidu.com 后按【Enter】键,屏幕会出现百度的主页(见图 7-35)。

(2)在搜索框中输入关键字"红楼梦",然后单击"百度一下"按钮。百度会自动在自己的数据库中搜索包括关键字的主题,然后列出其所在服务器的地址,如图 7-36 所示。

(3)浏览当前网页上超级链接的标题与内容简介,如果对某个标题或内容简介感兴趣,可单击该超级链接,则打开新的页面。图 7-37 为单击"红楼梦_百度百科"标题出现的页面。

图 7-35　百度主页　　　　　　　　　图 7-36　有关"红楼梦"的搜索结果

图 7-37　"红楼梦_百度百科"页面

2)信息数据库检索

Internet 上很多网站提供了资料极其丰富的在线数据库,用户可以用它来进行文献的检索,如许昌学院图书馆的资源数据库系统。可以利用在线数据库来查看各专业的相关文献、学术论文、期刊等。下面介绍常用的在线数据库:

万方数据资源系统(http://www.wanfangdata.com.cn):这是中国科技信息研究所(万方数据集团公司)设立在全国各地的信息服务机构,是科技部直属的国家级综合性科技信息中心，是一个以科技信息为主，集经济、金融、社会、人文信息为一体，以 Internet 为网络平台的现代化、网络化的信息服务系统。万方数据资源系统目前有百余个数据库，基本包括了目前国内使用频率较高的数据库。目前已经上网的科技期刊有 1000 余种，所有的期刊都是全文上网，与印刷本同时发行，用户不仅可以阅读全文，还可以进行回溯性检索、统计等。

SCI 科学引文数据库（http://isiknowledge.com），是美国科学情报研究所（Institute For Scientific Information, ISI）出版的一部世界著名的期刊文献检索工具，SCI 历来被公认为世界范围内最权威的科学技术文献的索引工具。SCI 的网络版数据库——Science Citation Index Expanded，共收录期刊 5600 余种，每周新增 17750 条记录，记录包括论文与引文（参考文献），Science Citation Science Expanded 是一个多学科的综合性的数据库，其所涵盖的学科超过 100 个，主要涉及农业、生物及环境科学；工程技术及应用科学；医学与生命科学；物理学及化学和行为科学。该数据库能够提供科学技术领域最重要的研究成果。

3）图书信息检索工具

超星数字图书馆（www.ssreader.com）开通于 1999 年，是全球最大的中文数字图书馆，向互联网用户提供数十万种中文电子书的阅读、下载、打印等服务。同时还向所有用户、作者免费提供原创作品发布平台、读书小区、博客等服务。超星数字图书馆收录了大量的信息资源，其中包括文学、经济、计算机等几十余大类，并且每天仍在不断地增加与更新。数字图书馆上图书不仅可以直接在线阅读，还可以下载和打印。多种图书浏览方式、强大的检索功能与在线找书专家的共同指引，能够帮助用户及时准确地查找到要阅读的书籍。24 小时在线服务永不闭馆，只要上网便可随时进入超星数字图书馆阅读到图书。

7.4 信息安全

7.4.1 信息安全概述

信息是社会发展的重要战略资源，也是衡量国家综合国力的一个重要参数。随着计算机网络的发展，政治、军事、经济、科学等各个领域的信息越来越依赖计算机的信息存储方式，信息安全保护的难度也大大高于传统方式的信息存储模式。信息的地位与作用因信息技术的快速发展而急剧上升，信息安全问题同样因此而日渐突出。

1．信息安全和信息系统安全

1）信息安全

信息安全是指信息网络的硬件、软件及其系统中的数据受到保护，不受到偶然的或者恶意的原因而遭到破坏、更改、泄露，系统连续可靠正常地运行，信息服务不中断。信息安全的基本属性有完整性、可用性、保密性、可控性和可靠性。

完整性：信息在存储或传输过程中保持不被修改、不被破坏、不被插入、不延迟、不乱序和不丢失的特性。破坏信息的完整性是对信息安全发动攻击的最终目的。

可用性：指信息可被合法用户访问并能按要求顺序使用的特性，即在需要时就可以取用所需的信息。对可用性的攻击就是阻断信息的可用性，例如破坏网络和有关系统的正常运行就用于这种类型的攻击。

保密性：指信息不泄露给非授权的个人和实体，或供其使用的特性。军用信息的安全尤其注重信息的保密性（相比较而言，商用信息则更注重于信息的完整性）。

可控性：指授权机构可以随时控制信息的机密性。美国政府所提倡的"密销托管"、"密钥恢复"等措施就是实现信息安全可控性的例子。

可靠性：指信息以用户认可的质量连续服务于用户的特性（包括信息的迅速、准确和连续地转移等）。

信息安全是一门涉及计算机科学、网络技术、通信技术、密码技术、信息安全技术、应用数学、数论、信息论等多种学科的综合性学科。

2）信息系统安全

建立在网络基础之上的现代信息系统，其安全定义较为明确，那就是：保护信息系统的硬件、软件及相关数据，使之不因为偶然或者恶意侵犯而遭到破坏、更改及泄露，保证信息系统能够连续、可靠、正常地运行。

存储信息的计算机、数据库如果受到损坏，则信息将被丢失或损坏。信息的泄露、窃取和篡改也是通过破坏由计算机、数据库和网络所组成的信息系统的安全来进行的。

由此可见，信息安全依赖于信息系统的安全而得以实现。信息安全是需要的结果，确保信息系统的安全是保证信息安全的手段。

2．信息系统的不安全因素

1）信息存储

在以信息为基础的商业时代，保持关键数据和应用系统始终处于运行状态，已成为基本的要求。如果不采取可靠的措施，尤其是存储措施，一旦由于意外而丢失数据，将会造成巨大的损失。

存储设备故障的可能性是客观存在的。例如：掉电、电流突然波动、机械自然老化等。为此，需要通过可靠的数据备份技术，确保在存储设备出现故障的情况下，数据信息仍然保持其完整性。磁盘镜像、磁盘双工和双机热备份是保障主要的数据存储设备可靠性的技术。

2）信息通信传输

信息通信传输威胁是反应信息在计算机网络上通信过程中面临的一种严重的威胁，体现为数据流通过程中的一种外部威胁，主要来自人为因素。

美国国家安全局在 2000 年公布的《信息保障技术框架 IATF》中定义，对信息系统的攻击分为被动攻击和主动攻击。

被动攻击：是指对数据的非法截取。主要是监视公共媒体。它只截获数据，但不对数据进行篡改。例如：监视明文、解密通信数据、口令嗅探、通信量分析等。

主动攻击：指避开或打破安全防护、引入恶意代码（如计算机病毒），破坏数据和系统的完整性。主动攻击的主要破坏有 4 种：篡改数据、数据或系统破坏、拒绝服务及伪造身份连接。

3．信息系统的安全隐患

1）缺乏数据存储冗余设备

为保证数据存储设备发生故障的情况下数据库中的数据不被丢失或破坏，就需要磁盘镜像、双机热备份的冗余存储设备。财务系统的数据安全隐患是最普遍存在的典型例子。

目前，各行各业都在大量使用计算机作为数据处理的主要手段，多数情况下重要的数据都存放在计算机上，并通过定期备份数据来保证数据安全。一旦计算机磁盘损坏，总会有没来得及备份的数据丢失。

2）缺乏必要的数据安全防范机制

为保护信息系统的安全，就必须采用必要的安全机制。必要的安全机制有：访问控制机制、数据加密机制、操作系统漏洞修补机制和防火墙机制。缺乏必要的数据安全防范机制，或者数据安全防范机制不完善，必然为恶意攻击留下可乘之机，这是极其危险的。

（1）缺乏或不完善的访问控制机制。访问控制也称存取控制（Access Control），是最基本的安全防范措施之一。访问控制是通过用户标识和口令阻截未授权用户访问数据资源，限制合法用户使用数据权限的一种机制。缺乏或不完善的访问控制机制直接威胁信息数据的安全。

（2）不使用数据加密。如果数据未加密就进行网络传输是非常危险的。由于网络的开放性，网络技术和协议是公开的，攻击者远程截获数据变得非常容易。如果商业、金融系统中的数据不进行加密就传输，后果是不堪设想的。

（3）忽视操作系统漏洞修补。对信息安全的攻击需要通过计算机服务器、网络设备所使用的操作系统中存在的漏洞进行。任何软件都存在一定的缺陷，在发布后需要进行不断升级、修补。Windows 2000、Windows XP、Windows 2003 自发布以来，已经公布了 10 余种补丁程序。通过安装补丁程序来修补系统代码漏洞，是防止网络攻击的重要手段。

用户可以登录微软公司网站下载系统补丁，也可以通过系统自带的 Windows Upgrade 程序进行升级。如果不对操作系统漏洞及时修补，会为数据和信息系统留下巨大的安全隐患。

（4）未建立防火墙机制。防火墙能极大地提高内部网络的安全性，并通过过滤不安全的服务而降低风险。防火墙是在网络之间执行控制策略，阻止非法入侵的安全机制。通常，防火墙要实现下列功能：

（1）过滤进出网络的数据，强制性实施安全策略。
（2）管理进出网络的访问行为。
（3）记录通过防火墙的信息内容和活动。
（4）对网络攻击检测和报警。

如果没有建立防火墙机制，将为非法攻击者大开方便之门。

4. 信息安全的任务

信息安全的任务是保护信息和信息系统的安全。为保障信息系统的安全，需要做到下列几点：
（1）建立完整、可靠的数据存储冗余备份设备和行之有效的数据灾难恢复办法。
（2）建立严谨的访问控制机制，拒绝非法访问。
（3）利用数据加密手段，防范数据被攻击。
（4）系统及时升级、及时修补，封堵自身的安全漏洞。
（5）安装防火墙，在用户和网络之间、网络与网络之间建立起安全屏障。

随着计算机应用和计算机网络的发展，信息安全问题日趋严重。所以必须采取严谨的防范态度和完备的安全措施来保障在传输、存储、处理过程中的信息仍具有完整性、保密性和可用性。

7.4.2 信息安全防范技术

信息安全防范技术是指维护信息安全的技术，常用的有访问控制技术、数据加密技术、数字签名和数字证书技术、防火墙技术等。

1. 访问控制技术

访问控制就是通过某种途径显式地准许或限制访问能力及范围的一种方法。访问控制作为信息安全保障机制的核心内容和评价系统安全的主要指标，被广泛应用于操作系统、文件访问、数据库管理以及物理安全等多个方面，它是实现数据保密性和完整性机制的主要手段。传统访问控制技术主要有自主访问控制和强制访问控制 2 种。新型访问控制技术有 3 种，即基于角色的访问控制、基于任务的访问控制和基于组机制的访问控制。

1）自主访问控制

自主访问控制（Discretionary Access Control，DAC）是目前计算机系统中实现最多的访问控制机制，它是在确认主体身份及所属组的基础上，根据访问者的身份和授权对访问进行限定的一种控制策略。所谓自主，是指具有授予某种访问权限的主体（用户）能够自己决定是否将访问控制权限的某个子集授予其他的主体或从其他主体那里收回所授予的访问权限。

2）强制访问控制

强制访问控制（Mandatory Access Control，MAC）的基本思想是：每个主体都有既定的安全级别，每个客体也都有既定安全级别，主体和客体的安全级别决定了主体是否拥有对客体的访问权。

3）基于角色的访问控制

基于角色的访问控制（Role-Based Access Control，RBAC）的基本思想是：在用户和访问权限之间引入角色的概念，将用户和角色联系起来，通过对角色的授权来控制用户对系统资源的访问。"RBAC"参考模型如图 7-38 所示。

角色是访问权限的集合，用户通过赋予不同的角色获得角色所拥有的访问权限。一个用户可拥有多个角色，一个角色可授权给多个用户；一个角色可包含多个权限，一个权限可被多个角色包含。用户通过角色享有权限，它不直接与权限相关联，权限对存取对象的操作许可通过活跃角色实现。在 RBAC 模型系统中，每个用户进入系统时得到一

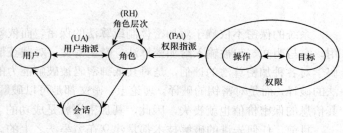

图 7-38 "RBAC"参考模型

个会话，一个用户会话可能激活的角色是该用户的全部角色的子集。对此用户而言，在一个会话内可获得全部被激活的角色所包含的访问权限。角色之间也可存在继承关系，即上级角色可继承下级角色的部分或全部权限，从而形成了角色层次结构。

在一个组织中，针对各种工作职能定义不同的角色，同时，根据用户的责任和资格来分配其角色。这样可十分简单地改变用户的角色分配，当系统中增加新的应用功能时可以在角色中添加新的权限。此外，可撤销用户的角色或从角色中撤销一些原有的权限。与"DAC"和"MAC"相比，"RBAC"具有明显的优越性，它几乎可以描述任何安全策略。

4）基于任务的访问接制

基于任务的访问控制（Task-Based Access control，TBAC）是一种新的安全模型，从应用和企业层角度来解决安全问题。它采用"面向任务"的观点，从任务（活动）的角度来建立安全模型和实现安全机制，在任务处理的过程中提供动态实时的安全管理。在"TBAC"中，对象的访问权限控制并不是静止不变的，而是随着执行任务的上下文的环境而发生变化。

5）基于组机制的访问控制

基于组机制的"NTree"访问控制模型，"NTree"模型的基础是偏序的维数理论，组的层次关系由维数为 2 的偏厅关系（即 NTree 树）表示，通过比较组结点在"NTree"中的属性决定资源共享和权限隔离。

2. 数据加密技术

1）加密和解密

所谓数据加密（Data Encryption）技术是指将一个信息（或称明文，Plain Text）经过加密钥匙（Encryption Key）及加密函数转换，变成无意义的密文（Cipher Text），而接收方则将此密文经过解密函数、解密钥匙（Decryption Key）还原成明文。加密技术是网络安全技术的基石。下面以具体的实例描述加密解密过程，如图 7-39 所示。

在计算机网络中，加密可分为"通信加密"（即传输过程中的数据加密）和"文件加密"（即存储数据的加密）。

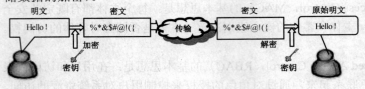

图 7-39　数据加密、解密过程

现代数据加密技术中，加密算法（如最为普及的 DES 算法、IDEA 算法和 RSA 算法）是公开的。密文的可靠性在于公开的加密算法使用不同的密钥，其结果是不可破解的。不言而喻，解密算法是加密算法的逆过程。

系统的保密不依赖于对加密体制或算法的保密，而依赖于密钥。密钥在加密和解密的过程中使用，它与明文一起被输入给加密算法，产生密文。对截获信息的破译，事实上是对密钥的破译。密码学对各种加密算法的评估，是对其抵御密码被破解能力的评估。攻击者破译密文，不是对加密算法的破译，而是对密钥的破译。理论上，密文都是可以破解的。但是，如果花费很长的时间和代价，其信息的保密价值也就丧失，因此，其加密也就是成功的。

目前，任何先进的破解技术都是建立在穷举法之上的。也就是说，仍然离不开密钥试探。当加密算法不变时，破译需要消耗的时间长短取决于密钥的长短和破译者所使用的计算机的运算能力。表 7-4 列举了用穷举法破解密钥所需要的平均破译时间。

表 7-4　密钥长度和运算速度对破译时间的影响

密钥长度（位）	破译时间（搜索 1 次/微秒）	破译时间（搜索 100 万次/微秒）
32	35.8 分	2.15 毫秒
56	1142 年	10 小时
128	5.4×10^{24} 年	5.4×10^{18} 年

从表 7-4 中数据可以看出，即使使用每微秒可搜索 100 万的计算机系统，对于 128 位的密钥来说，破译仍是不可能的。

因此，为提高信息在网络传输过程中的安全性，所用的策略无非是使用优秀的加密算法和更长的密钥。

2）数字签名

在信息技术迅猛发展的时代，电子商务、电子政务、电子银行、远程税务申报此类应用要求有电子化的数字签名技术来支持。数字签名（又称公钥数字签名、电子签章）是一种类似写在纸上的普通的物理签名，但是使用了公钥加密领域的技术实现，用于鉴别数字信息的方法。一套数字签名通常定义 2 种互补的运算，一个用于签名，另一个用于验证。数字签名的特点如下：

（1）不可抵赖：签名者事后不能否认自己签过的文件。

（2）不可伪造：签名应该是独一无二的，其他人无法伪造签名者的签名。

（3）不可重用：签名是消息的一部分，不能被挪用到其他文件上。

从接收者验证签名的方式可将数字签名分为真数字签名和公证数字签名两类。在真数字签名中，如图 7-40 所示，签名者直接把签名消息传送给接收者，接收者无须借助第三方就能验证签名。而在公证数字签名中，如图 7-41 所示，把签名消息经由被称作公证者的可信的第三方发送者发送给接收者，接收者不能直接验证签名，签名的合法性是通过公证者作为媒介来保证的，也就是说接收者要验证签名必须同公证者合作。

图 7-40　真签名技术

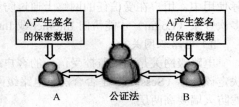

图 7-41　公证数字签名方式

数字签名与手写签名的区别：手写签名根据不同的人而变化，而数字签名对于不同的消息是不同的，即手写签名因人而异，数字签名因消息而异。手写签名是模拟的，无论何种文字的手写签名，伪造者都容易模仿，而数字签名是在密钥控制下产生，在没有密钥的情况下，模仿者几乎无法模仿出数字签名。

3．防火墙技术

防火墙是一种将内部网络与外部网络分开的方法，是提供信息安全服务，实现网络和信息安全的重要基础设施，主要用于限制被保护的内部网络与外部网络之间进行的信息存取、信息传递等操作。

防火墙是位于被保护网络和外部网络之间执行访问控制策略的一个或一组系统，包括硬件和软件，构成一道屏障，以防止发生对保护网络的不可预测的、潜在的破坏性的侵扰。防火墙放置的位置如图 7-42 所示。

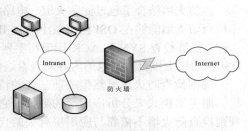

图 7-42　防火墙放置的位置

通过网络防火墙，还可以很方便地监视网络的安全性，并产生报警。

防火墙的作用就在于可以使网络规划清晰明了，从而有效地防止跨越权限的数据访问。

从实现原理上分，防火墙的技术包括 4 大类：网络级防火墙（也叫包过滤型防火墙）、应用级网关、电路级网关和规则检查防火墙。它们之间各有所长，具体使用哪一种或是否混合使用，要看具体需要。

1）网络级防火墙

一般是基于源地址和目的地址、应用、协议及每个 IP 包的端口来做出通过与否的判断。一个路由器便是一个"传统"的网络级防火墙，大多数的路由器都能通过检查这些信息来决定是否将所收到的包转发，但它不能判断出一个 IP 包来自何方，去向何处。防火墙检查每一条规则直至发现包中的信息与某规则相符。如果没有一条规则能符合，防火墙就会使用默认规则，一般情况下，默认规则就是要求防火墙丢弃该包。其次，通过定义基于 TCP 或 UDP 数据包的端口号，防火墙能够判断是否允许建立特定的连接，如 Telnet、FTP 连接。

2）应用级网关

应用级网关能够检查进出的数据包，通过网关复制传递数据，防止在受信任服务器和客户机与不受信任的主机间直接建立联系。应用级网关能够理解应用层上的协议，能够做复杂一些的访问控制，并做精细的注册和稽核。它针对特别的网络应用服务协议即数据过滤协议，并且能够对数据包分析并形成相关的报告。应用网关对某些易于登录和控制所有输出输入的通信的环境给予严格的控制，以防有价值的程序和数据被窃取。在实际工作中，应用网关一般由专用工作站系统来完成。但每一种协议需要相应的代理软件，使用时工作量大，效率不如网络级防火墙。应用级网关有较好的访问控制，是目前最安全的防火墙技术，但实现困难，而且有的应用级网关缺乏"透明度"。在实际使用中，用户在受信任的网络上通过防火墙访问 Internet 时，经常会发现存在延迟并且必须进行多次登录（Login）才能访问 Internet 或 Intranet。

3）电路级网关

电路级网关是用来监控受信任的客户或服务器与不受信任的主机间的 TCP 握手信息，这样来决定该会话（Session）是否合法，电路级网关是在 OSI 模型中会话层上来过滤数据包，这样比包过滤防火墙要高两层。

电路级网关还提供一个重要的安全功能：代理服务器（Proxy Server）。代理服务器是设置在 Internet 防火墙网关的专用应用级代码。这种代理服务准许网管员允许或拒绝特定的应用程序或一个应用的特定功能。包过滤技术和应用网关是通过特定的逻辑判断来决定是否允许特定的数据包通过，一旦判断条件满足，防火墙内部网络的结构和运行状态便"暴露"在外来用户面前，这就引入了代理服务的概念，即防火墙内外计算机系统应用层的"链接"由两个终止于代理服务的"链接"来实现，这就成功地实现了防火墙内外计算机系统的隔离。同时，代理服务还可用于实施较强的数据流监控、过滤、记录和报告等功能。代理服务技术主要通过专用计算机硬件（如工作站）来承担。

4）规则检查防火墙

该防火墙结合了包过滤防火墙、电路级网关和应用级网关的特点。它同包过滤防火墙一样，规则检查防火墙能够在 OSI 网络层上通过 IP 地址和端口号，过滤进出的数据包。它也像电路级网关一样，能够检查 SYN 和 ACK 标记和序列数字是否逻辑有序。当然它也像应用级网关一样，可以在 OSI 应用层上检查数据包的内容，查看这些内容是否能符合网络的安全规则。

规则检查防火墙虽然集成前三者的特点，但是不同于一个应用级网关的是，它并不打破客户机/服务器模式来分析应用层的数据，它允许受信任的客户机和不受信任的主机建立直接连接。规则检查防火墙不依靠与应用层有关的代理，而是依靠某种算法来识别进出的应用层数据，这些算法通过已知合法数据包的模式来比较进出数据包，这样从理论上就能比应用级代理在过滤数据包上更有效。

防火墙不是解决所有网络安全问题的万能药方，它只是网络安全策略的组成部分，因为防火墙不能防范绕过防火墙的攻击，如内部提供拨号服务；防火墙不能防范来自内部人员的恶意攻击；防火墙不能阻止被病毒感染的程序或文件的传递；防火墙不能防止数据驱动式攻击，如特洛伊木马。在实际应用中，一般综合采用以上几种技术以求互相取长补短，往往还在使用防火墙产品的同时集成防病毒软件的功能来提高系统的免疫力。

7.4.3 计算机病毒的诊断与清除

计算机病毒是一段可执行的程序代码，它们附着在各种类型文件上，随着文件从一个用户复制给另一个用户，计算机病毒也就传播蔓延开来。这种程序与其他程序不一样，它进入正常工作的计算机以后，会把已有的信息搞乱或者破坏。它具有再生的能力，会进入有关的程序进行自我复制，冲乱正在运行的程序，破坏程序的正常运转。因为它像微生物一样可以繁殖，因此被称为"计算机病毒"。计算机病毒具有非授权可执行性、隐蔽性、传染性、潜伏性、破坏性等特点，对计算机信息具有非常大的危害。

1. 计算机病毒概述

1）计算机病毒定义

关于计算机病毒的确切定义，至今尚无一个公认的概念。目前，使用较多的是美国病毒专家科恩（Fred Cohen）博士所下的定义："计算机病毒是一种能够通过修改程序，并把自己的复制品包括在内去感染其他程序的程序。"或者说，"计算机病毒是一种在计算机系统运行过程中，能把自己精确复制或有修改地复制到其他程序体中的程序"。我国于 1994 年 2 月 18 日颁布实施的《中华人民共和国计算机信息系统安全保护条例》第二十八条中对计算机病毒有明确的定义：计算机病毒，是指编制或者在计算机程序中插入的破坏计算机功能或者毁坏数据，影响计算机使用，并能自我复制的一组计算机指令或程序代码。也就是说：计算机病毒能够通过某一种途径潜伏在计算机的存储介质中，达到某种条件即被激活，对计算机资源具有破坏作用的一种程序或者指令的集合。

病毒既然是计算机程序，它的运行就需要消耗计算机的资源。当然，病毒并不一定都具有破坏力，有些病毒可能只是恶作剧，例如计算机感染病毒后，只是显示一条有趣的消息和一幅恶作剧的画面，但是大多数病毒的目的都是设法毁坏数据。

2）计算机病毒的特征

病毒可以像正常程序一样执行以实现一定的功能，但又具有普通程序所没有的特性，一般有以下特性：

（1）传染性。计算机病毒具有再生机制，病毒通过将自身嵌入到一切符合其传染条件的未受到传染的程序上，实现自我复制和自我繁殖，达到传染和扩散的目的。其中，被嵌入的程序叫做宿主程序。这是计算机病毒最根本的属性，是检测、判断计算机病毒的重要依据。传染性是病毒的基本特征。病毒的传染可以通过各种移动存储设备，如软盘、移动硬盘、U 盘、可擦写光盘、手机等；也可以通过有线网络、无线网络、手机网络等传染。

（2）潜伏性。病毒在进入系统之后通常不会马上发作，可长期隐藏在系统中，除了传染以外不进行什么破坏，以提供足够的时间繁殖扩散。病毒在潜伏期不破坏系统，因而不易被用户发现。潜伏性越好，其在系统中存在时间就会越长，病毒的传染范围就越大。病毒只有在满足特定触发条件时才能启动。不满足触发条件时，计算机病毒除了传染外并不做什么破坏；触发条件一旦得到满足，有的在屏幕上显示信息、图形或特殊标识，有的则执行破坏系统的操作，如格式化磁盘、删除磁盘文件、对数据文件做加密、封锁键盘及使系统死锁等。

（3）可触发性。病毒因某个事件或数值的出现，激发其进行传染，或者激活病毒的表现部分或破坏部分的特性称为可触发性。病毒如果完全不动一直潜伏，既不能感染也不能进行破坏，即失去了杀伤力。病毒既要隐蔽又要维持杀伤力，它必须具有可触发性。计算机病毒一般都有一个或者多个触发条件，可能是使用特定文件，也可能是某个特定日期或特定的时刻，或者是病毒内置的计数器达到一定次数等。病毒运行时，触发机制检查预定条件是否满足，满足条件时，病毒触发感染或实施破坏性动作，否则继续潜伏。

（4）破坏性。这个特征是所有的计算机病毒所共有的，无论这种"破坏"是否真正对计算机系统造成了不良影响，即使是恶作剧，也会影响到计算机用户对计算机的正常使用，更不用说那些以毁坏计算机系统为目的的计算机病毒。

计算机病毒对计算机系统造成的破坏常见的是占用计算机系统资源，造成系统运行速度的降低，或者是破坏计算机系统中的数据等。病毒是一种可执行程序，病毒的运行必然要占用系统资源，例如占用内存空间，占用磁盘存储空间及系统运行时间等。因此，所有病毒都存在一个共同的危害，即占用系统资源，降低计算机系统工作效率，而具体的危害程度取决于具体的病毒程序。病毒的破坏性主要取决于病毒设计者的目的，体现了病毒设计者的真正意图。

(5) 针对性。病毒是针对特定的计算机、操作系统、服务软件、甚至特定的版本和特定模板而设计的。例如："CodeBlue（蓝色代码）"专门攻击 Windows 2000 操作系统，英文 Word 中的宏病毒模板在同一版本的中文 Word 中无法打开而自动失效；感染 SWF 文件的 SWF.LFM.926 病毒由于依赖 Macromedia 独立运行的 Flash 播放器，而不是依靠安装在浏览器中的插件，使其传播受到限制。

(6) 隐蔽性。计算机病毒具有很强的隐蔽性，有的可以通过病毒软件检查出来，有的根本就查不出来，有的时隐时现、变化无常，这类病毒处理起来通常很困难。大部分病毒都设计得短小精悍，一般只有几百 KB 甚至几十 KB 字节。而且，病毒通常都附在正常程序中或磁盘较隐蔽的地方（如引导扇区），或以隐含文件形式出现，目的是不让用户发现它的存在。病毒在潜伏期内并不破坏系统工作，受感染的计算机系统通常仍能正常运行，从而隐藏病毒的存在，使病毒可以在不被察觉的情况下，感染尽可能多的计算机系统。

(7) 衍生性。变种多是当前病毒呈现出的新的特点。很多病毒使用高级语言编写，如"爱虫"是脚本语言病毒，"美丽莎"是宏病毒，它们比以往用汇编语言编写的病毒更容易理解和修改，通过分析计算机病毒的结构可以了解设计者的设计思想和设计目的，从而衍生出各种不同于原版本的新的计算机病毒，称为病毒变种，这就是计算机病毒衍生性。变种病毒造成的后果可能比原版病毒更为严重。"爱虫"病毒在 10 多天内出现 30 多种变种。"美丽莎"病毒也有多个变种，而且此后很多宏病毒都使用了"美丽莎"的传染机理。这些变种的主要传染和破坏的机理与母体病毒基本一致，只是改变了病毒的外部表象。

随着计算机软件和网络技术的发展，网络时代的病毒又具有很多新的特点，如利用微软漏洞主动传播，主动通过网络和邮件系统传播、传播速度极快、变种多；病毒与黑客技术融合，具有攻击手段，更具有危害性。

2．病毒攻击目标

计算机病毒所攻击的目标，主要针对 Windows 操作系统。具体目标有以下几种：

1）系统文件和可执行文件

这类病毒属于系统病毒，由于对系统文件进行破坏，所以这类病毒的前缀多命名为 Win32、PE、Win95、W32、W95 等。此类病毒主要感染 Windows 的 exe 文件、dll 文件，以及其他类型的运行程序。因为系统文件及可执行文件使用频繁，对病毒传播提供了很好的条件，杀毒软件依然是对此类病毒防范的最好工具。

2）电子邮件

电子邮件传播的蠕虫病毒，是大家听的最多的病毒，病毒前缀多为 Worm，蠕虫顾名思义就是能够不停运行感染。所以，这类病毒具有非常可怕的攻击效果，主要是因为攻击范围比较广泛，是通过电子邮件传播的，同时，也感染其他文件，系统文件和可执行文件也会感染，向外发送大量的垃圾邮件，使网络阻塞。只要在平时对杀毒软件及时更新病毒库，蠕虫病毒便不会很容易被感染。

3）访问网络程序

访问网络的病毒看起来很笼统。但是，这些程序所感染的病毒也很广泛，其中有木马病毒和黑客病毒，木马病毒其前缀是 Trojan，黑客病毒前缀名一般为 Hack。这类病毒和蠕虫病毒一样，传播的时候先把本机感染，然后再传播到网络，感染别的计算机。我们常使用的 OICQ 软件和网络游戏就可能成为这两个病毒的传播者。OICQ 软件可以在通信聊天的时候传播不健康网站或者恶意网站。而网络游戏，则可能造成游戏账号的丢失。木马病毒和黑客病毒，最好的防范工具是木马监视工具，比如木马克星等软件。

4）脚本程序

脚本程序多使用在网页中，在访问的时候，可以更好的让更多的人访问同一个网页。其中，Java

小程序以及 Active X 这两个是使用最广泛的，通过网页进行传播，这类脚本病毒的前缀是 Script。在访问网页的时候，使用脚本语言非常频繁。因此，很容易传播此类病毒，也就造成了此类病毒的泛滥。

5）宏病毒

宏病毒也属于脚本病毒，但是因为它所感染的目标主要针对 Office 软件，所以另外分出类来，宏病毒的前缀是：Macro、Word、Word 97、Excel、Excel 97 等。这类病毒主要感染 Office 系列的文档，包括 Word、Excel 等。为了保护数据的安全，建议尽量把宏安全性提高到最高。另外，杀毒软件里都有宏病毒的检测，建议打开监控。

6）后门病毒

后门病毒，其实并不是利用攻击来达到目的的。主要是潜入系统，在适当的时候开启某个端口或者服务，然后再利用其他工具进行攻击，后门病毒的前缀是 Backdoor。在平时的使用过程中，我们应该始终把防火墙打开，对端口进行编辑，以便在访问的时候，更清楚的知道自己计算机内有哪些端口进行了访问。

7）病毒种植传播

种植的意思是靠一个程序，来生成更多的程序，这类病毒就是以此来达到传播的目的。在程序被打开的情况下，在内存中自动复制程序，并且拷贝到其他文件目录下，感染更多的程序及文件，后门病毒的前缀是 Backdoor。这类病毒也属于内存病毒，不仅传播病毒，而且占用很多的计算机资源。因此经常对内存及进程文件进行检查也是良好的习惯。

8）破坏性病毒

破坏性病毒所针对的攻击目标，主要是计算机的系统、硬盘或者其他硬件设备，而且会破坏系统文件，造成系统无法正常使用。如果是硬盘，还会删除文件、格式化硬盘。其他硬件设备，可能还会超频，导致计算机硬件过热而损坏计算机，破坏性程序病毒的前缀是 Harm。这类病毒会造成很严重的后果。

9）玩笑性病毒

玩笑性病毒，只是一段开玩笑的代码，它会出其不意的在您的计算机里运行，并且和您开个玩笑，还可能会装做破坏一些软件或者程序来和用户开玩笑。对计算机没有实质性破坏，只会开个玩笑和影响正常的工作与学习，玩笑病毒的前缀是"Joke"。

10）程序捆绑病毒

和程序捆绑的病毒并不需要多大难度，只需要使用一个文件捆绑器，就可以把病毒文件和正常程序捆绑在一起，然后在运行程序的时候就会不知不觉地运行，程序捆绑病毒的前缀是"Binder"。程序所捆绑的病毒的文件大都很小，此类程序文件不会很大，所以不会被发觉。而且经常是对常用软件进行捆绑，比如"OICQ"软件、"IE"软件等。

3．计算机病毒的类型

1）计算机病毒的类型

计算机病毒种类有很多，病毒分类的方法也很多，按其表现性可分为良性病毒和恶性病毒两种。良性病毒的危害性小，它一般只干扰屏幕，如"圆点"病毒就是如此；恶性病毒危害性较大，它可能毁坏数据或文件，也可以使程序停止工作或造成网络瘫痪，如"蠕虫"病毒就属于这一类。这类病毒发作后，会给用户造成不可挽回的损失。

通常计算机病毒可以分为以下几种类型：

（1）寄生病毒：这是一类传统、常见的病毒类型。这种病毒寄生在其他应用程序中。当被感染的程序运行时，寄生病毒程序也随之运行，继续感染其他程序，以传播病毒。

（2）引导区病毒：这种病毒感染计算机操作系统的引导区，是系统在引导操作系统前先将病毒引入内存，进行繁殖和破坏性活动。

（3）蠕虫病毒：蠕虫病毒通过不停地自我复制，最终使计算机资源耗尽而崩溃，或向网络中大量发送广播，致使网络阻塞。蠕虫病毒是目前网络中最为流行、猖獗的病毒。

（4）宏病毒：是专门感染 Word、Excel 文件的病毒，危害性极大。宏病毒与大多数病毒不同，它只感染文档文件，而不感染可执行文件。文档文件本来存放的是不可执行的文本和数字，但是"宏"是 Word 和 Excel 文件中的一段可执行代码。宏病毒就是伪装成 Word 和 Excel 中的"宏"，当 Word 或 Excel 文件被打开时，宏病毒即开始运行，感染其他文档文件。

（5）特洛伊病毒：又称为木马病毒。特洛伊病毒会伪装成一个应用程序、一个游戏而隐藏于计算机中。通过不断地将受到感染的计算机中的文件发送到网络中而泄露机密信息。

（6）变形病毒：这是一种能够躲避杀毒软件检测的病毒。变形病毒在每次感染时会创建与自己功能相同、但程序代码明显变化的复制品，使得防病毒软件难以检测。

2）计算机病毒的破坏方式

不同的计算机病毒实施不同的破坏，主要的破坏方式有以下几种：

（1）破坏操作系统，使计算机瘫痪。有一类病毒用直接破坏操作系统的磁盘引导区、文件分区表、注册表的方法，强行使计算机无法启动。

（2）破坏数据和文件。病毒发起攻击后会改写磁盘文件甚至删除文件，造成数据永久性的丢失。

（3）占用系统资源，使计算机运行异常缓慢，或使系统因资源耗尽而停止运行。例如，振荡波病毒，如果攻击成功，则会占用大量资源，使 CPU 占用率达到 100%。

（4）破坏网络。如果网络内的计算机感染了蠕虫病毒，蠕虫病毒会使该计算机向网络中发送大量的广播包，从而占用大量的网络带宽，使网络拥塞。

（5）传输垃圾信息。Windows XP 内置消息传送功能，用于传送系统管理员所发送的消息。Win32 QLExp 这样的病毒会利用这个服务，使网络中的各计算机频繁弹出一个名为"信使服务"的窗口，广播各种各样的信息。

（6）泄露计算机内的信息。像"广外女生"、Netspy.698 这样的木马程序，专门将所驻留计算机的信息泄露到网络中。有的木马病毒会向指定计算机传送屏幕显示情况或特定数据文件（如所搜索到的口令）。

（7）扫描网络中的其他计算机，开启后门。感染"口令蠕虫"病毒的计算机会扫描网络中其他计算机，进行共享会话，猜测别人计算机的管理员口令。如果猜测成功，就将蠕虫病毒传送到那台计算机上，开启 VNC 后门，对该计算机进行远程控制。被传染的计算机上的蠕虫病毒又会开启扫描程序，扫描、感染其他计算机。

各种破坏方式的计算机病毒自动复制，感染其他计算机，扰乱计算机系统和网络系统的正常运行；对社会构成了极大的危害。防治病毒是保障计算机系统安全的重要任务。

4．计算机病毒的防范与清除

对于计算机病毒，需要树立以防为主、以清除为辅的观念，防患于未然。由于计算机病毒处理过程中存在对症下药的问题，即发现病毒后，才找到相应的杀毒预防措施。

1）防范计算机病毒

为了最大限度地减少计算机病毒的发生和危害，必须采取有效的预防措施，使病毒的涉及范围、破坏作用减少到最小。下面列出一些简单有效的计算机病毒预防措施。

（1）备好启动盘，并设置写保护。在对计算机进行检查、修复和手工杀毒时，通常要使用无毒的启动盘,使设备在较为干净的环境下操作。

(2) 尽量不用软盘、U盘、移动硬盘或其他移动存储设备启动计算机,而用本地硬盘启动。同时尽量避免在无防毒措施的计算机上使用可移动的存储设备。

(3) 定期对重要的资料和系统文件进行备份,数据备份是保证数据安全的重要手段。可以通过比照文件大小、检查文件个数、核对文件名来及时发现病毒,也可以在文件损失后尽快恢复。

(4) 重要的系统文件和磁盘可以通过赋予只读功能,避免病毒的寄生和入侵。也可以通过转移文件位置修改相应的系统配置来保护重要的系统文件。

(5) 重要部门的计算机,尽量专机专用。

(6) 安装杀毒软件、防火墙等工具。首次安装时计算机做一次彻底的病毒扫描,以确保系统尚未受过病毒感染。定期对软件进行升级,对系统进行扫描、杀毒。

(7) 使用可移动存储设备时应先扫描。

(8) 从正规站点进行下载软件,安装新软件先杀毒。

(9) 来历不明的电子邮件的附件不要打开。先将附件保存下来,使用杀毒软件查杀后再打开。

(10) 使用复杂的密码,提高计算机的安全系数。密码的长度至少应为6位以上,不要用生日、电话号码等简单数字或英文单词作为密码;尽量采用大小写字母、数字和符号的组合;不要在不同的系统上使用相同的密码。

2) 清除计算机病毒

由于计算机病毒不仅干扰计算机的正常工作,更严重的是继续传播病毒、泄密和干扰网络的正常运行,因此当计算机感染病毒后,需要立即采取措施予以清除。

清除病毒一般采用人工清除病毒和自动清除病毒两种方法。

(1) 人工清除。借助工具软件打开被感染的文件,从中找到并摘除病毒代码,使文件复原。这种方法是专业防病毒研究人员用于清除新病毒时采用的,不适用一般用户。

(2) 自动清除。杀毒软件是专门用于对病毒的防堵、清除的工具。自动清除也就是借助杀毒软件来清除病毒,用户只需按照杀毒软件的菜单或联机帮助操作即可轻松杀毒。如今,各种计算机病毒的发作日益频繁,杀毒软件的使用成为计算机用户日常工作中不可或缺的工作内容之一。

一定使用正版杀毒软件(如NortonAntiVirus、KV3000、金山毒霸、瑞星等),因为正版杀毒软件能确保正确及时地升级。由于目前的杀毒软件都具有病毒防范和拦截功能,能够以快于病毒传播的速度发现、分析并部署拦截病毒,因此安装杀毒软件将整个系统置于随时监控之下,是最有效地防范病毒感染的方法。

对于计算机病毒的防治,不仅是一个设备的维护问题,而且是一个合理的管理问题;不仅要有完善的规章制度,而且要有健全的管理体制。因此,只有提高认识、加强管理,做到措施到位,才能防患于未然,减少病毒入侵后所造成的损失。

7.4.4 网络道德与相关法规

由于计算机网络系统的开放性和方便性,人们可以轻松地从网上获取信息或向网络发布信息,同时也很容易干扰其他网络活动和参加网络活动的其他人的生活。因此,要求网络活动的参加者具有良好的品德和高度的自律性,努力维护网络资源,保护网络的信息安全,树立和培养健康的网络道德,遵守国家有关网络的法律法规。

1. 网络道德

网络道德倡导网络活动参与者之间平等、友好相处、互利互惠，合理、有效地利用网络资源。网络道德讲究诚信、公正、真实、平等的理念，引导人们尊重知识产权、保护隐私、保护通信自由、保护国家利益。

网络道德的定义是指以善恶为标准，通过社会舆论、信念和传统习惯来评价人们的上网行为，调节网络时空中人与人之间及个人与社会之间关系的行为规范。网络道德是时代的产物，需与信息网络相适应，网络道德是人与人、人与人群关系的行为法则，它是一定社会背景下人们的行为规范，赋予人们在动机或行为上的是非善恶判断标准。

网络道德不能像法律一样划定明确的界限，但至少有一条"道德底线"：不从事有害于他人、社会和国家利益的网络活动。

强调、维护网络道德的意义就是使每个网络活动参与者能够自律，自觉遵守和维护网络秩序，逐步养成良好的网络行为习惯，形成对网络行为正确的是非判断能力。

强调、维护网络道德是建立健康、有序的网络环境的重要工作，是依靠所有网络活动参与者共同实施的。要大力提倡网络道德，形成网络管理、自律与他律相互补充和促进的良好网络运行机制。

2. 网络安全法规

为了维护网络安全，国家和管理组织制定了一系列网络安全政策、法规。在网络操作和应用中应自觉遵守网络礼仪和道德规范。

1）知识产权保护

知识产权是指人类智力劳动产生的智力劳动成果的所有权。它是依照各国法律赋予符合条件的著作者、发明者或成果拥有者在一定期限内享有的独占权利，一般认为它包括版权和工业产权。版权是指著作权人对其文学作品享有的署名、发表、使用及许可他人使用和获得报酬等的权利；工业产权则是包括发明专利、实用新型专利、外观设计专利、商标、服务标记、厂商名称、货源名称或原产地名称等的独占权利。20世纪80年代以来，随着世界经济的发展和新技术革命的到来，世界知识产权制度发生了引人注目的变化，特别是近些年来，科学技术日新月异，经济全球化趋势增强，产业结构调整步伐加快，国际竞争日趋激烈。知识或智力资源的占有、配置、生产和运用已成为经济发展的重要依托，专利的重要性日益凸现。

因此要特别注意保护知识产权。

2）保密法规

Internet 的安全性能对用户在进行网络互连时如何确保国家秘密、商业秘密和技术秘密提出了挑战。

国家保密局2000年1月1日起颁布实施《计算机信息系统国际联网保密管理规定》，明确规定了哪些泄密行为或哪些信息保护措施不当造成泄密的行为触犯了法律。例如，该规定中第2章保密制度的第6条规定："涉及国家秘密的计算机信息系统，不得直接或间接地与互联网或其他公共信息网络相连接，必须实行物理隔离"。

国家有关信息安全的法律、法规要求人们加强计算机信息系统的保密管理，以确保国家和企业秘密的安全。

3）防止和制止网络犯罪的法规

必须认识到，网络犯罪已经不仅是不良和不道德的行为，而且也是触犯法律的行为。犯罪行为终究会受到法律的追究。因此，在使用计算机和网络时，要知道哪些事是违法行为、哪些事是不道德的行为。

在《中华人民共和国计算机信息系统安全保护条例》、《中华人民共和国电信条例》、《互联网信息服务管理办法》等法律、法规文件中都有"破坏计算机系统"、"非法入侵计算机系统"等明确的罪名。

每个人需要学习相关法律、法规文件，知法、懂法、守法，增强防护意识和防范意识，抵制计算机网络犯罪的行为。

4）信息传播条例

依据《中华人民共和国相关互联网信息传播条例》，网络参与者如果有危害国家安全、泄露国家秘密、侵犯国家、社会、集体的和公民的合法权益的网络活动，将触犯法律。制作、复制和传播下列信息也要受法律的追究：

（1）煽动抗拒、破坏宪法和法律、行政法规实施。
（2）煽动颠覆国家政权，推翻社会主义制度。
（3）煽动分裂国家，破坏国家统一。
（4）煽动民族仇恨、民族歧视，破坏民族团结。
（5）捏造或者歪曲事实，散布谣言，扰乱社会秩序。
（6）宣扬封建迷信、淫秽、色情、赌博、暴力、凶杀、恐怖、教唆犯罪。
（7）公然侮辱他人或者捏造事实诽谤他人，或者进行其他恶意攻击。
（8）损害国家机关信誉。
（9）其他违反宪法和法律行政法规的信息。

每个人都应该自觉遵守国家有关法律、法规和政策，大力弘扬中华民族优秀文化传统和社会主义精神文明的道德准则，积极推动网络道德建设，将自己的才能和智慧应用于计算机事业的健康发展。

第 8 章 常用工具软件

- 了解常用工具软件。
- 掌握常用工具软件安装和卸载的方法。
- 明确常用工具软件使用方法。
- 学会获取常用工具软件。

本章主要介绍一些人们经常使用的下载软件、阅读软件、图形图片查看和处理软件、音频、视频播放软件、系统维护和杀毒等工具软件的使用方法。

8.1 常用工具软件及其分类

人们把日常工作、学习和生活中经常使用到的一些软件称为常用工具软件。根据常用工具软件的用途和软件属性的不同进行分类。

1．按照软件用途分类

按照软件用途不同分为以下几种：

1）文件管理类工具软件

使用文件管理类工具软件，可以帮助用户压缩、管理、加密、恢复计算机中的文件。代表软件有"WinRAR"。

2）文本阅读类工具软件

使用文本阅读类工具软件，可以帮助用户阅读、编辑、打印计算机中的文本文件。若计算机接入Internet，还能在线搜索和浏览图书。代表软件有"Adobe Reader"。

3）图形图像类工具软件

使用图形图像类工具软件，可以帮助用户浏览、编辑计算机中的图片文件，还能将计算机屏幕中显示的图像截取为图片或录制为录像。代表软件有"ACDSee"。

4）媒体播放类工具软件

使用媒体播放类工具软件，可以帮助用户播放计算机中的音频或视频等多媒体文件。若计算机已接入 Internet，还能使用该类工具软件点播网络电视、电影。代表软件有暴风影音。

5）翻译类工具软件

使用翻译类工具软件，可以帮助用户快速实现中／英文互译，并能翻译整篇文档及网页，提高用户的翻译效率。代表软件有金山词霸。

6）网络浏览类工具软件

当计算机接入 Internet，并要浏览网站与网页的内容时，就需要使用网络浏览类工具，此类工具通常包含收藏夹、网络代理等功能，可以帮助用户更方便地浏览网页。代表软件有"QQ 浏览器"。

7）电子邮件类工具软件

使用电子邮件类工具软件，可以帮助用户无需在网页上登录邮箱，只接入网络即可收发电子邮件，并能将邮件保存到本地计算机中。代表软件有"Foxmail"。

8）下载类工具软件

网络上拥有大量资源，使用下载类工具软件，可以帮助用户更快地下载网络资源，达到节省时间和提高网络使用率的目的。代表软件有"迅雷"。

9）网络通信类工具软件

使用网络通信类工具软件，能让用户通过网络与好友以文字、语音以及视频等方式进行聊天，让沟通变得更加方便。代表软件有腾讯 QQ。

10）系统维护与测试类工具软件

使用系统维护与测试类工具软件，可以帮助用户维护与优化本地的操作系统，还能检测出计算机中各硬件的详细信息。代表软件有 Windows 优化大师。

11）数据备份类工具软件

使用数据备份类工具软件，可以帮助用户备份计算机中的系统、驱动程序等数据，保护计算机的数据安全。代表软件有克隆精灵。

12）病毒防护类工具软件

计算机病毒是影响计算机正常使用的最大障碍，使用病毒防护类工具软件，不仅可以帮助用户有效地查杀系统中已有的病毒，还能保护系统不再被新的病毒感染。代表软件有 360 安全卫士。

2．按照软件属性分类

按照软件属性的不同，常用工具软件可以分为：

1）共享软件

共享软件是以"先使用后付费"的方式销售的，开发者享有版权。根据共享软件开发者的授权，软件用户可以从各种渠道免费得到软件，也可以自由传播。用户可以先使用或试用共享软件，满意后再向开发者付费，如果用户认为不值得花钱购买，则可停止使用。

2）免费软件

免费软件是指用户可以无限制免费使用的软件，用户可能无法享用软件的某些高级功能。通常情况下，开源（即开放源代码，Open Source）软件是无偿、无广告、无限制的免费软件版本，也归为免费软件。

免费软件的常见种类如下：

（1）绿色软件：由开发者免费开发的，无任何广告以及捆绑行为或者病毒植入的软件。绿色软件多数只是一个压缩包或文件夹，可以直接使用或删除（不需要特定的卸载程序，直接删除即可），而不会影响到系统软件或其他软件。

（2）破解软件：一些共享软件（或收费软件）经过计算机高手修改而得到的免费软件。

（3）广告软件：附带宣传广告的软件，其中部分软件含有插件。

（4）赞助软件：通过用户自愿性的资助或者捐献，软件开发者从中获得报酬的软件。

（5）被放弃的软件：一些商业软件因时间久远或失去商业价值而发布免费，甚至开放源代码，放弃版权。

（6）附带的软件：一些公司的宣传光盘中经常包含某些阅读、多媒体软件即属此类软件。如"Adobe Reader、Flash Player"，或游戏光盘中附带的"DirectX"驱动程序。

（7）开放源代码软件：一般指软件源代码对公众开放的软件，它对于任何人都是免费且不受限制，任何人都可以修改它。部分绿色软件和被放弃的软件均属此类软件。

需要注意的是，如果免费软件不属于开放源代码的免费软件，软件开发者往往通过版权声明对该软件的使用进行限制，如不得用作商业用途等。

3）试用软件

试用软件的特点如下：

（1）该软件是由开发者发布，只作为演示使用的软件。不具备可操作性或功能相当有限，这种版本也叫做 Demo 版，许多游戏的试玩版即属此类。

（2）该软件具有一定的功能，但通常又被限定在有限的时间内使用，或者启动软件的次数是有限的。

（3）该软件被打上特定的标记，或者用该软件制做出来的文件会被打上"Demo"的标记。

（4）该软件的重要功能被限制，如刻录软件的刻录功能被限制等。

（5）该软件通常不能通过注册转变为正式版。

4）升级软件

升级软件是指软件开发者为修补软件的漏洞或者增加新的功能而推出的补丁包，它通常不能独立于原软件运行，一般是供免费下载。常见的补丁包如下：

（1）杀毒软件厂商为网络条件不好的用户发布的病毒库文件和杀毒软件引擎升级文件。

（2）厂商修补漏洞或增强部分功能而发布的安装包，如微软的 KB 系列补丁包。

（3）补丁集合，通常用于操作系统，如微软的 Service Pack（SP）系列补丁包。

8.2 常用工具软件的获取、安装与卸载

8.2.1 获取常用工具软件

常见获取工具软件的方法有两种，即购买安装光盘和通过网站下载。

1）购买安装光盘

对于那些爱上街购物的计算机用户来说，可以去软件专卖店或者计算机市场购买工具软件的安装光盘，将其放入计算机的光驱中就可开始安装。

2）通过网站下载

由于计算机网络的普及，从网上下载工具软件已经成为许多用户的首选。常用的工具软件下载网站有：华军软件园（http://www.newhua.com）和天空软件站（http://www.skycn.com）。

8.2.2 安装和卸载工具软件

1）安装工具软件

获得某一工具软件后，要进行安装，扩展名是*.exe 的文件是可执行文件。如何查看文件的扩展名，即完整的文件名？

查看完整文件名的步骤如下：

（1）单击"工具"菜单，图 8-1 所示。选择"文件夹选项"命令，弹出图 8-2 所示的"文件夹选项"对话框。

（2）单击"查看"选项卡中"显示隐藏的文件、文件夹和驱动器"复选框，再取消对"隐藏已知文件类型的扩展名"复选框的选择，单击"确定"按钮，操作如图 8-2 所示。

图 8-1　"工具"菜单　　　　　　图 8-2　"文件夹选项"对话框

（3）看到该文件夹内的所有文件及文件的完整名字，如扩展名为.rar、.exe 等的文件，如图 8-3 所示。

2）安装 *.exe 软件（以安装 WinRAR 为例）

操作步骤如下：

（1）启动安装程序：双击扩展名为.exe 的可执行文件，将启动安装程序。

（2）选择安装路径：在"目标文件夹"下方的文本框中填写安装路径，也可以使用默认的安装路径，再单击"安装"按钮即可，操作如图 8-4 所示。

图 8-3　文件夹及完整的文件名

（3）设置所需属性：如图 8-5 所示，设置所需属性，单击"确定"按钮，弹出图 8-6 所示的窗口，单击"完成"按钮即可安装完毕。

若安装文件是压缩文件（*.zip），则需解压（解压的方法参考 8.3.2），解压后安装.*.exe 即可。

3）卸载工具软件

卸载工具软件的常用方法有 3 种：通过软件自带的卸载程序卸载；通过"控制面板"的卸载功能卸载；使用软件管理软件进行卸载。具体介绍如下：

（1）通过软件自带的卸载程序卸载。通常情况下，工具软件的应用程序都会在"程序"级联菜单中添加带有"卸载 XXX"或者"Uninstall XXX"字样的快捷方式。

以卸载暴风影音为例，如图 8-7 所示。单击该卸载程序的快捷方式，然后按屏幕提示操作，即可彻底、安全地删除相应工具软件，还可以避免删除一些共享文件或其他应用程序正在使用的文件。

（2）通过"控制面板"的卸载功能卸载。如果某个工具软件的级联菜单中没有"卸载 XXX"或者"Uninstall XXX"字样的快捷方式，可以通过此方法来卸载软件。

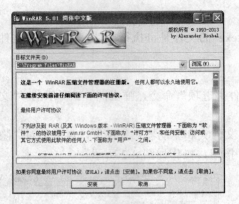

图 8-4　选择安装目录对话框

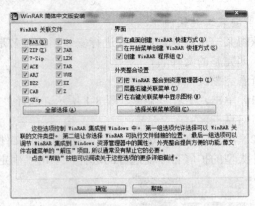

图 8-5　属性设置对话框

图 8-6　完成安装界面

图 8-7　卸载软件

单击"开始"按钮后，在弹出的菜单中选择"控制面板"命令，操作如图 8-8 所示。

选择要卸载程序的选项，单击"卸载/更改"按钮，然后按照提示就可以卸载该程序，操作如图 8-9 所示。

图 8-8　"控制面板"命令

图 8-9　选择卸载程序

（3）利用管理软件进行卸载。计算机安装有系统管理软件，如 360 安全卫士，腾讯的软件管理等，启动软件管理如图 8-10 所示，单击"软件卸载"按钮，在打开的对话框中，找到需要删除的软件，单击"卸载"按钮即可。

卸载完成后，提示发现残留数据，单击"强力清扫"按钮，即可完成程序的卸载，如图 8-11 所示。

图 8-10 卸载的对话框　　　　　　　　　　图 8-11 强力卸载对话框

8.3 几款常用工具软件的使用

8.3.1 下载工具——迅雷

迅雷是一款新型的基于 P2SP 技术的下载软件，它使用的多资源超线程技术基于网格原理，能够将网络上存在的服务器和计算机资源进行有效的整合，构成独特的迅雷网络，通过迅雷网络各种数据文件能够以最快的速度进行传递。多资源超线程技术还具有互联网下载负载均衡功能，在不降低用户体验的前提下，迅雷网络可以对服务器资源进行均衡，有效降低了服务器的负载。迅雷 7 主界面如图 8-12 所示。

使用迅雷 7 下载文件（以下载程序 Windows 7 为例），其操作步骤如下：

（1）打开迅雷上方的搜索栏中输入想要搜索的关键字，如 Windows 7，单击"搜索"按钮，可搜索出所有 Windows 7 资源，单击其中一条资源便可看到下载地址，单击"下载"按钮下载资源文件，弹出如图 8-13 所示的对话框。设置所下载的文件的文件名和下载的路径，单击"下载"按钮。

（2）在下载界面中可以看到下载的进度、速度、剩余时间、文件大小。下载完成后，在下载的文件上右击，在弹出的菜单中可以选择"打开文件"直接打开文件，也可以选择"打开文件夹"选项，找到下载文件所在文件夹再打开相应的文件，如图 8-14

图 8-12 迅雷 7 主界面

所示。

图 8-13 下载任务对话框

图 8-14 下载文件

8.3.2 文件压缩工具——WinRAR

文件的压缩与解压缩需要使用专门的软件来进行。WinRAR 是目前最常用的文件压缩工具之一。与其他压缩工具相比，WinRAR 用的算法较好地平衡了时间和压缩率，让普通大小文件的压缩和解压缩速度更快，并且 WinRAR 也可以解压缩 ZIP 格式的压缩文件。

1．创建压缩文件

WinRAR 是一款功能强大的压缩包管理器。它可以创建压缩文件，其操作步骤如下：

首先，在要压缩的文件或文件夹上单击右键，从弹出的图 8-15 所示的菜单中选择"添加到'XXX.rar'"的命令，便开始自动压缩文件。然后，从进度条可以看到，正在压缩的文件。最后，在该文件夹内就得到"XXX.rar"文件。

2．创建分卷压缩文件

WinRAR 还可以用于创建分卷压缩文件，其操作步骤如下：

（1）在要压缩的文件或文件夹上右击，在弹出的菜单中选择"添加到压缩文件"命令，将弹出图 8-16 所示"压缩文件名和参数"对话框。

（2）设置每个分卷文件的大小，然后单击"确定"按钮，便开始对文件进行分卷压缩。

（3）进度条走完后，在该文件夹内就可以看到.part1.rar、.part2.rar……文件，它们分别是压缩文件的第一部分、第二部分……。

图 8-15 创建压缩文件

图 8-16 "压缩文件名和参数"对话框

3．创建自解压文件

自解压文件是无需借助 WinRAR 程序进行解压缩的文件，解决了将压缩文件转移到没有安装解压缩软件的计算机时的解压缩问题。要创建自解压文件，其操作步骤如下：

（1）在要压缩的文件或文件夹上右击，在弹出的菜单中选择"添加到压缩文件"命令，将弹出"压缩文件名和参数"对话框。

（2）选中"压缩后删除源文件"和"创建自解压格式压缩文件"这两个复选框，然后单击"确定"按钮，就开始创建自解压文件，操作如图8-16所示。

（3）压缩完成后，可以看到扩展名为.exe的自解压文件。双击该文件，即可自动进行解压缩。

4．解压缩文件

解压缩是和压缩相对应的释放文件操作，其操作步骤如下：

在要解压缩的压缩文件上右击，在弹出的菜单中选择"解压到XXX\"命令，即可自动进行解压缩，操作如图8-17所示。然后可以看到，压缩文件已经被解压到所对应的文件夹中。

图8-17　解压到"XXX\"命令

8.3.3　阅读工具——Adobe Reader

Adobe Reader软件，可查看、打印和管理PDF便携文档格式文件，更精确、高效地查看信息；选择阅读模式可在屏幕上显示更多内容，或选择双联模式查看跨页；在浏览器中使用打印、缩放和查找等键盘快捷键。

在Reader打开后，可以使用多种工具快速查找信息。如果收到一个PDF表单，则可以在线填写并以电子方式提交。如果收到审阅"PDF"的邀请，则可使用注释和标记工具为其添加批注。"评论"功能，所有用户都可以使用即时贴和高亮工具；移动设备也可以读取PDF文件，并采用新的Protected Mode安全功能，保障用户浏览"PDF"文件的安全性。

使用Reader的多媒体工具可以播放PDF中的视频和音乐。如果PDF包含敏感信息，则可利用数字身份证对文档进行签名或验证。

1．获取途径及安装

（1）"Adobe Reader X 11.0.6"软件的获取是一个免费软件，可以从官方网站"www.adobe.com"下载。

（2）安装。若已经安装过以前该软件的版本，应先卸载后再安装此版本！先安装11.0.00正式版，再打开"Adobe Reader 11.0.06"的更新包。

① 解压缩。

选择下载的压缩文件，单击解压到"Adobe Reader X"，如图8-18所示。

② 安装软件。

打开Adobe Reader X文件夹，双击Adobe Reader X .exe ，如图8-19所示。

③ 选择安装目录。根据自己情况选择要安装的文件夹，如图8-20所示。

④ 在安装过程中选择"自动安装更新"单选按钮，如图8-21所示。

⑤ 单击"完成"按钮，完成程序的安装，如图8-22所示。

2．Adobe Reader的使用方法

1）阅读PDF文档

（1）要使用"Adobe Reade"软件打开"PDF"文档，可使用下列方法之一：

● 在如图 8-23 所示的窗口中，单击"打开"按钮或选择"文件"→"打开"命令，在"打开"对话框中选择一个或多个文件，然后单击"打开"按钮，如图 8-24 所示。

图 8-18　解压　　　　　　　图 8-19　安装过程　　　　　　图 8-20　选择安装文件目录

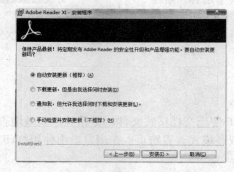
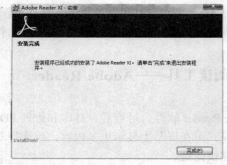

图 8-21　选择自动安装更新　　　　　　　　图 8-22　安装完成

图 8-23　Adobe Reader 的窗口　　　　　　　图 8-24　打开文件的窗口

● 拖动"PDF"文件到"Adobe Reader"窗口中。
● 从"文件"菜单中选择以前曾打开过的文档的文件名。
（2）要从 Adobe Reader 外边打开 PDF 文档，执行下列方法之一：
● 从电子邮件应用程序中打开 PDF 文档。通过双击附件图标来打开文档。
● 单击网络浏览器中的 PDF 文件链接。PDF 文档可能会在网络浏览器中打开。在这种情况下，使用 Adobe Reader 工具栏打印、搜索和操作 PDF 文档。
●　双击文件系统中的 PDF 文件图标。
2）选择和复制文档内容
选中要复制的文本内容，单击工具栏中的"高亮文本"工具，如图 8-25 所示。
即可复制到剪贴板，如图 8-26 所示。

第 8 章 常用工具软件

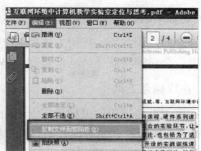

图 8-25 "高亮文本"工具　　　　图 8-26 "复制到剪贴板"命令

3) 将 PDF 文档转换为 Word 文档

PDF 文件可以转换为 Word 或 Excel 文档，在 PDF 窗口的工具栏中单击"将 PDF 文件联机转换为 Word 或 Excel 文档"按钮，如图 8-27 所示。

图 8-27 "将 PDF 文件联机转换为 Word 或 Excel"按钮

8.3.4 翻译工具——金山词霸 2014

金山词霸 2014 金山快译是一款出色的翻译软件，采用最新人工智能翻译引擎，具有中日英多种语言翻译功能，支持多种文档案格式（如：PDF、TXT、Word、Outlook、Excel、HTML 网页、RTF 和 RC 格式文件），可以直接翻译整篇文章，网页翻译快速、简单、准确。

金山词霸 2014 的主界面，如图 8-28 所示。

图 8-28 "金山词霸"的主界面

1. 翻译词语

在金山词霸主界面的词典中输入要翻译的词，单击"翻译"按钮在下方出现所要查单词的英文翻译和相关信息，如图 8-29 所示。

2. 翻译句子

选择翻译功能，如图 8-29 和图 8-30 所示在输入句子后，单击"翻译"按钮就可以在下面的窗口出现已翻译过的句子，如图 8-30 所示。

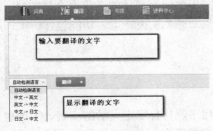

图 8-29 单词翻译和相关信息　　　　图 8-30 "翻译"出现的句子

243

3．迷你词霸——屏幕取词

鼠标悬停取词功能的使用方式很简单，打开一个 Word 文档或者网页，鼠标移动到你想翻译的单词上面，金山词霸就会自动检查列出单词的英文翻译，如图 8-31 所示。

4．在线翻译工具

有些网页金山词霸的鼠标悬停取词功能是不能用的，此时就需要将浏览器设置为兼容模式，以 360 浏览器为例。打开兼容模式的方法很简单，单击浏览器网址最右边的闪电图标，选择下拉菜单中的兼容模式，如图 8-32 所示。

图 8-31　鼠标悬停取词

图 8-32　兼容模式按钮

5．查询英文单词

利用金山词霸的"词典"，可以查询英文单词，如图 8-33 所示。
选择"句库"，输入要查的句子，选择查询即可。

6．语音朗读

当然，金山词霸还有很多功能，如资料库、生词本、背单词等功能。如图 8-34 所示。

图 8-33　词典的查询功能

图 8-34　阅读功能

8.3.5　音频、视频播放工具

音频、视频工具有很多，目前应用最多的是暴风影音和酷我音乐盒。暴风影音是北京暴风网际科技有限公司推出的一款视频播放软件，该播放器兼容大多数的视频和音频格式，连续获得《计算机报》、《计算机迷》、《计算机爱好者》等权威 IT 专业媒体评选的消费者最喜爱的互联网软件荣誉以及编辑推荐的优秀互联网软件荣誉。

酷我音乐盒是一款融歌曲和 MV 搜索、在线播放、同步歌词为一体的音乐聚合播放器，是国内首创的多种音乐资源聚合的播放软件，具有"全"、"快"、"炫" 3 大特点。功能包含一键即播，海量的歌词库支持，图片欣赏，同步歌词等。

下面分别介绍这些软件最新版本常用的功能。

1．暴风影音

暴风影音采用 NSIS 封装，是标准的 Windows 安装程序，具有稳定灵活的安装、维护和修复功能，适合大多数以多媒体欣赏或简单制作为主要使用需求的用户。

第 8 章　常用工具软件

单击"开始"按钮，在弹出的菜单中选择"暴风影音"→"暴风影音"命令，即可启动暴风影音主程序，如图 8-35 所示。

1）播放本地文件

在屏幕的左上角的小按钮或在软件屏幕区域右击，在弹出的快捷菜单中选择"打开文件"命令，如图 8-36 所示。

也可以使用【Ctrl+O】组合键，弹出"打开"对话框。在"打开"对话框中找到相应的视频或音频文件并选定，如图 8-37 所示，单击"打开"按钮即可播放。

2）在线播放视频文件

如果计算机已连接网络，可以通过暴风影音在线观看视频文件，操作如下：

单击暴风影音左上角的"主菜单"，在弹出的下拉菜单中选择"高级选项"命令，将弹出"高级选项"对话框，如图 8-38 所示，选择"常规设置"选项卡，在基本设置列表中选择"列表区域"选项，再选中右侧的"总是展开列表区"单选按钮，单击"确定"按钮。

图 8-35　暴风影音的主界面窗口

图 8-36　打开文件的命令。

图 8-37　"打开"对话框

图 8-38　"高级选项"对话框

设置完成后，在暴风影音窗口右侧会出现列表区域，选择"在线影视"选项卡，双击相应的视频即可播放，如图 8-39 所示。

3）画面截取

在播放视频时，可以对视频中的画面进行截图，具体操作如下：

单击暴风影音左下角工具箱，在弹出的菜单项中单击"截图"图标即可，如图 8-39 所示。

245

利用暴风影音，可以根据音频优化技术进行相应的操作。

2. 音乐播放器——酷我音乐盒

音乐播放器有很多，如酷我、酷狗、QQ播放器。酷狗的界面不够美观，QQ缓冲较慢。酷我K歌虽较好，但曲库中歌曲不多、仅对酷我音乐盒的感觉不错。

最近苹果推出一款音乐播放器软件"iTunes"，是目前音效最顶尖的播放器，即苹果播放器。

下面简单介绍酷我音乐盒的使用。图8-40是酷我音乐盒窗口。

图8-39 在线播放视频

1）播放本地音乐

酷我音乐盒不仅可在线欣赏音乐，同样也适用于播放本地歌曲，酷我音乐盒支持WMA和MP3格式的音乐文件。可以通过以下方法播放本地歌曲：

（1）在"我的播放列表"展开时，在歌曲列表部分右击，在弹出的快捷菜单中选择"添加本地文件"命令，添加本地音乐文件。所添加的音乐文件会自动被添加到正在播放列表的末尾。在正在播放列表区域中执行此操作也有相同效果。图8-41可添加本地歌曲和文件夹。

（2）在"我的播放列表"展开时，单击添加本地歌曲/文件夹按钮，添加本地音乐文件。所添加的音乐文件会自动被添加到当前所选定的播放列表的末尾。

（3）将本地音乐文件或文件夹直接拖拽入音乐盒中"我的播放列表"区域、歌曲列表区域或者是正在播放列表区域，音乐盒会根据操作自动将音乐文件添加到相应的位置。

2）播放网络MV

高清晰、流畅的在线MV播放是酷我音乐盒一大特色功能，大多数热门歌曲都有相应的MV资源，可以通过如下方式欣赏酷我音乐盒中丰富的MV资源：

（1）在歌曲列表区域，单击"MV播放"按钮；或者右击，在弹出的快捷菜单中选择"播放选中MV"命令，所播放的MV相对应的歌曲将自动添加到默认播放列表中。

（2）在歌曲列表区域，单击上方的"播放全部MV"按钮；或者右击，在弹出的快捷菜单中选择"播放所有MV"，所播放的MV相对应的歌曲将自动添加到默认播放列表中。

（3）在歌曲列表区域，选中有MV的歌曲，单击其名称后的统一操作按钮，在弹出的菜单中选择"播放该歌曲MV"。所播放的MV相对应的歌曲将自动添加到默认播放列表中。

该软件还能够搜索并试听歌曲、下载歌曲、更改歌曲播放模式、自定义酷我音乐盒皮肤等。

图8-40 酷我音乐盒的窗口

图8-41 可添加本地歌曲和文件夹

8.3.6 图像浏览与捕捉工具——ACDSee

图像处理软件是重要的计算机应用软件，掌握一种或几种图像处理软件的应用是非常必要的，对学习和工作都有较大帮助。利用 Windows XP 自带的图片浏览器我们可以进行简单的编辑处理，一些专业图片处理软件的功能更丰富、更强大。如 Photoshop 等。下面我们以 ACDSee 为例了解 ACDSee 的使用方法。

ACDSee 是目前非常流行的图像处理工具之一，它提供了良好的操作界面、人性化的操作方式、优质的快速图形解码方式、支持丰富的图形格式、强大的图形文件管理功能。可以查看、管理并获取相片、音频及视频剪辑所支持的大量格式，包括 BMP、GIF、JPG、PNG、PSD、MP3、MPEG、TIFF、WAV 及其他许多种格式。

1. 使用 ACDSee 浏览图片

使用 ACDSee 浏览图片，浏览速度快，无须将相片导入单独的库中，就可以立即实时浏览所有相集。还可以根据日期、事件、编辑状态或其他标准进行排序，以便进行超快速的查看。也可以按照自己设定的方式加以整理，创建类别、添加分层关键词、编辑元数据及对相片评级。单击鼠标即可标记图像和指定颜色标签，并将其集中起来以供进一步编辑或共享，也可以在导入相机或存储设备中相片的同时进行整理。

使用方法：使用 ACDSee 浏览器的操作非常方便，用户可在资源管理器窗口中右击要浏览的图片，在弹出的快捷菜单中选择"用 ACDSee 打开"命令，即可打开。打开 ACDSee 的窗口如图 8-42 所示。

在文件夹列表中将路径定位到要查看的图形文件所在的路径，在右侧文件列表视窗中将鼠标指针移动到要查看的文件上，左下角预览窗口中显示该文件的预览图。

2. 使用 ACDSee 编辑图片

使用 ACDSee 可以进行一些常规的编辑操作，如缩放、剪切、旋转等，还可以对图片的清晰度、颜色及亮度进行调整。具体操作如下：在 ACDSee 主窗口中选择要编辑的图片，单击"编辑图像"按钮右侧的下拉按钮，在其下拉菜单中选择"编辑模式"命令，即可打开图片编辑器。图 8-43 是它的编辑窗口。

单击左侧的工具选项栏可以对图片进行简单的编修。

图 8-42　ACDSee 的窗口

图 8-43　编辑窗口

3. 使用 ACDSee 转换图片格式

ACDSee 不仅可以识别多种格式的图片，还可以将图片在不同的格式之间相互转换。具体操作如下：在 ACDSee 主窗口中选择要转换的图片，单击菜单栏中的"工具"按钮，在菜单中选择"转换文件格式"命令，弹出如图 8-44 所示的"批量转换文件格式"对话框。

在"格式"选项卡中，选择 GIF 选项，单击"下一步"按钮，弹出"设置输出选项"对话框，对话框中可以选择转换格式后文件的存放位置，如图 8-45 所示。

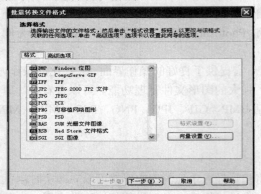

图 8-44　批量转换文件格式

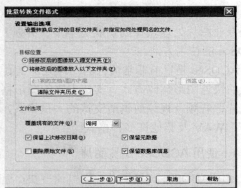

图 8-45　设置输出选项

选择转换后文件存储位置，单击"下一步"按钮，弹出"设置多页选项"对话框，如图 8-46 所示。在对话框中根据需要设置相关内容，单击"开始转换"按钮，系统开始转换选中的图形文件。

转换完成后，单击"完成"按钮，即可看到转换后的文件。

另外，使用 ACDsee 还可以批量重命名图片及创建电子相册等。

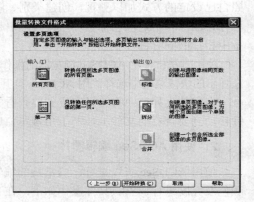

图 8-46　设置批量转换文件格式窗口

8.3.7　浏览器——QQ 浏览器

QQ 浏览器是腾讯比较重视的产品之一，QQ 浏览器 7.0 采用单核模式，集超小安装包和超强稳定性于一身，访问网页速度也得到进一步优化。正式外发版将智能支持 IE 内核，根据系统情况后台拉取 IE 8.0 内核，有效提升网页兼容性，减少系统漏洞。其目的是为用户打造一款快速、稳定、安全、网络化的优质浏览器。

2014 年 2 月 20 日，腾讯推出 QQ 浏览器微信版。用户可使用计算机上的微信，上网聊天。2014 年 4 月 2 日，QQ 浏览器推出手机版 QQ 浏览器 5.1 视频播霸，集内容全、格式多、速度快、下载强等 5 大功能，满足用户视频浏览、下载等需求。图 8-47 是 QQ 浏览器的主界面。

1. 设置和优化浏览器

利用 QQ 浏览器的菜单，可以设置和优化浏览器。单击浏览器常用工具栏窗口右上角的工具条的菜单按钮，弹出如图 8-48 的窗口。

1)"安全中心"的常用设置

选择"安全中心"命令，弹出图 8-49 所示的安全防护窗口，在此窗口中可以进行"网站安全""钓鱼和网页欺诈防护""内核级安全防护""隐私和选项防护"等的设置。

2)"工具"中常用设置

选择"工具"菜单如图 8-50 所示。可以阻止浏览器弹出广告、查看源文件、查找、网页静音、区域截图等设置。

图 8-47　QQ 浏览器的主界面

图 8-48　QQ 浏览器的菜单

3)其他"工具"的设置

使用 QQ 浏览器还可以进行在线使用微信聊天、截图设置、恢复最近打开的网页等工具面板的设置。如图 8-51 截图工具的设置。

2. 使用 QQ 浏览器

QQ 浏览器的使用,按照用途可以分为微信平台、浏览网页、查找文字、收藏资料、搜索网站和保存网页等几部分。

微信平台:单击工具栏的"微信"按钮,出现微信登录界面。界面显示如图 8-52 所示。使用该平台可以直接在计算机上聊天。

图 8-49　QQ 浏览器安全防护中心

微信平台的使用方法:

(1)搜索好友:输入好友的微信号或名称,单击"搜索"按钮即可。

(2)与好友聊天:双击要聊天的好友,进入聊天的界面。如图 8-52 所示,在该窗口中可以进行表情、文件的传输,也可以截图等。

图 8-50　设置安全工具的界面

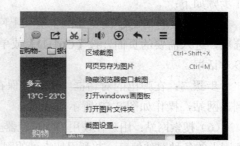

图 8-51　设计截图界面

(3)浏览网页:使用 QQ 浏览器浏览网页非常简单,它的兼容性较好,百度、搜狗都可以嵌套到它的地址栏,其使用方法如下:

方法 1：直接输入网址浏览网站。打开 QQ 浏览器后，在地址栏中输入网址如 http://www.xcu.edu.cn 后按【Enter】键，即可进入网站首页。图 8-53 是许昌学院的首页。单击一个超链接就可以进入下一级页面浏览内容。要浏览更多内容，可以向下滚动窗口。

图 8-52　微信界面

图 8-53　许昌学院的首页

方法 2：输入网站的中文域名浏览网站，例如考研，如果不知道网站地址，可以在地址栏中直接输入网站的中文域名，操作如图 8-54 所示。

图 8-54　搜索的链接

选择自己需要的内容，单击一个超链接将打开对应的网站。

（4）查找文字：使用 QQ 浏览器提供的文本查找功能，可以帮助访问者快速地在网页中找到所需的文字，以在百度百科中找到"计算机"为例，其操作步骤如下：

打开百度百科主页，单击"百度百科"按钮，进入"百度百科"主页，如图 8-55 所示。

单击"进入词条"或搜索"词条"按钮可以找到需要的"计算机"相关内容。

（5）收藏资料：QQ 浏览器具备收藏功能，用户可以将正在浏览器中浏览的页面收藏至浏览器的收藏夹中，以便在需要时可以快速打开并查看这些网页的内容。以收藏"实用查询"为例，其操作步骤如下：

步骤一：打开 QQ 浏览器的主页（上网导航），单击"实用查询"按钮，单击"基金净值查询"选项，进入需要的页面，按【Ctrl+D】或单击"添加到收藏夹"按钮，弹出如图 8-56 所示的修改书签对话框。

步骤二：在弹出的对话框中填入要保存的名称，单击"确定"按钮，即可在收藏夹的最下方找到该网站，操作如图 8-57 所示。

（6）搜索网站：用户在使用 QQ 浏览器上网时，不仅可以浏览、打印、收藏和查询网页，还可以搜索网上的各种网站信息，并利用搜索到的网站信息打开相关的网站，从而找到感兴趣的资料或新闻。

（7）保存网页：QQ 浏览器可以轻松地将整个网页保存到自己的计算机中，以后即使在离线状态下，也可以浏览该页面。

图 8-55　"百度百科"主页

图 8-56　"修改书签"对话框

图 8-57　添加到收藏夹的网址

8.3.8　即时通信工具——腾讯 QQ 2013 正式版 SP6

腾讯 QQ（简称"QQ"）是腾讯公司开发的一款基于 Internet 的即时通信（IM）软件。标志是一只戴着红色围巾的小企鹅。腾讯 QQ 支持在线聊天、视频聊天及语音聊天、点对点断点续传文件、共享文件、网络硬盘、自定义面板、QQ 邮箱等多种功能，并可与移动通讯终端等多种通信方式相连接。

1999 年 2 月，腾讯正式推出第一个即时通信软件——"OICQ"，后改名为腾讯 QQ。QQ 注册用户由 1999 年的 2 人（马化腾和张志东）到现在已经发展到上亿用户，2014 年 4 月 11 日 21 点 11 分在线人数突破两亿，如今已成为腾讯公司的代表之作，是中国目前使用最广泛的聊天软件。

1. QQ 登录

账号：QQ 号码由数字组成。在 1999 年，即 QQ 刚推出不久时，其长度为 5 位数，目前通过免费注册的 QQ 号码长度已经达到 10 位数。QQ 号码分为免费的"普通号码"、付费的"QQ 靓号"和"QQ 行号码"，包含某种特定寓意（如生日、手机号码）或重复数字的号码通常作为靓号在 QQ 号码商城出售。用户可以通过 QQ 号码、电子邮箱地址登录腾讯 QQ。

QQ 登录：新版的 QQ 登录分为普通登录、QQ 闪登（需计算机摄像头支持）。普通登录依然分为单个账号的登录和多账号登录两种模式。

普通登录：启动 QQ，进入登录界面。如图 8-58 是 QQ 的普通登录界面。图 8-59 所示为 QQ 设置界面。

QQ 闪登：这是 QQ 2013 新加入的一项全新动态安全登录模式，用户只需单击登录界面或右下角的扩展按钮即可进入 QQ 闪登对话框。

电子邮箱账号登录：电子邮箱账号是自 QQ 2007 正式版加入的一种可选的登录方式，需与一个

QQ 号码绑定后才可使用。

输入注册号码和登录密码，单击"登录"按钮，进入登录界面。

图 8-58　QQ 登录界面

图 8-59　设置 QQ 的界面

2．腾讯 QQ 2013 正式版 SP6 的新增功能

1）群相册支持上传高清原图

群相册无限容量，更大存储，并支持上传高清原图，照片保留更加完整。同时，照片可直接转存到个人空间，实现快速珍藏备份，如图 8-60 所示。

2）计算机手机互传文件

不需要实物的数据线，计算机与手机间可轻松传输文件；对传输界面全面改版，让查看更清晰，体验更顺畅。在计算机端：单击主面板中"我的设备"链接即可。在手机端动态中找到"传文件到我的计算机"即可进行文件传输如图 8-61、图 8-62 所示。

3）文件管理助手

支持预览，无须下载即可在离线文件列表中直接查看离线文件。文件管理器，帮你梳理历史传输的文件，分类清晰，管理方便，文件管理器如图 8-63 所示。

4）新增文件转发功能

可以在主面板下方进入"文件管理器"界面进行文件的转发，也可以在与好友互传文件时按下右下角下拉按钮进行文件转发。

已传过的文件，可以转发给其他好友，单击传文件信息右下角下拉按钮，选择"转发"命令即可方便快捷地把文件分享给好友，如图 8-64 所示。

图 8-60　转存文件

图 8-61　手机计算机互换文件

图 8-62　文件传输的窗口

图 8-63　文件管理界面

图 8-64　是文件转发的界面

5）群视频支持实时演示 PPT

现在可通过网络给好友远程演示 PPT。进入群视频后，单击"演示 PPT"按钮，即可选择本地的任一 PPT 文件，向群里好友演示，方便快捷。无论是远程教学还是远程会议，图 8-65 所示为演示 PPT 都可让你事半功倍。

6）群视频新增教育模式

图 8-66 群视频新增"教育模式"，为远程教学量身定做。大幅优化语音视频质量，全面优化界面，且支持上课提醒，如图 8-66 所示。

图 8-65　PPT 演示功能

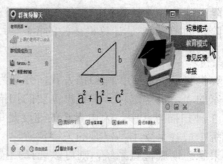
图 8-66　群视频教育模式

7）群视频新增播放伴奏

开启播放伴奏，可将你正在欣赏的音乐分享给群视频中的好友，还可以伴随优美的旋律，通过麦克风和大家一起 K 歌。

8.3.9　计算机安全与系统防护软件——腾讯计算机管家

腾讯计算机管家是腾讯公司出品的一款免费专业安全软件。集"专业病毒查杀、智能软件管理、系统安全防护"于一身，开创了"杀毒＋管理"的创新模式。计算机管家为国内首个采用"4＋1"核"芯"杀毒引擎的专业杀毒软件，8.0 版应用了腾讯研制的第二代反病毒引擎，资源占用少，基于 CPU 虚拟执行技术能够根除顽固病毒，大幅度提升深度查杀能力。

在 VB100、AVC、AV-TEST、Check Mark 等国际权威杀毒软件评测中，腾讯计算机管家的专业安全能力得到权威认可，成为获得国际权威认证"四大满贯"的国产杀毒软件，其杀毒能力已跻身国际一流杀毒软件行列。

同时，腾讯计算机管家还融合了清理垃圾、计算机加速、修复漏洞、软件管理、计算机诊所等一系列辅助计算机管理功能，满足了用户杀毒防护和安全管理的双重需求。

在保护用户上网安全方面，腾讯计算机管家继承了腾讯在反网络钓鱼、打击恶意网址方面十余年的安全防护经验，运营着全球最大的风险网址数据库，其安全运营能力已处于领先水平。同时，腾讯计算机管家还是安全开放平台的积极推动者，先后与百度、搜狗、搜搜、支付宝、QQ等平台合作，为网民提供上网入口的安全保障。如图8-67所示是计算机管家的窗口。

图 8-67　计算机管家的窗口　　　　　图 8-68　计算机体检的窗口

1．计算机全面体检

计算机管家能够快速全面地检查计算机存在的风险，检查项目主要包括盗号木马、高危系统漏洞、垃圾文件、系统配置被破坏及篡改等。发现风险后，通过计算机管家提供的修复和优化操作，能够消除风险和优化计算机的性能。计算机管家建议您每周体检一次，这样可以大大降低被木马入侵的风险。如图8-68是计算机体检的窗口。

2．杀毒

计算机管家提供了3种扫描方式，分别为：闪电查杀、全盘查杀、指定位置查杀。只需要在计算机管家的"杀毒"选项卡中根据需要的扫描方式单击扫描按钮即可开始杀毒。

在3种扫描方式中，闪电查杀的速度是最快的，只需1~2分钟的时间，计算机管家就能完成扫描系统中最容易受木马侵袭的关键位置。

如果您想彻底检查系统，则可以选择扫描最彻底的全盘查杀，计算机管家将对系统中的每一个文件进行彻底检查。所花费的时间由您硬盘的容量及文件的多少决定。

用户可以通过自定义扫描设定需要扫描的位置，只需要在弹出的扫描位置选项框中选择需要扫描的位置，再单击"开始扫描"按钮，计算机管家就会按照设置开始进行扫描。如图8-69所示为计算机查杀的窗口。

3．处理病毒

当扫描出病毒时，计算机管家已经勾选了所有病毒，只需单击"立即处理"按钮，即可轻松清除所有的病毒。有些木马需要重启计算机才能彻底清除，建议立即重启计算机，以尽快消除病毒对系统的危害。如图8-70所示为计算机杀毒的窗口。

图 8-69　计算机查杀病毒的窗口　　　　　图 8-70　计算机杀毒的窗口

4. 恢复误删除的文件

计算机管家严格控制病毒的检测，采用的是误报率极低的云查杀技术，确保扫描的结果最准确。为了确保万无一失，计算机管家默认采取可恢复的隔离方式清除病毒，如果发现已清除的病毒是正常的文件，还可以通过隔离区进行恢复。

选择杀毒标签页右上角的"隔离区"选项卡，在列表中选中想要恢复的文件，再单击"恢复"按钮，即可轻松恢复误删除的文件，如图 8-71、图 8-72 所示。

图 8-71　误删恢复窗口

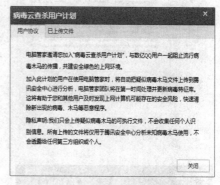

图 8-72　病毒云查杀

5. 病毒云查杀用户计划

计算机管家邀请用户参与"病毒云查杀用户计划"见图 8-73，如果参加此计划，计算机管家将会在扫描到未知或可疑的文件后，自动提交给计算机管家安全中心后台进行分析和确认。这将便于用户在下次执行扫描任务时，计算机管家可以决定是否删除此类未知文件。参加此计划不会影响用户正常杀毒，计算机管家不会收集与用户身份相关的任何信息，提交的文件仅用于计算机管家分析检测最新木马病毒等恶意程序。

计算机管家被安装后，默认用户不参加此计划，在明确告知用户计划内容后，用户可以自主选择是否参加。对于拒绝参加此计划的用户，计算机管家不会自动上传此类未知文件。

6. 上传可疑文件

现在病毒木马每天都有无数的变种出现，传统的木马收集方法已远远无法跟上木马更新的速度。QQ 计算机管家采用最新的木马云查杀技术，在后台建立了强大的流行木马分析和处理系统，只要一个用户提交了可疑文件，就可以第一时间内提取出其中的木马病毒等危险样本，这将帮助全部的 QQ 计算机管家用户查杀最新的流行木马。

QQ 计算机管家郑重承诺，只收集疑似病毒木马的程序文件，不会扫描任何非相关的文件，不收集任何个人的识别信息。所有上传的文件将仅用于腾讯安全中心分析未知木马使用，不会透露给任何第三方组织。

清除木马病毒后需要用户重启计算机后才能够保证彻底清除木马。

清除木马病毒并重新启动计算机后，仍然发现木马病毒，原因通常有两个：木马通过某些方式对抗清除操作，某些顽固型木马可能需要使用专杀工具进行清除；病毒程序在开机启动时，重新下载了新的木马。可以通过查询木马文件的名称，查找专杀工具进行清除。QQ 计算机管家提醒您，计算机应该安装专业杀毒软件，并经常将病毒特征库更新至最新。

当使用杀毒时，会在扫描界面的左下角出现"扫描完成后自动关机"的选项如图 8-74 所示，只要选择了该选项，计算机管家就会在杀毒完成后，自动清除发现的风险，并且自动关机。

当病毒查杀完成后，会弹出自动关机的提示框，此时计算机管家已经自动清除了所发现的病毒，此时可以选择立即关机，或取消自动关机。如图8-75清除完成窗口。

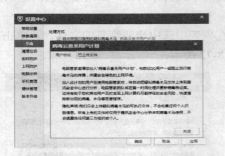

图8-73　云查杀计划

图8-74　闪电杀毒窗口

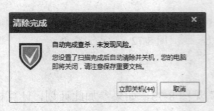

图8-75　清除完成窗口

图8-76　升级窗口

安装完计算机管家后，即默认开启了双引擎模式，在杀毒时决定是否升级双引擎，如果愿意，轻轻松松就能体验强大的木马双引擎查杀能力。

可以在计算机管家木马查杀主界面下方的双引擎区域找到一些操作方法，自由地开启或关闭双引擎，也可以手动检查病毒库的更新。如图8-77所示的提示窗口。

开启QQ账号异常检测功能，发现QQ账号异常先使用计算机管家查杀木马如图8-77所示，再修改QQ密码。如图8-78所示

图8-77　发现账号异常

图8-78　提醒修改密码

8.3.10　系统的安装与备份

Ghost（幽灵）软件是美国赛门铁克公司推出的一款出色的硬盘备份还原工具，可以实现FAT16、FAT32、NTFS、OS2等多种硬盘分区格式的分区及硬盘的备份还原，又称"克隆软件"。

Ghost 功能很多,在此,仅介绍两个比较常用的功能,即系统备份和系统还原。

先熟悉 Ghost 工具软件中的几个单词:

Partition:即分区,在操作系统里,每个硬盘盘符(C 盘以后)对应着一个分区;

Image:镜像,镜像是 Ghost 的一种文件格式,扩展名为.gho;

To:到,在 Ghost 中,可以理解为"备份到";

From:从,在 Ghost 里,可以理解为"从……还原"。

1)安装和运行 Ghost

安装与运行 Ghost 的方法很多,具体介绍如下:

(1)光盘安装。将 ISO 文件,刻录成光盘,将计算机设置成光驱启动状态,当看到安装界面后选择第 1 项"全自动安装(直接按键盘上的 A)"。

(2)硬盘安装。将 ISO 文件内的(Ghost 安装器.EXE 与 Windows7.GHO)文件,复制到硬盘"D:\",运行"D:\Ghost"安装器".EXE,Y"确定,系统自动重启安装。

(3)PE 下安装。启动进入 PE,运行桌面上的"安装 Win7 到 C 盘",即可启动 GHOST32 进行镜像安装。启动界面如图 8-79 所示。

2)运行后,依次选择备份、还原或 DOS,如图 8-80 所示。

单击"执行"按钮进入还原程序,复制文件如图 8-81 所示。

进入默认选择项,计算机将开始进行系统还原。如图 8-82 所示。

图 8-79 菜单选择界面

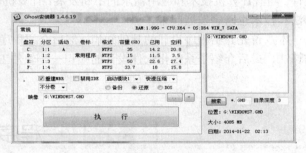

图 8-80 Ghost 安装器界面

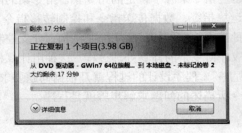

图 8-81 复制文件

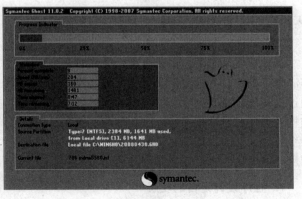

图 8-82 开始系统还原

第 9 章 软件技术基础

学习目标

- 了解程序设计语言的分类、结构化程序设计、面向对象程序设计基本概念。
- 掌握数据结构的基本概念，掌握线性表、栈、队列及二叉树的操作。
- 掌握二分查找、选择排序与冒泡排序的操作。
- 掌握算法的表示方法，理解算法的评价指标。
- 了解软件工程的概念，理解软件开发方法、软件的测试与维护。

计算机软件是计算机系统的灵魂。使用计算机，实际上是在使用各种计算机软件来驱动计算机硬件。随着计算机技术和应用需求的不断发展，计算机软件也日趋丰富与完善，与软件相关的思想、算法和技术也磅礴发展起来。

本章首先介绍程序设计的基础知识，然后介绍程序设计的核心——数据结构，接着介绍了常用的算法，最后介绍了系统化软件设计的知识——软件工程。

9.1 程序设计

9.1.1 程序设计基础

计算机实际上就是一台能够快速执行指令的机器，这些指令来源于特定的指令集。指令集的内容清晰、简单，共包括四类指令：算术运算指令、逻辑运算指令、数据传送指令和控制转移指令。通过这 4 类指令，计算机能够完成运算处理所需要的 3 种基本控制结构：顺序控制结构、分支控制结构及循环控制结构。通过这 3 种基本控制结构可以构成任何复杂的计算处理过程。这种用计算机指令针对某计算机处理目标所设计的处理过程就称为"程序"。程序设计的过程就是根据问题要求，利用计算机指令来设计求解问题的过程，利用计算机指令所描述的问题求解步骤就是程序。

1. 程序设计语言的发展

在计算机发展的初期，计算机的指令以其能够直接识别的高低电位组合形式表示，以"1"和"0"分别对应表示计算机能够直接识别的高低电位，通过多个高低电位的不同组合构成计算机指令。这种仅包含两个数据状态的数据表达方式就是通常所说的"二进制"数据表达方式，这种用"0"

和"1"构成的指令集合就称为"机器码"（也称为"机器语言"）。显然，直接使用二进制编码进行计算过程的设计是非常困难的，不仅所设计出的处理过程难以阅读理解，也非常容易发生错误。由于应用的需求，产生了以单词代表操作指令的符号指令，符号指令的集合及指令使用的相关语法规定构成了一种计算机语言，即"汇编语言"。

汇编语言的指令集与机器码指令集的指令内容相同，汇编语言指令与机器码指令基本上是一一对应的。但由于机器不能直接识别汇编语言指令，所以，如果要在计算机上执行一个汇编语言的处理过程，首先需要对这个汇编语言程序进行翻译，翻译过程称为"汇编"。"汇编"的功能就是将符号代码翻译成机器可以直接识别的机器码。由于机器语言和汇编语言需要直接控制计算机从数据存储到计算处理的所有操作，指令与计算机硬件设计直接相关，要求汇编语言程序设计人员对计算机的结构、控制方式有比较深入的了解，这种要求限制了计算机的普及和在不同领域的应用。

随着计算机应用领域的扩展，人们对于应用汇编语言仍然感到困难，应用的需求促进了计算机高级语言的产生。计算机高级语言以接近自然语言的方式描述计算机指令，语法规范，处理过程与计算机的硬件无关，所描述的过程易于理解，程序也便于维护。高级语言的发展有效地促进了计算机的应用和普及。高级语言的源程序也需要翻译成机器语言才能执行，翻译方式有两种，编译方式和解释方式。编译方式是由编译程序将高级语言源程序"翻译"成目标程序；解释方式是由解释程序对高级语言的源程序逐条"翻译"执行，不生成目标程序。

2．高级程序设计语言

过去的几十年中，已经产生了上百种计算机编程语言。常用的计算机高级语言可以依据语言构成的基本规范分为 4 类：过程式计算机语言、函数式计算机语言、逻辑式计算机语言和面向对象计算机语言。

过程式计算机语言又称为结构化程序设计语言，其特点是具有很强的过程功能和数据结构功能，并提供结构化的逻辑构造。这一类语言的代表有 FORTRAN、Pascal、C 和 Ada 等。

函数式计算机语言的观念来自 LISP 语言（List Processing，表处理语言），典型表处理语言描述的程序是由"表"的序列构成的，语句的形式为：函数名（参数1，参数2，…，参数n），其中每个参数可以是变量或常数，也可以是函数的引用。目前，有代表性的表处理语言主要包括 Scheme、ML 等。

逻辑式计算机语言以一组已知的事实和规则为基础，规则的逻辑形式为：如果"前提条件（事实）"成立，则产生"结果"。程序执行的过程就是一系列"事实"的匹配，利用已经给定的规则，经过推断，产生出可能的"结果"。语言表达逻辑清晰、简洁，主要应用于人工智能软件系统设计中推理机制的实现，典型的语言为 Prolog。

面向对象计算机语言的特点是以事物为中心的设计思想，程序的构成基于所描述的对象类的概念，类定义了同类型对象的公共属性和基本行为（方法），程序通过对对象方法的引用，达到使用对象的目的。典型的面向对象计算机语言有 C++、Smalltalk、Java 等。面向对象语言不仅仅提供了一种新的语言规范，更重要的是它体现了一种新的程序设计、系统组织的思想，在完成复杂程序系统的设计中具有突出的优势。

随着网络的发展，人们使用 Internet 收发邮件、阅读新闻，并通过 Internet 发布各种信息，在网页内容的制作和表示中常用的是标记语言和脚本语言，例如超文本置标语言 HTML（Hypertext Markup Language）和脚本语言 JavaScript 等，常用的网页制作标记语言还有 JSP、ASP、PHP 等。

3．程序设计风格

在程序设计时，选择程序设计语言非常重要，一般而言，衡量某种程序设计语言是否适合特定的项目，应考虑下面的一些因素：应用领域、算法和计算复杂度、软件运行环境、用户需求中关于性能方面的要求、数据结构的复杂性、软件开发人员的知识水平和心理因素等。程序设计是一门艺术，需要相应的理论、技术、方法和工具来支持，良好的程序设计风格可以使程序良好、易阅读、易交流。

要形成良好的程序设计风格，应注重考虑下列因素。

1）源程序文档化

源程序文档化主要包括选择标识符的名称、程序注释和程序的视觉组织。

2）数据说明

程序说明的风格要注意以下几点：数据说明的次序规范化；说明语句中变量安排有序化；使用注释说明复杂数据的结构。

3）语句的结构

语句构造力求简单直接，不应该为了提高效率而使语句复杂化。

4）输入和输出

输入/输出方式和格式，往往是用户对应用程序是否满意的一个因素，应尽可能方便用户的使用。

9.1.2 结构化程序设计

由于软件危机的出现，人们开始研究程序设计方法，其中最受关注的是结构化程序设计方法。20世纪70年代提出了"结构化程序设计"（Structured Programming）的思想和方法，该方法引入了工程思想和结构化思想，使大型软件的开发和编程都得到了极大地改善。

1. 结构化程序的基本结构与设计思想

结构化程序设计方法是程序设计的先进方法和工具。采用结构化程序设计方法编写程序，可使程序结构清晰、易读、易理解、易维护。结构化程序设计具有3种基本结构：顺序结构、选择结构和循环结构。1966年，Boehm和Jacopini证明了任何单入口单出口且没有"死循环"的程序都能利用顺序、选择和循环3种最基本的控制结构构造出来。

1）顺序结构

顺序结构是最基本、最常用的结构，是按照程序语句行的自然顺序依次执行程序，如图9-1所示。

2）选择结构

选择结构又称为分支结构，这种结构可以根据设定的条件，判断应该选择哪一条分支来执行相应的语句序列，如图9-2所示。

3）循环结构

循环结构是根据给定的条件，判断是否需要重复执行某一程序段。在程序设计语言中，循环结构对应两类循环语句，对先判断后执行循环体的称为当型循环结构，如图9-3所示；对先执行循环体后判断的称为直到型循环结构，如图9-4所示。

结构化程序设计的基本思想：一是使用3种基本结构；二是采用自顶向下、逐步求精和模块化方法。结构化程序设计强调程序设

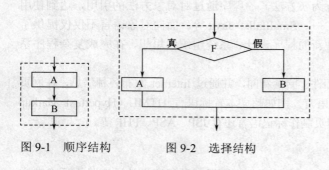

图9-1 顺序结构　　图9-2 选择结构

计风格和程序结构的规范化,其程序结构是按功能划分为若干个基本模块,这些模块形成一个树状结构,各模块之间的关系尽可能简单,且功能相对独立,每个模块内部均由顺序、选择、循环 3 种基本结构组成,其模块化实现的具体方法是使用子程序(函数或过程)。结构化程序设计由于采用了模块化与功能分解、自顶向下、分而治之的方法,

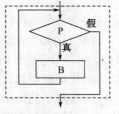

图 9-3　当型循环结构

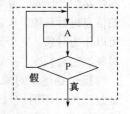

图 9-4　直到型循环结构

因而可将一个较为复杂的问题分解为若干个子问题,各个子问题分别由不同的人员解决,从而提高了程序开发速度,而且便于程序的调试,有利于软件的开发和维护。

2. 结构化程序设计的基本原则

结构化程序设计方法的基本原则可以概括为自顶向下、逐步求精、模块化和限制使用 goto 语句。

1)自顶向下

程序设计时,应先考虑整体,后考虑细节;先考虑全局目标,后考虑局部目标。开始时不过多追求众多的细节,先从最上层总体目标开始设计,逐步使问题具体化,层次分明、结构清晰。

2)逐步求精

对于复杂问题,应设计一些子目标做为过渡,逐步细化。针对某个功能的宏观描述,进行不断的分解,逐步确立过程细节,直到该功能用程序语言的算法实现为止。

3)模块化

将一个复杂问题,分解为若干个简单的问题。每个模块只有一个入口和一个出口,使程序有良好的结构特征,能降低程序的复杂度,增加程序的可读性、可维护性。

4)限制使用 goto 语句

因为使用 goto 语句会破坏程序的结构化,降低了程序的可读性,因而不提倡使用 goto 语句。

9.1.3　面向对象程序设计

面向对象程序设计,是当前程序设计的主流方向,是程序设计方式在思维上和方法上的一次飞跃。面向对象程序设计方式是一种模仿人们建立现实世界模型的程序设计方式,是对程序设计的一种全新的认识。

1. 面向对象程序设计的基本概念

1)对象(Object)

客观世界中任何一个事物都可以看成一个对象。或者说,客观世界是由千千万万个对象组成的。对象可以是自然物体(如汽车、房屋),也可以是社会生活中的一种逻辑结构(如班级、连队),一篇文章、一个图形等都可以看做对象,对象是构成系统的基本单位。

可以看到,一个班级作为一个对象时有两个要素:一是班级的静态特征,如班级所属系别和专业、学生人数、所在的教室等,这种静态特征称为属性;二是班级的动态特征,如上课、开会、体育比赛等,这种动态特征称为行为,也称为方法。如果想从外部控制班级中学生的活动,可以从外界向班级发一个信息(如听到广播后就去上早操,听到打铃就下课或上课等),一般称它为消息。

任何一个对象都应该具有这两个要素,即属性和行为。它能够根据外界给出的信息进行相应的操作,操作表示对象的动态行为。一个对象往往是一组属性和一组行为构成的。一台摄像机是一个对象,它的

属性是生产厂家、品牌、重量、体积、颜色、价格等,它的行为就是它的功能,例如可以根据外界给它的信息进行录像、放像、快进、倒退、停止等操作。一般来说,凡是具备属性和行为这两种要素的,都可以作为对象。一个数,也是一个对象,因为它有值,对它能进行各种算术运算;一个单词也可以作为对象,它有长度、字符种类等属性,可以对它进行插入、删除、输出等操作。

操作描述了对象执行的功能,如果通过消息传递,则还可以为其他对象使用。操作的过程对外是封闭的,即用户只能看到这一操作实施后的结果。这相当于事先已经设计好的各种过程,只需要调用就可以了,用户不必去关心这一过程是如何编写的。事实上,这个过程已经封装在对象中,用户也看不到。对象的这一特性,即是对象的封装性。

对象有如下一些基本特点:

(1)标识唯一性:指对象是可区分的,并且由对象的内在本质来区分,而不是通过描述来区分。

(2)分类性:指可将具有相同属性和操作点的对象抽象为类。

(3)多态性:指同一个操作可以是不同对象的行为。

(4)封装性:从外面看只能看到对象的外部特征。

2)类(Class)

将属性、操作相似的对象归为类,也就是说,类是具有共同属性、共同方法的对象的集合。所以,类是对象的抽象,它描述了属于该对象类型的所有对象的性质,而一个对象则是其对应类的一个实例。例如:integer 是一个整数类,它描述了所有整数的性质。因此任何整数都是整数类的对象,而一个具体的整数"123"则是类 integer 的一个实例。

由类的定义可知,类是关于对象性质的描述,它与对象一样,包括一组数据属性和在数据上的一组合法操作。

3)消息(Message)

消息是一个实例与另一个实例之间传递的信息,它请求对象执行某一处理或回答某一要求的信息。消息的使用类似于函数调用,消息中指定了每一个实例、一个操作名和一个参数表。接受消息的实例执行消息中指定的操作,并将形式参数与参数表中相应的值结合起来。在消息传递过程中,由发送消息的对象(发送对象)的触发操作产生输出结果,作为消息传送至接受消息的对象(接受对象),引发接受消息的对象一系列的操作。所传送的消息实质上是接受对象所具有的操作、方法名称,有时还包含相应的参数,消息传递如图 9-5 所示。

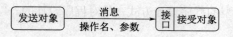

图 9-5 消息传递示意图

消息中只包含传递者的要求,它告诉接受者需要进行哪些处理,但并不指示接受者应该怎样完成这些处理。消息完全由接受者解释,接受者独立决定采用什么方式完成所需的处理,发送者对接受者不起任何控制作用。一个对象能够接受不同形式、不同内容的多个信息;相同形式的消息可以发送往不同的对象,不同的对象对于形式相同的消息可以有不同的解释,能够做出不同的反映。一个对象可以同时往多个对象传递消息,两个对象也可以同时向某个对象传递消息。

4)继承(Inheritance)

继承是面向对象方法的一个主要特征。继承是使用已有的类(父类)定义作为基础建立新类(子类)的定义。已有的类可当作基类来引用,则新类相应地可当作派生类来引用。

对象与类的继承性在面向对象程序设计中得到了充分的体现。由某个类可以生成若干个对象,这些对象将自动拥有该类所具有的属性和方法;也可以由现有的类派生出新类,该新类将自动拥有其父类所具有的属性和方法。

由于子类和父类之间存在继承性,所以在父类中所做的修改将自动反映到它所有的子类上,而无须更改子类，这种自动更新的能力可以节省用户大量的时间和精力。例如：当为某父类添加一个所需的新属性时，它的所有子类将同时具有这种属性；同样，当修复了父类中的一个错误时，这个修复也将自动体现在它的全部子类中。充分利用对象与类的继承性，可以使整个应用程序的设计和维护工作大大简化，并使其更加规范与统一。

5）多态性（Polymorphism）

对象根据所接受的消息而做出动作，同样的消息被不同的对象接受时可导致完全不同的行动，该现象称为多态性。例如：在 Windows 环境中，用鼠标双击一个文件对象（这就是向对象传送一个消息），如果对象是一个可执行文件，则会执行此程序；如果对象是一个文本文件，则启动文本编辑器并打开该文件。在面向对象的软件技术中，多态性是指子类对象可以像父类对象那样使用，同样的消息既可以发送给父类对象也可以发送给子类对象。

多态性是面向对象程序设计的一个重要特征，多态性机制不仅增加了面向对象软件系统的灵活性，进一步减少了信息冗余，而且显著地提高了软件的可重用性和可扩充性。当扩充系统功能增加新的实体类型时，只需派生出与新实体相应的子类，完全无须修改原有的程序代码，甚至不需要重新编译原有的程序。利用多态性，用户能够发送一般形式的消息，而将所有的实现细节都留给接受消息的对象。

2．面向对象程序设计的思想

面向对象程序设计的基本思想，一是从现实世界中客观存在的事物（即对象）出发，尽可能运用人类自然的思维方式去构造软件系统，也就是直接以客观世界的事物为中心来思考问题、认识问题、分析问题和解决问题。二是将事物的本质特征经抽象后表示为软件系统的对象，以此作为系统构造的基本单位。三是使软件系统能直接映射问题，并保持问题中事物及其相互关系的本来面貌。因此，面向对象方法强调按照人类思维方法中的抽象、分类、继承、组合、封装等原则去解决问题。这样，软件开发人员便能更有效地思考问题，从而更容易与客户沟通。

面向对象的方法，实质上是面向功能的方法在新形势下（由功能重用发展到代码重用）的回归与再现，是在一种高层次上（代码级重用）新的面向功能的方法论，它设计的"基本功能对象（类或构件）"，不仅包括属性（数据），而且包括与属性有关的功能（或方法，如增加、修改、移动、放大、缩小、删除、选择、计算、查找、排序、打开、关闭、存盘、显示和打印等）。它不仅将属性和功能融为一个整体，而且对象之间可以继承、派生及通信，因此，面向对象设计是一种新的、复杂的、动态的、高层次的面向功能设计。它的基本单元是对象，对象封装了与其有关的数据结构及相应层的处理方法，从而实现了由问题空间到解析空间的映射。

3．面向对象程序设计的步骤

1）面向对象分析（Object Oriented Analysis，OOA）

软件工程中的系统分析阶段，系统分析员要和用户结合在一起，对用户的需求做出精确地分析和明确地描述，从宏观的角度概括出系统应该做什么（而不是怎么做）。面向对象的分析，要按照面向对象的概念和方法，在对任务的分析中，从客观存在的事物和事物之间的关系，归纳出有关的对象（包括对象的属性和方法）以及对象之间的联系，并将具有相同属性和方法的对象用一个类来表示。建立一个能反映真实工作情况的需求模型。在这个阶段中形成的模型是比较粗略的。

2）面向对象设计（Object Oriented Design，OOD）

根据面向对象分析阶段形成的需求模型，对每一部分分别进行具体的设计，首先是进行类的设计，类的设计可能包含多个层次（利用继承与派生）。然后以这些类为基础提出程序设计的思路和方法，包括对算法的设计。在设计阶段，并不牵涉某一种具体的计算机语言，而是用一种更通用的描述工具（如 UML）来描述。

3）面向对象编程（Object Oriented Programming，OOP）

根据面向对象设计的结果，用一种计算机语言把它写成程序，显然应该选用面向对象的计算机语言（例如 C++，Java），否则是无法实现面向对象设计的要求的。

4）面向对象测试（Object Oriented Test，OOT）

在写好程序后交给用户使用前，必须对程序进行严格的测试，测试的目的是发现程序中的错误并改正它。面向对象测试是用面向对象的方法进行测试，以类作为测试的基本单元。

5）面向对象维护（Object Oriented Soft Maintenance，OOSM）

正如对任何产品都需要进行售后服务和维护一样，软件在使用中也会出现一些问题，或者软件商想改进软件的性能，这就需要修改程序。由于使用了面向对象的方法开发程序，因而使得程序的维护比较容易。因为对象的封装性，修改一个对象对其他对象影响很小。利用面向对象的方法维护程序，大大提高了软件维护的效率。

9.2 数据结构

利用计算机进行数据处理是计算机应用的一个重要领域。程序的中心是数据，在进行数据处理时，实际需要处理的数据元素一般有很多，这些数据元素需要存储在计算机中。因此，数据元素在计算机中如何组织，以便提高数据处理的效率，节省存储空间，是进行数据处理的关键问题。

数据结构主要研究和讨论以下 3 个方面的问题：

（1）数据集合中各数据元素之间所固有的逻辑关系，即数据的逻辑结构。

（2）在对数据进行处理时，各数据元素在计算机中的存储关系，即数据的存储结构。

（3）对各种数据结构进行的运算。

9.2.1 数据结构的基本概念

1．数据

数据是描述客观事物的所有能输入到计算机中并被计算机程序处理的符号的总称。例如字符、数值、声音、图像、视频等。

2．数据元素

数据元素是数据的基本单位，在计算机中通常作为一个整体加以考虑和处理。每个数据元素可包含一个或若干个数据项。数据项是具有独立含义的标识单位，是数据不可分割的最小单位。例如：联系人中的一行为一个数据元素，包括了姓名、手机号码等数据项。

3．数据对象

数据对象是性质相同的数据元素的集合，是数据的一个子集。例如：手机号码就是一个数据对象。

4．数据类型

在高级程序设计中，用数据类型来表示操作对象的特性。数据类型与数据结构具有紧密的关系，具有相同数据结构的一类数据的全体构成一种数据类型。数据类型是一个值的集合和定义在这个值的集合上的一组操作的总称。例如：Java 语言中的整型、实型、浮点型、字符型等都是数据类型。

5. 数据结构

1）数据结构

数据结构是相互之间存在一种或多种特定关系的数据元素的集合。在任何问题中，数据元素之间都不会是孤立的，在它们之间都存在这样或那样的关系，这种数据元素之间的关系称为结构。一个数据结构有两个要素：一个是数据元素的集合，另一个是关系的集合。在形式上，数据结构通常可以采用一个二元组来表示：B=（D，R），其中 B 表示数据结构，D 是数据元素的有限集，R 是 D 上关系的有限集。

数据结构包括数据的逻辑结构和数据的物理结构（也称存储结构）。数据的逻辑结构是从具体问题抽象出来的数学模型。数据的逻辑结构是从逻辑关系上描述数据，它与数据的存储无关，是独立于计算机的。数据的存储结构是数据逻辑结构在计算机中的表示（又称映像）。

一般情况下，在具有相同特征的数据元素集合中，各个数据元素之间存在有某种关系（即联系），这种关系反映了该集合中的数据元素所固有的一种结构。在数据处理领域中，通常把数据元素之间这种固有的关系简单地用前后件关系（或前驱与后继关系）来描述。例如：在描述一年四个季节的顺序关系时，"春"是"夏"的前件（即前驱），而"夏"是"春"的后件（即后继）。

【例 9-1】一年四季的数据结构。

用二元组表示：S=（D，R）

D={春，夏，秋，冬}

R={<春，夏>，<夏，秋>，<秋，冬>}

【例 9-2】家庭成员之间辈分关系的数据结构。

用二元组表示：S=（D，R）

D={父亲，儿子，女儿}

R={<父亲，儿子>，<父亲，女儿>}

2）数据结构的图形表示

一个数据结构可以用二元组表示，也可以直观地用图形表示，在数据结构的图形表示中，对于数据集合 D 中的每一个数据元素用中间标有元素值的圆表示，一般称之为数据结点，简称为结点。为了进一步表示各数据元素之间的前后件关系，对于关系 R 中的每一个二元组，用一条有向线段从前件结点指向后件结点。

例 9-1 和例 9-2 的数据结构可以用图形表示，如图 9-6 和图 9-7 所示。

显然，用图形方式表示一个数据结构是很方便的，而且比较直观。有时在不会引起误会的情况下，前件结点到后件结点连线上的箭头可以省略。

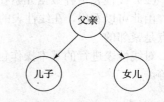

图 9-6　四季数据结构的图形表示　　图 9-7　辈份关系数据结构的图形表示

通常，一个数据结构中的元素结点可能是在动态变化的。根据需要或在处理过程中，可以在一个数据结构中增加一个新结点（称为插入运算），也可以删除数据结构中的某个结点（称为删除运算）。插入与删除是数据结构的两种基本运算。

9.2.2 线性结构与非线性结构

根据数据结构中各数据元素之间前后件关系，一般将数据结构分为两大类型：线性结构与非线性结构。

如果一个数据结构满足条件：除了第一个和最后一个结点以外的每一个结点只有唯一的一个前件和唯一的一个后件，第一个结点没有前件，最后一个结点没有后件，则称该数据结构为线性结构；否则，称之为非线性结构。例 9-1 的数据结构为线性结构，例 9-2 的数据结构为非线性结构。在非线性结构中，各数据元素之间的前后件关系要比线性结构复杂，因此，对非线性结构的存储与处理要比线性结构复杂的多。

9.2.3 线性表

线性表（Linear list）是最简单、最常用的一种线性数据结构。

线性表由一组数据元素构成。数据元素的含义很广泛，在不同的情况下，它可以有不同的含义。例如：一个 n 维向量（$x_1, x_2, …, x_n$）是一个长度为 n 的线性表，其中的每一个分量就是一个数据元素；英文小写字母表（a, b, c, …, z）是一个长度为 26 的线性表，其中的每一个小写字母就是一个数据元素。

1．线性表定义

线性表是由 n（$n>0$）个数据元素 $a_1, a_2, …, a_n$ 组成的一个有限序列，记为（$a_1, a_2, …, a_i, …, a_n$）。其中，数据元素个数 n 称为线性表长度，$n=0$ 时称此线性表为空表。

2．非空线性表的结构特征

非空线性表有如下一些特征：
（1）有且只有一个无前件的结点 a_1。
（2）有且只有一个无后件的结点 a_n。
（3）其他所有结点有且只有一个前件和后件。

3．线性表的顺序存储结构

在计算机中存放线性表，一种简单的方法是顺序存储，也称为顺序表。

线性表在顺序存储结构中具有以下两个特点：
（1）线性表中所有元素所占的存储空间是连续的。
（2）线性表中各数据元素在存储空间中是按逻辑顺序依次存放的。

由此可以看出，在线性表的顺序存储结构中，某一个结点的前后件两个元素在存储空间中与该结点是紧邻的。

对线性表进行的基本操作包括：存取、插入、删除、合并、分解、查找、排序、求线性表的长度等。

9.2.4 栈和队列

1．栈

1）栈的定义

栈（Stack）是一种特殊的线性表，这种线性表上的插入与删除运算限定在表的一端进行。即在这种线性表的结构中，一端是封闭的，不允许进行插入与删除元素操作；另一端是开口的，允许插入与删除元素操作。在顺序存储结构下，对这种类型线性表的插入与删除运算不需要移动表中其他数据元素。栈这种数据结构在日常生活中也很常见，例如：子弹夹是一种栈的结构，最后压入的子弹总是最先被弹出，而最先压入的子弹最后才能被弹出。

在栈中，允许插入与删除操作的一端称为栈顶，另一端称为栈底。栈顶元素总是最后被插入的元素，也是最先能被删除的元素；栈底元素总是最先被插入的元素，也是最后才能被删除的元素。即栈是按照"先进后出"（First in last out，FILO）或"后进先出"（Last in first out，LIFO）的原则组织数据的。因此，栈也被称为"先进后出"表或"后进先出"表。

通常用指针 Top 来指示栈顶的位置。

向栈中插入一个元素称为入栈运算，从栈中删除一个元素（即删除栈顶元素）称为出栈运算。栈顶指针 Top 动态反映了栈中元素的变化情况。栈的示意图如图 9-8 所示。

2）栈的运算

栈可以进行入栈、出栈、读栈顶元素等运算。

（1）入栈运算：是指在栈顶位置插入一个新元素。这个运算有两个基本操作：首先将栈顶指针进一（即 Top 加 1），然后将新元素插入到栈顶指针指向的位置。当栈顶指针已经指向存储空间的最后一个位置时，说明栈空间已满，不能再进行入栈操作。

（2）出栈运算：是指取出栈顶元素并赋给一个指定的变量。这个运算有两个基本操作：首先将栈顶元素（栈顶指针指向的元素）赋给一个指定的变量，然后将栈顶指针退一（即 Top 减 1）。当栈顶指针为 0 时，说明栈空，不能进行出栈操作。

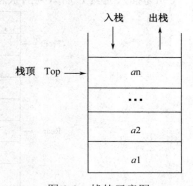

图 9-8 栈的示意图

（3）读栈顶元素：是指将栈顶元素赋给一个指定的变量。必须注意，这个运算不删除栈顶元素，只是将它的值赋给一个变量，因此，在这个运算中，栈顶指针不会改变。当栈顶指针为 0 时，说明栈空，读不到栈顶元素。

【例 9-3】栈在顺序存储结构下的运算如图 9-9 所示。

图 9-9（a）是容量为 6 的栈顺序存储空间，栈中已有 4 个元素；图 9-9（b）为 E 与 F 两个元素入栈后栈的状态；图 9-9（c）为元素 F 出栈后栈的状态。

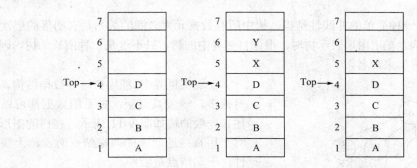

(a) 有 4 个元素的栈　　(b) 两个元素入栈后的栈　　(c) 一个元素出栈后的栈

图 9-9 栈在顺序存储结构下的运算

2．队列

队列（Queue）是只允许在一端进行插入元素，而在另一端删除元素的线性表。这与日常生活中的排队是同理的，最早进入队列的元素最早离开。在队列中，允许插入的一端称为队尾，通常用一个称为尾指针（rear）的指针指向队尾元素，即尾指针总是指向最后被插入的元素；允许删除的一端称为队首，通常也用一个队首指针（front）指向队首元素的位置。显然，在队列这种数据结构中，最先插入的元素将能够最先被删除，反之，最后插入的元素将最后才能被删除。因此，队列又称为"先进先出"（First In First Out，FIFO）或"后进后出"（Last In Last Out，LILO）的线性表，它体现了先来先服务的原则。在队列中，队尾指针"Rear"与队首指针 Front 共同反映了队列中元素动态变化的情况。

向队列的队尾插入一个元素称为入队运算，从队列的队首删除元素称为出队运算。在队列的末尾插入一个元素（入队运算）只涉及队尾指针 Rear 的变化，而要删除队列中的队首元素（出队运算）只涉及队首指针"Front"的变化。

【例 9-4】队列的入队与出队运算如图 9-10 所示。

图 9-10（a）所示的队列中已有 5 个元素；图 9-10（b）为删除元素 A 后队列的状态；图 9-10（c）为插入元素 F 后队列的状态。

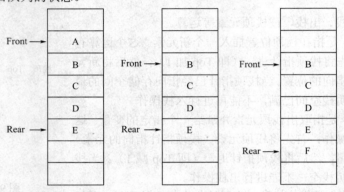

（a）五个元素的队列　（b）元素 A 出队后的队列　（c）元素 F 入队后的队列

图 9-10　队列运算示意图

9.2.5　树与二叉树

1. 树

树（tree）是一种简单的非线性结构。树中所有数据元素之间的关系具有明显的层次特性，即树是一种层次结构。在用图形表示树时，很像自然界中的树，只不过是一种倒长的树，因此，这种数据结构就用"树"来命名。

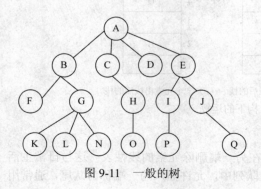

图 9-11　一般的树

在现实世界中，能用树这种数据结构表示的例子有很多，一般具有层次关系的数据都可以用树来描述。一般的树如图 9-11 所示，在树的图形表示中，对于用直线连起来的两端结点而言，上端结点是前件，下端结点是后件。

在所有的层次关系中，人们最熟悉的是血缘关系，按血缘关系可以很直接地理解树结构中各数据元素结点之间的关系。因此，在描述树结构时，也经常使用血缘关系中的一些术语。

有关树的一些基本特征及基本术语介绍如下：

(1)父结点和根结点：在树结构中，每一个结点只有一个前件，称为父结点，没有前件的结点只有一个，称为树的根结点。在图9-11中，结点A是树的根结点。

(2)子结点和叶子结点：在树结构中，每一个结点可以有多个后件，它们都称为该结点的子结点。没有后件的结点称为子结点。在图9-11中，结点D、F、K、L、N、O、P、Q均为叶子结点。

(3)度：在树结构中，一个结点所拥有的后件个数称为该结点的度。在图9-11中，根结点A的度为4；结点G的度为3；结点B、E的度为2；结点C、H、I、J的度为1；叶子结点的度为0。在树中，所有结点中的最大的度称为树的度。在图9-11中，树的度为4。

(4)层：在树结构中，一般按如下原则分层。

根结点在第1层，同一层上所有结点的所有子结点都在下一层。在图9-11中，根结点A在第1层；结点B、C、D、E在第2层；结点F、G、H、I、J在第3层；结点K、L、N、O、P、Q在第4层。

(5)深度：树的最大层次称为树的深度。在图9-11中，树的深度为4。

(6)子树：在树中，以某结点的一个子结点为根构成的树称为该结点的一棵子树。叶子结点没有子树。在图9-11中，结点A有4棵子树，它们分别以B、C、D、E为根结点；结点B有两棵子树，其根结点为F、G；结点G有3棵子树，它们分别以K、L、N为根结点。

2. 二叉树

二叉树（Binary tree）是一种特殊的树，它的特点是每个结点最多只有两个子结点，即二叉树中不存在度大于2的结点。二叉树的子树有左右之分，其次序不能任意颠倒，其所有子树（左子树或右子树）也均为二叉树。在二叉树中，一个结点可以有一个子树（左子树或右子树），也可以没有子树。

任意一棵树可以转换成二叉树进行处理，而二叉树在计算机中容易实现，所以二叉树是研究的重点。

【例9-5】仅有根结点的二叉树和深度为4的二叉树如图9-12所示。

在图9-12（a）中是一棵只有根结点的二叉树；图9-12（b）是一棵深度为4的二叉树。

1）二叉树的基本性质

性质1：在二叉树的第k层上，最多有2^{k-1}（$k>0$）个结点。

性质2：深度为m的二叉树最多有2^m-1个结点。

根据性质1，只要将第1层到第m层上的最大的结点数相加，就可以得到整个二叉树中结点数的最大值，即：

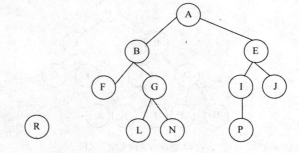

（a）只有根结点的二叉树　　　　（b）深度为4的二叉树

图10-12　二叉树

$$2^{1-1}+2^{2-1}+\ldots+2^{m-1}=2^m-1$$

性质3：在任意一棵二叉树中，度为0的结点（即叶子结点）总是比度为2的结点多一个，即$n_0=n_2+1$。

例如，在图9-12（b）所示的二叉树中，有5个叶子结点，有4个度为2的结点，度为0的结点比度为2的结点多一个。

二叉树有几种特殊形式，如满二叉树、完全二叉树等。

一棵深度为m且有2^m-1个结点的树称为满二叉树。这种树的特点是每一层上的结点都是最大结点数（即在第 k 层上有 2^{k-1} 个结点）。

【例9-6】深度为 2 和 3 的满二叉树如图 9-13（a）、图 9-13（b）所示。

可以对满二叉树的结点进行连续编号，约定编号从根结点起，自上而下，自左而右。由此引出完全二叉树的定义。深度为 m、且有 n 个结点的二叉树，当且仅当其每一个结点都与深度为 m 的满二叉树中编号从 1 到 n 的结点一一对应时，称之为完全二叉树。实际上，完全二叉树是在满二叉树的最后一层

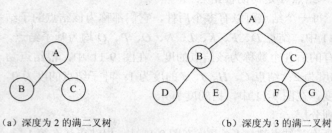

(a) 深度为 2 的满二叉树　　　　(b) 深度为 3 的满二叉树

图 9-13　满二叉树

上只缺少最右边的若干结点，叶子结点只可能在层次最大的两层上出现。

【例9-7】完全二叉树与非完全二叉树如图 9-14 所示。

图 9-14（a）是深度为 3 的完全二叉树；图 9-14（b）是非完全二叉树；图 9-14（c）是深度为 4 的完全二叉树；图 9-14（d）是非完全二叉树。

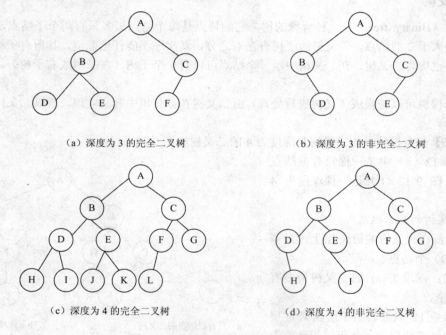

(a) 深度为 3 的完全二叉树　　　　(b) 深度为 3 的非完全二叉树

(c) 深度为 4 的完全二叉树　　　　(d) 深度为 4 的非完全二叉树

图 9-14　完全二叉树与非完全二叉树

由满二叉树与完全二叉树的特点可以看出，满二叉树一定是完全二叉树，而完全二叉树一般不是满二叉树。

性质 4：具有 n 个结点的完全二叉树的深度为 $\lfloor \log_2 n \rfloor + 1$，其中 $\lfloor \log_2 n \rfloor$ 表示取 $\log_2 n$ 的整数部分。

性质 5：设完全二叉树共有 n 个结点，如果从根结点开始，按层序（第一层从左到右）用自然数 1，2，…，n 对结点进行编号，则对于编号为 k（$k=1$，2，…，n）的结点有以下结论：

（1）若 $k=1$，则该结点为根结点，它没有父结点；若 $k>1$，则该结点的父结点编号为 $\lfloor k/2 \rfloor$。

（2）若 $2k<n$，则编号为 k 的结点的左子结点编号为 $2k$；否则该结点无左子结点（显然也无右

子结点)。

(3) 若 $2k+1<n$,则编号为 k 的结点的右子结点编号为 $2k+1$;否则该结点无右子结点。

根据完全二叉树的这个性质,如果按从上到下、从左到右的顺序存储完全二叉树的各结点,则很容易确定每一个结点的父结点、左子结点和右子结点的位置。

2)二叉树的遍历

二叉树的遍历是指不重复地访问二叉树中的所有结点。

由于二叉树是一种非线性结构,因此,对二叉树的遍历要比遍历线性表复杂得多。在遍历二叉树的过程中,要按某条搜索路径寻访树中每个结点,使得每个结点均被访问一次,而且仅被访问一次,就需要寻找一种规律,以便使二叉树上的结点能排列在一个线性队列上,从而便于遍历。

在遍历二叉树的过程中,一般先遍历左子树,然后再遍历右子树。在先左后右的原则下,根据访问根结点的次序,二叉树的遍历可以分为 3 种:前序遍历、中序遍历、后序遍历。

二叉树的 3 种遍历的方法介绍如下:

(1) 前序遍历(DLR)。前序遍历的过程是首先访问根结点,然后遍历左子树、最后遍历右子树。在此过程中,遍历左、右子树时,仍然先访问左、右子树的根结点,然后遍历对应的左子树,最后遍历对应的右子树。可见,前序遍历二叉树的过程是一个递归的过程。

二叉树前序遍历的简单描述如下:

若二叉树为空,则返回。

否则,先访问根结点,然后前序遍历左子树,再前序遍历右子树。

(2) 中序遍历(LDR)。中序遍历的过程是首先遍历左子树,然后访问根结点,最后遍历右子树。在此过程中,遍历左、右子树时,仍然先遍历左子树,然后访问根结点,最后遍历右子树。因此,中序遍历二叉树的过程也是一个递归过程。

二叉树中序遍历的简单描述如下:

若二叉树为空,则返回。

否则,先中序遍历左子树,然后访问根节点,再中序遍历右子树。

(3) 后序遍历(LRD)。后序遍历的过程是首先遍历左子树,然后遍历右子树,最后再访问根结点。在此过程中,遍历左、右子树时,仍然先遍历左子树,然后遍历右子树,最后访问根结点。因此,后序遍历二叉树的过程还是一个递归过程。

二叉树后序遍历的简单描述如下:

若二叉树为空,则返回。

否则,先后序遍历左子树,然后后序遍历右子树,再访问根结点。

【例 9-8】用前序遍历、中序遍历、后序遍历 3 种方法遍历如图 9-15 所示的二叉树。

前序遍历结果为 ABDHECGJ。

中序遍历结果为 DHBEACJG。

后序遍历结果为 HDEBJGCA。

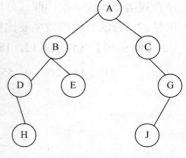

图 9-15 二叉树

9.2.6 查找与排序方法

以下介绍基于线性表的数据的几种常用查找和排序方法。

1. 查找

查找是根据给定的条件，在线性表中，确定一个与给定条件相匹配的数据元素。若找到相应的数据元素，则称查找成功，否则称查找失败。查找是数据处理领域中的一个重要内容，查找的效率将直接影响到数据处理的效率。下面介绍几种常用的查找方法。

1）顺序查找

顺序查找又称顺序搜索。顺序查找一般是指从线性表的第一个元素开始，依次将线性表中的元素与给定条件进行比较，若匹配成功，则表示找到（即查找成功）；若线性表中所有的元素都与给定的条件不匹配，则表示线性表中没有满足条件的元素（即查找失败）。

在进行顺序查找过程中，如果线性表中的第一个元素就是被查找元素，则只需做一次比较就查找成功，查找效率最高；但如果被查的元素是线性表中的最后一个元素，或被查元素不在线性表中，则为了查找这个元素需要与线性表中的所有元素进行比较，这是顺序查找的最坏情况。在平均情况下，利用顺序查找法在长度为 n 的线性表中查找一个元素，大约要与线性表中一半的元素进行比较，即平均查找次数为 $n/2$。

【例 9-9】在线性表（15，28，30，100，77，52，80）中查找元素 30 和 76。

查找 30 时，逐个将表中的元素与 30 进行比较，第 3 次比较时，两数相等查找成功；查找 76 时，逐个将表中的元素与 76 进行比较，表中所有元素与 76 都进行了比较且都不相等，即查找失败，共比较 7 次。

2）二分法查找

二分法查找适用于顺序存储的有序表。有序表是指线性表中的元素是递增或递减序列。

设有序线性表的长度为 n，被查元素为 x，以递增为例，则二分法查找的方法如下：

将 x 与线性表的中间项进行比较；

若中间项的值等于 x，则说明查到，查找结束；

若 x 小于中间项的值，则说明 x 应在线性表的前半部分（即中间项以前的部分，称为子表），以相同的方法在子表中继续查找；

若 x 大于中间项的值，则说明 x 应在线性表的后半部分（即中间项以后的部分，也称为子表），以相同的方法在子表中继续查找；

这个过程一直进行到查找成功或子表的长度为 0（说明线性表中没有这个元素）为止。

可以证明，对于长度为 n 的有序线性表，在最坏的情况下，二分法查找只需要 $Log_2 n$ 次，而顺序查找需要比较 n 次，即二分法的时间复杂度为 $O(Log_2 n)$，顺序查找的时间复杂度为 $O(n)$。可见，二分法查找的效率要比顺序查找高。

【例 9-10】线性表（12，18，26，30，35，77，90）中查找元素 30 和 76，过程如图 9-16 所示。

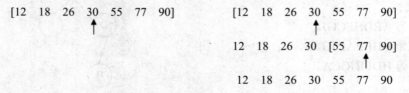

图 9-16 二分法查找过程示意图

显然，在有序线性表的二分法查找中，不论查找的是什么数，也不论要查找的数在表中有没有，都不需要与表中所有的元素进行比较，只需要与表中很少的元素进行比较。

2. 排序

排序也是数据处理的重要内容。排序是指将一个无序序列整理成按值递增或递减顺序排列的有序序列。排序的方法很多，根据待排序序列的规模以及对数据处理的要求，可以采用不同的排序方法。

1）选择排序法

最简单的排序是直接选择排序，以从小到大的顺序排列为例，基本过程如下：

扫描整个线性表，从中选出最小的元素，将它交换到表的最前面；然后对剩下的子表再从中选出最小的元素，将它交换到子表的第一个位置，如此下去采用同样的方法，直到子表长度为 1 时即可完成排序。

直接选择排序法需要比较 $n(n-1)/2$ 次（即 $(n-1)+(n-2)+\cdots+2+1$），因此时间复杂度为 $O(n^2)$。

【例 9-11】利用简单选择排序法对线性表（90，20，58，36，72，19，26）进行排序，如图 9-17 所示。图中有方框的元素是刚被选出来的最小元素。显然，对于长度为 n 的序列，选择排序需要扫描 $n-1$ 遍。

原序列	90	20	58	36	72	19	26
第 1 遍选择	19	20	58	36	72	90	26
第 2 遍选择	19	20	58	36	72	90	26
第 3 遍选择	19	20	26	36	72	90	58
第 4 遍选择	19	20	26	36	72	90	58
第 5 遍选择	19	20	26	36	58	90	72
第 6 遍选择	19	20	26	36	58	72	90

图 9-17 选择排序法示意图

2）冒泡排序法

冒泡排序法是通过相邻数据元素的比较交换逐步将线性表由无序变成有序的方法。以从小到大的顺序排列为例，冒泡排序法的基本过程如下：

从表头开始往后扫描线性表，在扫描过程中逐次比较相邻两个元素的大小。若相邻两个元素中，前面的元素大于后面的元素，则将它们互换。显然，在扫描过程中，不断地将两相邻元素中的大者往后移动，最后将线性表中的最大者换到了表的最后。这个过程叫做第一趟冒泡排序。而第二趟冒泡排序时在不包含最大元素的子表中从第一个元素起重复上述过程，直到整个序列变成有序为止。

在排序过程中，对线性表的每一趟扫描，都将其中的最大者沉到了表的底部，最小者像气泡一样冒到表的前头，冒泡排序由此而得名，且冒泡排序又称下沉排序。

假设线性表的长度为 n，则在最坏情况下，冒泡排序需要经过 $n-1$ 趟排序，需要比较的次数为 $n(n-1)/2$，因此时间复杂度为 $O(n^2)$。

【例 9-12】利用冒泡排序法对线性表（70，32，15，28，60，45）进行排序，如图 9-18 所示。

原序列	70	32	15	28	60	45
第 1 趟结果	32	15	28	60	45	70
第 2 趟结果	15	28	32	45	60	70

图 9-18 冒泡排序示意图

3）插入排序法

插入排序法是指将无序序列中的各元素依次插入到已经有序的线性表中。

在线性表中，只包含第 1 个元素的子表显然是有序表。接下来从线性表的第 2 个元素开始直到最后一个元素，逐次将其中的每一个元素插入到前面的有序子表中。一般来说，假设线性表中前 $j-1$ 个元素已经有序，现在要将线性表中第 j 个元素插入到前面的有序子表中，插入过程如下：

首先将第 j 个元素放到一个变量 T 中，然后从有序子表的最后一个元素（即线性表中第 $j-1$ 个元素）开始，往前逐个与 T 进行比较，将大于 T 的元素依次向后移动一个位置，直到发现一个元素不大于 T

为止，此时就将 T（即原线性表是第 j 个元素）插入到刚移出的空位置上。若 T 的值大于等于子表中的最后一个元素，则将 T 直接插入到子表的第 j 个位置。此时，有序子表的长度就变为 j。

假设线性表的长度为 n，则在最坏情况下，插入排序法需要比较 $n(n-1)/2$ 次，因此时间复杂度为 $O(n^2)$。

【例 9-13】利用插入排序法对线性表（7，3，1，80，15，20，69）进行排序，如图 9-19 所示。图中画有方框的元素表示刚被插入到有序子表中。

```
原序列      7   3   1   80  15  20  69
第 1 遍插入  [3   7]  1   80  15  20  69
第 2 遍插入  [1   3   7]  80  15  20  69
第 3 遍插入  [1   3   7   80]  15  20  69
第 4 遍插入  [1   3   7   15  80]  20  69
第 5 遍插入  [1   3   7   15  20  80]  69
第 6 遍插入  [1   3   7   15  20  69  80]
```

图 10-19 简单插入排序示意图

9.3 算法

9.3.1 算法的概念

算法是对解决某一特定问题的操作步骤的具体描述。简单地说，算法是解决一个问题而采取的方法和步骤。如打电话，要先拨号、接通后通话、结束通话，这就是"通话算法"；植树的过程是：挖坑、栽树苗、培土、浇水，这就是"植树算法"。

在计算机科学中，算法是描述计算机解决给定问题的有明确意义操作步骤的有限集合。计算机算法一般可分为数值计算算法和非数值计算算法。数值计算算法就是对所给的问题求数值解，如求函数的极限、求方程的根等；非数值计算算法主要是指对数据的处理，如对数据的排序、分类、查找及文字处理、图形图像处理等。

9.3.2 算法的特征

算法应具有以下特征：

（1）可行性：算法中描述的操作必须是可执行的，通过有限次基本操作可以实现。

（2）确定性：算法的每一步操作，必须有确定的含义，不能有二义性和多义性。

（3）有穷性：一个算法必须保证执行有限步骤之后结束。

（4）输入：一个算法有零个或多个输入，以描述运算对象的初始情况，所谓零个输入是指算法本身定出了初始条件。

（5）输出：一个算法有一个或多个输出，以反映对输入数据加工后的结果。没有输出的算法是毫无意义的。

9.3.3 算法的表示

算法的描述应直观、清晰、易懂，便于维护和修改。描述算法的方法有多种，常用的表示方法有自然语言、传统流程图、N-S 图、伪代码和计算机语言等。其中最常用的是传统流程图和 N-S 图。

1．自然语言

自然语言就是人们日常使用的语言，因此，用自然语言表示一个算法便于人们理解。

【例 9-14】用自然语言描述交换两个变量的算法。

交换两个变量的值不能直接交换，需要借助中间变量采取间接交换的办法。设有变量 a、b 和中间变量 c。

解决问题的算法如下：

（1）输入两个值到变量 a 和变量 b 中。

（2）将变量 a 的值赋给中间变量 c。

（3）将变量 b 的值赋给变量 a。

（4）将中间变量 c 的值赋给变量 b。

用自然语言表示算法，虽然容易表达，也易于理解，但文字冗长且模糊，在表示复杂算法时也不直观，而且往往不严格。对于同一段文字，不同的人会有不同的理解，容易产生"二义性"。因此，除了很简单的问题以外，一般不用自然语言表示算法。

2．传统流程图

流程图是用一些图形符号、箭头线和文字说明来表示算法的框图。用流程图表示算法的优点是直观形象、易于理解，能将设计者的思路清楚地表达出来，便于以后检查修改和编程。

美国国家标准化协会（ANSI）规定了如下一些常用的流程图符号：

（1）起止框 ▭ ：表示流程开始或结束。

（2）输入/输出框 ▱ ：表示输入或输出。

（3）处理框 ▭ ：表示对基本处理功能的描述。

（4）判断框 ◇ ：根据条件是否满足，在几个可以选择的路径中，选择某一路径。

（5）流向线 → 、↑ ：表示流程的路径和方向。

（6）连接点 ○ ：用于将画在不同地方的流程线连接起来。

通常，在各种图符中加上简要的文字说明，以进一步表明该步骤所要完成的操作。

【例 9-15】用传统流程图描述 sum=1+2+…+80 的算法，如图 9-20 所示。

3．N-S 图

传统流程图虽然形象直观，但对流向线的使用没有限制，使流程转来转去，破坏了程序结构，也给阅读和维护带来了困难。为此，美国学者 I.Nassi 和 B.Shneiderman 于 1973 年提出了一种新的流程图，其主要特点是不带有流向线，整个算法完全写在一个大矩形框中，这种流程图被称为 N-S 图。N-S 图特别适合于结构化程序设计。

【例 9-16】用 N-S 图描述 sum=1+2+…+80 的算法，如图 9-21 所示。

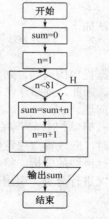
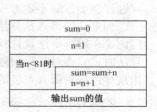

图 9-20　传统流程图　　　图 9-21　N-S 图

4．伪代码

所谓伪代码，就是利用文字和符号的方式来描述算法。在实际应用中，人们往往用接近于某种程序设计语言的代码形式作为伪代码，这样可以方便编程。

【例 9-17】用伪代码描述 sum=1+2+…+80 的算法。

```
BEGIN
sum=0
n=1
For n=1 To 80   STEP 1
sum=sum+n
ENDFOR
PRINT sum
END
```

5．计算机语言

可以利用某种计算机语言对算法进行描述，计算机程序就是算法的一种表示方式。

【例 9-18】用 C 语言描述 sum=1+2+…+80 的算法。

```
#include<stdio.h>
void   main()
{   int n, sum;
    sum=0;
    n=1;
    while（n<81）
       {
          sum=sum+n;
          n=n+1;
       }
    printf（"sum=%d\n", sum）；
}
```

算法和程序是有区别的，算法是对解题步骤（过程）的描述，可以与计算机无关；而程序是利用某种计算机语言对算法的具体实现。可以用不同的计算机语言编写程序实现同一个算法，算法只有转换成计算机程序才能在计算机上运行。

9.3.4　算法设计的基本方法

常用的算法设计基本方法如下：

1．列举法

列举法的基本思想是根据提出的问题，列举所有可能的情况，并用问题中给定的条件检验哪些是需要的，哪些是不需要的。因此，列举法常用于解决"是否存在"或"有多少种可能"等类型的问题，例如求解不定方程的问题。

列举法的特点是算法比较简单。但当列举的可能情况较多时，执行列举算法的工作量将会很大。因此，在用列举法设计算法时，应该重点注意优化方案，尽量减少运算工作量。通常，在设计列举算法时，只要对实际问题进行详细的分析，将与问题有关的知识条理化、完备化、系统化，从中找出规律；或对所有可能的情况进行分类，引出一些有用的信息，可以减少列举量。

2．归纳法

归纳法的基本思想是通过列举少量的特殊情况，经过分析，最后找出一般的关系。显然，归纳法要比列举法更能反映问题的本质，而且可以解决列举量为无限的问题。但是，从一个实际问题中总结归纳出一般的关系，并不是件容易的事，尤其是要归纳出一个数学模型更为困难。

归纳是一种抽象，即从特殊现象中找出一般关系。但由于在归纳的过程中不可能对所有的情况进行列举。因此，最后由归纳得到的结论还只是一种猜测，还需要对这种猜测加以必要的证明。

3．递推法

递推是指从已知的初始条件出发，逐次推出所要求的各中间结果和最后结果。其中初始条件或问题本身已经给定，或是通过对问题的分析与化简而确定。递推本质上也属于归纳法，工程上许多递推关系实际上是通过对实际问题的分析与归纳而得到的，因此，递推关系式往往是归纳的结果。

4．递归法

人们在解决一些复杂问题时，为了降低问题的复杂程度（如问题的规模等），总是将问题逐层分解，最后归结为一些最简单的问题。这种将问题逐层分解的过程，实际上并没有对问题进行求解，而只是当解决了最后那些最简单的问题后，再沿着分解的逆过程逐步进行综合，这就是递归的基本思想。由此可以看出，递归的基础也是归纳。

递归分为直接递归与间接递归两种。如果算法 P 直接地调用自己则称为直接递归；如果算法 P 调用另一个算法 Q，而算法 Q 又调用算法 P，则称为间接递归调用。

递归是很重要的算法设计方法之一。递归过程能将一个复杂的问题归结为若干个较简单的问题，然后将这些较简单的问题再归结为更简单的问题，这个过程可以一直持续下去，直到归结为最简单的问题为止。

有些实际问题，既可以归纳为递推算法，又可以归纳为递归算法。但递推与递归的实现方法是大不一样的。递推是从初始条件出发，逐次推出所需求的结果；而递归则是从算法本身达到递归边界的。通常，递归算法要比递推算法清晰易读，其结构比较简练。特别是在许多比较复杂的问题中，很难找到从初始条件推出所需结果的全过程，此时，设计递归算法要比递推算法容易很多，但递归算法的执行效率比较低。

5．回溯法

在工程上，有些问题很难归纳出一组简单的递推公式或直观的求解步骤，而且也不能进行无限的列举。对于这类问题，一种有效的方法是"试"。通过对问题的分析，找出一个解决问题的线索，然后沿着这个线索逐步试探，若试探成功，就能得到问题的解，若试探失败，就逐步回退，换别的路线再进行试探。这种方法称为回溯法。回溯法在处理复杂数据结构方面有着广泛的应用。

9.3.5 算法的评价

算法的好与不好，关系到整个问题解决得好与不好，一般从以下几个方面对一个算法进行评价：

1．正确性

正确性是指算法的执行结果应该满足预先规定的功能和性能要求。

2．运行时间

运行时间是指将一个算法转换成程序并在计算机上运行所花费的时间，采用"时间复杂度"来衡量，一般不必精确计算出算法的时间复杂度，只需要大致计算出相应的数量级，算法运行所花费的时间主要从 4 个方面来考虑，即硬件的速度、用来编写程序的语言、编译程序所生成的目标代码质量、问题的规模。

显然，在各种因素都不确定的情况下，很难比较算法的执行时间，也就是说，使用执行算法的绝对时间来衡量算法的效率是不合适的。为此，可以将上述各种与计算机相关的软、硬件因素（如硬件速度、所用语言、编译程序所生成的目标代码质量）都确定下来，这样，一个特定算法的运行工作量的大小就只依赖于问题的规模。

算法的时间复杂度通常记作：$T(n)=O(f(n))$。

其中，n 为问题的规模，$f(n)$ 表示算法中基本操作重复执行的次数，是问题规模 n 的某个函数。$f(n)$ 和 $T(n)$ 是同数量级的函数，大写字母 O 表示 $f(n)$ 与 $T(n)$ 只相差一个常数倍。

算法的时间复杂度用数量级的形式表示后，一般简化为分析循环体内基本操作的执行次数即可。

3．占用空间

占用空间是指执行这个算法所需要的内存空间，称为"空间复杂度"，一般以数量级形式给出。一个算法所占用的存储空间包括算法程序所占的空间、输入的初始数据所占的存储空间以及算法执行过程中所需要的额外空间。

算法的空间复杂度通常记作：$S(n)=O(f(n))$

4．可理解性

一个算法应该思路清晰、层次分明、简单明了、易读易懂。

9.4 软件工程

软件工程是随着计算机系统的发展而逐步形成的计算机科学领域中的一门新兴学科。

9.4.1 软件工程的基本概念

1．软件定义与软件特点

计算机软件是计算机系统中与硬件相互依存的另一部分，是程序数据及相关文档的完整集合。其中，程序是软件开发人员根据用户需求开发的、用程序设计语言描述的、适合计算机执行的指令（语句）序列；数据是使程序能够正常操纵信息的数据结构；文档是与程序开发、生产、维护和使用有关的图文资料。

软件在开发、生产、维护和使用等方面与计算机硬件相比存在明显的差异。软件具有如下特点：

（1）软件是一种逻辑实体，而不是物理实体，具有抽象性。
（2）软件的生产与硬件不同，它没有明显的制造过程。
（3）软件在运行、试用期间不存在磨损、老化问题。
（4）软件的开发、运行对计算机系统具有依赖性。
（5）软件复杂性高，开发和设计成本高。
（6）软件开发涉及诸多的社会因素。许多软件的开发和运行涉及软件用户的机构设置、体制问题以及管理方式等，甚至涉及人们的观念和心理、软件知识产权及法律等问题。

2．软件危机与软件工程

20 世纪 60 年代，计算机应用领域不断扩大，软件需求量急剧增长，软件规模越来越大，复杂程度不断增加，软件开发成本逐年上升，质量没有可靠的保证，而且难以维护，软件开发和生产远远跟不上计算机应用的需求。由此引发了所谓的"软件危机"。

软件危机是泛指在计算机软件的开发和维护过程中所遇到的诸如成本、质量、生产率等一系列严重问题。主要表现为：

(1) 软件开发成本和进度无法控制。开发成本高，进度不能预先估计，用户不满意。
(2) 软件产品的质量差，可靠性得不到保证。
(3) 软件产品难以维护。
(4) 软件开发生产率的提高赶不上硬件的发展和硬件需求的增长。

为解决软件开发和维护过程中的一系列问题，形成了计算机技术的一门新学科，即软件工程学，简称软件工程。软件工程就是用工程、科学和数学的原则与方法研制、维护计算机软件的有关技术及管理方法。

软件工程学的主要内容是软件开发技术和软件工程管理学。其中，软件开发技术包含了软件开发方法、软件工具和软件工程环境，软件工程管理学包含了软件工程经济学和软件管理学。

软件工程包括 3 个要素，即方法、工具和过程。方法是完成软件工程项目的技术手段；工具用于支持软件的开发、管理、文档生成；过程是软件开发各个环节的控制、管理。软件工程方法是完成软件工程项目的技术手段。它支持项目计划和估算、系统和软件需求分析、软件设计、编码、测试和维护。软件工程使用的软件工具是人类在开发软件的活动中智力和体力的扩展和延伸，它自动或半自动地支持软件的开发和管理，支持各种软件文档的生成。

3. 软件生命周期与开发模型

1）软件生命周期

软件的生命周期，通常是指软件产品从提出、实现、使用维护到停止使用（退役）的全过程，即指从考虑软件产品的概念开始，到该软件产品终止使用的整个时期。一般包括问题定义、可能性研究、需求分析、设计、实现、测试、交付使用以及维护活动，如图 9-22 所示，这些活动可以重复，执行时也可以有迭代。

软件生命周期还可以概括分为软件定义、软件开发及软件运行维护 3 个阶段。软件生命周期的主要活动阶段有：

(1) 问题定义。确定系统"解决什么问题"，明确任务。

(2) 可行性研究与计划制定。可行性研究包括经济可行性、技术可行性、法律可行性和开发方案的

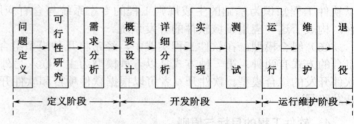

图 9-22 软件生命周期

选择。在对软件系统进行调研和可行性讨论的基础上制定初步的项目开发计划。

(3) 需求分析。指用户对待开发软件系统在功能、行为、性能、设计约束等方面提出的需求进行分析并给出详细定义。编写软件规格说明书及初步的用户手册，提交评审。

(4) 软件设计。系统设计人员和程序设计人员应在反复理解用户需求的基础上给出软件的结构、模块的划分、功能的分配及处理流程。在系统比较复杂的情况下，设计阶段可分解成概要设计阶段和详细设计阶段。编写概要设计说明书、详细设计说明书和测试计划初稿，提交评审。

(5) 软件实现。把软件设计转换成计算机可以接受的程序代码，即完成源程序的编码。编写用户手册、操作手册等面向用户的文档，编写单元测试计划。

(6) 软件测试。在设计测试用例的基础上，先测试软件的每个模块，然后再集成测试，最后在用户的参与下进行验收测试和系统测试，编写测试分析报告。

(7) 运行和维护。将软件交付给用户运行使用，并在运行使用中不断的维护，根据用户新提出的需求进行必要而且可能的扩充和删改。

2）软件开发模型

软件开发模型给出了软件开发活动各个阶段之间的关系。它是软件开发过程的概括，是软件工程的重要内容。软件开发模型主要有：

(1) 瀑布模型：也称为软件生存周期模型，它根据软件生存周期各个阶段的任务，从可行性研

究开始逐步进行阶段性变换，直至通过确认测试并得到用户确认的软件产品为止。此模型用于面向过程的结构化分析、结构化设计、结构化编程、结构化测试、结构化维护方法，即面向过程的软件开发方法。

（2）演化（原型）模型：由于在项目开发的初始阶段，人们对软件的需求认识常常不够清晰，因而使得开发项目难以做到一次开发成功。软件开发人员根据用户提出的软件定义，快速的开发一个原型，它向用户展现了待开发软件系统的全部或部分功能和性能，在征求用户对原型意见的过程中，进一步修改、完善确认软件系统的需求，并达到一致意见。用演化模型进行软件开发可以快速适应用户需求和多变的环境要求。

（3）螺旋（迭代）模型：是瀑布模型与原型模型的结合，不仅体现了两个模型的优点，而且增加了新的"风险分析"部分。螺旋模型由需求定义、风险分析、工程实现、评审4个部分组成。软件开发过程每迭代一次，软件开发推进一个层次，系统又生成一个新版本，而软件开发的时间和成本又有了新的投入。最后总能够得到一个用户满意的软件版本。在实际开发中只有降低迭代次数，减少每次迭代的工作量，才能降低软件开发的时间和成本。

（4）喷泉模型：瀑布模型的不足之处在于，它对软件复用和生存期中多项开发活动的集成并未提供支持，因而难以支持面向对象的开发方法。"喷泉"体现了迭代和无间隙特性。迭代是指系统中某个部分常常重复工作多次，相关功能在每次迭代中随之加入演进的系统。无间隙是指在开发活动（即分析、设计及编码）之间不存在明显的边界。

（5）智能模型：也称为基于知识的软件开发模型，它综合了上述若干模型，并结合了专家系统。该模型应用于规则的系统，采用归约和推理机制，帮助软件人员完成开发工作，并使维护在系统规格说明一级进行。为此，建立了知识库，将模型、软件工程知识与特定领域的知识分别存入数据库。以软件工程知识为基础的生成规则工程的专家系统与含有应用领域知识规则的其他专家系统相结合，构成了这一应用领域软件的开发系统。

（6）组合模型：在软件工程实践中，经常将几种模型组合在一起，配套使用，形成组合模型。组合的方式有两种：第一种方式是以一种模型为主，嵌入另外一种或几种模型；第二种方式是建立软件开发的组合模型。软件开发者可以根据软件项目和软件开发环境的特点，选择一条或几条软件开发路径。

4．软件工程的目标与原则

1）软件工程的目标

软件工程的目标是在给定成本、进度的前提下，开发出具有有效性、可靠性、可理解性、可维护性、可重用性、可适应性、可移植性、可追踪性和客户操作性且满足用户需求的产品。追求这些目标有助于提高软件产品的质量和开发效益，减少维护的困难。

2）软件工程的原则

为了达到软件工程的目标，在软件开发过程中，必须遵循软件工程的基本原则。基本原则包括抽象、信息隐蔽、模块化、局部化、确定性、一致性、完备性和可验证性。

（1）抽象：抽取事物最基本的特性和行为，忽略非本质细节。采用分层次抽象、自顶向下、逐层细化的办法，控制软件开发过程的复杂性。

（2）信息屏蔽：采用封装技术，将程序模块的实现细节隐藏起来，使模块接口尽量简单。

（3）模块化：模块是程序中相对独立的成分，一个独立的编程单位，应该有良好的接口定义。模块的大小要适中。

（4）局部化：要求在一个物理模块内集中逻辑上相互关联的计算资源，保证模块间具有松散的耦合关系，模块内部有较强的内聚性。

（5）确定性：软件开发过程中所有概念的表达应是确定的、无歧意且规范的。

（6）一致性：包括程序、数据和文档的整个软件的各模块，应使用已知的概念、符号和术语。程序内外部接口应保持一致，系统规格说明与系统行为保持一致。

(7) 完备性：软件系统不丢失任何重要部分，完全实现系统所需的功能。

(8) 可验证性：开发大型软件系统需要对系统自顶向下、逐层分解。系统分解应遵循易检查、易测评、易评审的原则，以确保系统的正确性。

5. 软件开发工具与软件开发环境

现代软件工程方法之所以得以实施，其重要的保证是软件开发工具和环境的保证，使软件在开发效率、工程质量等多方面得到改善。软件工程鼓励研制和采用各种先进的软件开发方法、工具和环境。工具和环境的使用进一步提高了软件的开发效率、维护效率和软件质量。

1) 软件开发工具

早期的软件开发除了一般的程序设计语言以外，缺少工具的支持，致使编程工作量很大，质量和进度难以保证，人们将很多精力和时间花费在程序的编制和调试上，而在更重要的软件的需求和设计上反而得不到必要的精力和时间投入。软件开发工具的完善和发展将促进软件开发方法的进步和完善，提高了软件开发的效率和质量。软件开发工具的发展是从单项工具逐步向集成工具发展的，软件开发工具为软件工程方法提供了自动的或半自动的软件支撑环境。同时，软件开发方法的有效应用也必须得到相应工具的支持，否则方法将难以有效的实施。

2) 软件开发环境

软件开发环境或称软件工程环境，是全面支持软件开发全过程的软件工具集合。这些软件工具按照一定的方法或模式组合起来，支持软件生命周期内的各个阶段和各项任务的完成。

计算机辅助软件工程（Computer Aided Software Engineering，CASE）是当前软件开发环境中富有特色的研究工作和发展方向。CASE 将各种软件工具、开发机器和一个存放开发过程信息的中心数据库组合起来，形成软件工程环境。CASE 的成功产品将最大限度的降低软件开发的技术难度并使软件开发的质量得到保证。

9.4.2 软件开发方法

软件工程中的开发方法又称为软件工程方法论。软件工程中的开发方法主要有 3 种：即面向过程的方法、面向对象的方法和面向数据的方法。

1. 面向过程的方法

面向过程的方法包括面向过程需求分析、面向过程设计、面向过程编程、面向过程测试、面向过程维护和面向过程管理。面向过程的方法又称结构化方法，包括结构化分析、结构化设计、结构化编程、结构化测试和结构化维护。这种方法包括：面向结构化数据系统的开发方法（Data Structured System Development Method，DSSD）、面向可维护性和可靠性设计的 Parnas 方法、面向数据结构设计的 Jackson 方法等。这些方法在宏观上都属于面向过程的方法，支持这些方法的是面向过程的结构化编程语言。面向过程的方法开始于 20 世纪 60 年代，成熟于 70 年代，盛行于 80 年代。该方法的基本特点是：分析设计中强调"自顶向下"、"逐步求精"，编程实现时强调程序的"单入口和单出口"。这种方法在国内曾经十分流行，被大量应用。

面向过程方法的特点是程序的执行过程不由用户控制，完全由程序控制。

2. 面向对象的方法

面向对象的方法包括面向对象需求分析、面向对象设计、面向对象编程、面向对象测试、面向对象维护和面向对象管理。面向对象，或者说面向类的方法开始于 20 世纪 80 年代，兴起于 20 世纪 90 年代，并逐步走向成熟。面向对象方法的基本特点是：将对象的属性和方法封装起来，形成信息系统的基本执行单位，再利用对象的继承特征，由基本执行单位派生出其他执行单位，从而产生许多新的对象。众多的离散对象通过事件或消息连接起来，就形成了现实生活中的软件系统。

有专家曾经提出用下面的等式来认识面向对象的方法：

面向对象＝对象＋类＋继承＋消息

这就是说，在分析、设计、实现中用到"对象、类、继承、消息"这4个基本概念，这就是面向对象的方法。

面向对象方法的特点是程序的执行过程不由程序控制，完全由用户交互控制。

面向对象作为软件系统的一种实现思想和编程方法，它功能强大、编程效率高，但仍在不断完善和改进。例如，美国Rational公司推出了一个面向对象设计的CASE工具ROSE（Rational Object Oriented System Engineering），它执行统一建模语言UML标准，并能够与数据库设计工具和编程工具配合，产生程序代码，以生成用户所需的软件系统。面向对象的方法将是软件工程方法中的主流。

面向对象的方法在电子商务中广泛采用，如网站前台界面的制作，信息的发布和处理，用户在网上浏览和录入信息等应用软件都是利用面向对象的方法设计与实现的，个人网页的制作也是面向对象方法的应用例子。窗口操作系统与互联网的出现，为面向对象的方法开辟了无限的前景。

3．面向数据的方法

面向数据的方法，也称为面向元数据（Metadata）的方法。元数据是关于数据的数据，组织数据的数据。例如，数据库概念设计中的实体名和属性名、数据库物理设计中的表名和字段名就是元数据。而具体的一个特定的实例，就不是元数据，它们叫做对象或记录，是被元数据组织或统帅的数据。面向数据的方法开始于20世纪80年代，成熟于90年代。90年代中期，Sybase和Oracle公司的CASE工具Power Designer和Designer2000的出现，宣告这种设计方法已经进入工程化、规范化、自动化和实用化阶段，因为CASE工具中隐含了这种方法。概括起来，面向数据方法的要点是：

（1）数据位于企业信息系统的中心。信息系统用于对数据的输入、处理、传输、查询和输出。

（2）只要企业的业务方向和内容不变，企业的元数据就是稳定的，由元数据构成的数据模型也是稳定的。

（3）对元数据的处理方法是可变的。用不变的元数据支持可变的处理方法，即以不变应万变，这就是企业信息系统工程的基本原理。

（4）企业信息系统的核心是数据模型。

（5）信息系统的实现（编码）方法主要是面向对象，其次才是面向数据和面向过程。

（6）用户自始至终参与信息系统的分析、设计、实现与维护。

面向数据方法的特点是：程序的执行过程中，根据数据流动和处理的需要，有时由程序员控制（如数据库服务器上触发器和存储过程的执行），有时由用户控制（如用户浏览层上控件的选择与执行）。

面向数据方法的优点是通俗易懂，因此特别适合信息系统中数据层（数据库服务器）的设计与实现。

9.4.3 软件测试

1．测试的目的

1983年IEEE（Institute of Electrical & Electronic Engineering）将软件测试定义为：实用人工或自动手段来运行或测定某个系统的过程，其目的在于检验它是否满足规定的需求或弄清预期结果与实际结果的差别。

软件测试是为了发现错误而执行程序的过程，测试要以查找错误为中心，而不是为了演示软件的正确功能。一个好的测试用例在于能发现至今尚未发现的错误，一个成功的测试是发现了至今尚未发现的错误的测试。

2. 测试的方法

软件测试的方法有多种，可以从不同的角度加以分类。按软件测试的性质来分，可分为静态测试和动态测试。静态测试又分为文档测试和代码测试，动态测试又称为运行程序测试，可分为黑盒测试和白盒测试。

1）静态测试

静态测试就是测试人员（包括程序员、分析员）阅读、分析文档或源程序及批注时所发现的问题。

2）动态测试

动态测试是基于计算机的测试，就是在计算机或网络上运行被测试的系统，按照事先规定的测试计划，运行事先准备的测试用例，取得运行的数据，再将此数据与测试计划中的计划数据相比较。若两者一致，则测试通过；否则发现错误，并找出错误。

（1）白盒测试。也称为结构测试或逻辑驱动测试。它是根据软件产品的内部工作过程，检查内部成分，以确认每种内部操作符合设计规格要求。白盒测试将测试对象看作一个打开的盒子，允许测试人员利用程序内部的逻辑结构及有关信息来设计或选择测试用例，对程序所有的逻辑路径进行测试。通过在不同点检查程序的状态来了解实际的运行状态是否与预期一致。所以，白盒测试是在程序内部进行的，主要用于完成软件内部操作的验证。

白盒测试的基本原则是：保证所有测试模块中每一独立路径至少执行一次，保证所测模块所有判断的每一分支至少执行一次，保证所测模块每一循环都在边界条件和一般条件下至少各执行一次，验证所有内部数据结构的有效性。

（2）黑盒测试。也称为功能测试或数据驱动测试。黑盒测试是对软件已经实现的功能是否满足需求进行测试和验证。黑盒测试完全不考虑程序内部的逻辑结构和内部特性，只依据程序的需求和功能规格说明，检查程序的功能是否符合它的功能说明。因此，黑盒测试是在软件接口处进行，完成功能验证。黑盒测试只检查程序功能是否按照需求规格说明书的规定正常使用，程序是否能适当地接收输入数据而产生正确的输出信息，并且保持外部信息（如数据库或文件）的完整性。

黑盒测试主要用于诊断功能差异或遗漏、界面错误、数据结构或外部数据库访问错误、性能错误、初始化和终止条件错误等。

实际上，无论是使用白盒测试或是黑盒测试或其他测试方法，针对一种方法设计的测试用例，仅仅是易于发现某种类型的错误，对其他类型的错误不易发现。因此，没有一种用例设计方法能适应全部的测试方案，而是各有所长。综合使用各种方法来确定合适的测试方案，应该考虑在测试成本和测试效果之间的一个合理折中。

3. 测试的策略

软件测试过程一般按 4 个步骤进行，即单元测试、集成测试、验收测试（确认测试）和系统测试。通过这些步骤的实施来验证软件是否合格，能否交付用户使用。

1）单元测试

单元测试是对软件设计的各模块进行正确性验证的测试。单元测试的目的是发现各种模块内部可能存在的各种错误。

2）集成测试

集成测试是测试和组装软件的过程。它是在将模块按照设计要求组装起来的同时进行测试，主要目的是发现与接口有关的错误。

3）确认测试

确认测试的任务是验证软件的功能和性能是否满足了需求规格说明中确定的各种需求，以及软件配置是否完全正确。

4）系统测试

系统测试是将通过测试确认的软件，作为整个基于计算机系统的一个元素，与计算机硬件、外设、支持软件、数据和人员等其他系统元素组合在一起，在实际运行环境下对计算机系统进行一系列的集成测试和确认测试。

9.4.4 软件维护

软件维护是指在软件产品安装、运行并交付给用户使用之后，在新版本产品升级之前这段时间里由软件厂商向用户提供的服务工作。

软件维护是软件交付之后的一项重要的日常工作，软件项目或产品的质量越高，其维护的工作量就越小。随着软件开发技术、软件管理技术和软件支持工具的发展，软件维护中的许多观念正在发生变化，维护的工作量也在逐步减轻。

1. 传统的软件维护

传统软件维护活动根据起因分为纠错性维护、适应性维护、完善性维护、预防性维护 4 类。

（1）纠错性维护。产品或项目中存在缺陷或错误，在测试和验收时未发现，到了使用过程中逐渐暴露出来，需要改正。

（2）适应性维护。这类维护是为了产品或项目适应变化了的硬件、系统软件的运行环境，如系统升级。

（3）完善性维护。这类维护是为了给软件系统增加一些新的功能，使产品或项目的功能更加完善与合理，又不至于对系统进行伤筋动骨的改造，这类维护占维护活动的大部分。

（4）预防性维护。这类维护是为了提高产品或项目的可靠性和可维护性，有利于系统的进一步改造或升级换代。

2. 目前的软件维护

随着软件开发模型、软件开发方法、软件支持过程和软件管理过程 4 个方面技术的飞速发展，软件维护的方法也随之发展。目前软件企业一般将自己的软件产品维护活动分为面向缺陷维护（程序级维护）和面向功能维护（设计级维护）两类。

面向缺陷维护的条件是：该软件产品能够正常运转，可以满足用户的功能、性能、接口需求，只是维护前在个别地方存在缺陷，使用户感到不方便，但不影响大局，因此维护前可以降级使用，经过维护后仍然是合格产品。存在缺陷的原因是各种各样的，但是缺陷发生的部位都在程序实现的级别上，不在分析设计的级别上。克服缺陷的方法是修改程序，而不是修改设计，也就是通常说的只修改代码，不修改数据结构。

面向功能维护的条件是：该软件产品在功能、性能、接口上存在某些不足，不能满足用户的某些需求，因此需要增加某些功能、性能和接口。这样的软件产品若不加以维护，就不能正常运转，也不能降级使用。存在不足的原因是多种多样的，但是不足发生的部位都在分析设计的级别上，自然也表现在程序实现的级别上。克服不足的方法是不仅要修改分析与设计，而且也要修改程序实现，也就是通常说的既修改数据结构，又修改编码。

由此可见，面向缺陷维护是较小规模的维护，面向功能维护是较大规模的维护。

3. 软件维护与软件产品版本升级

软件维护与软件产品版本升级有一定的关系，若小规模维护前的版本号为 V1.00，则小规模维护后的版本号为 V1.01，若大规模维护前的版本号为 V1.01，则大规模维护后的版本号为 V1.11。一般而言，版本号中小数点的左侧第一位，用于表示该软件产品的第几个版本，版本号中小数点的右侧第一位，用于表示该版本的大修改次数，版本号中小数点右侧的第二位，表示该版本的小修改次数。只有当该软件产品的运行环境发生改变时，或者该软件产品的功能变化超过 30%时，其版本才能升级，此时，版本号中小数点的左一位才能加 1，例如：由 V1.11 变为 V2.00。

参 考 文 献

[1] 焦家林. 大学计算机应用基础教程[M]. 北京：清华大学出版社，2014.3
[2] 杨俊，金一宁，韩雪娜. 大学计算机基础教程[M]. 北京：科学出版社，2014.2
[3] 田婧，付合军. 计算机应用基础[M].重庆：重庆大学出版社，2014.2
[4] 何振林，罗奕. 大学计算机基础3版：Windows 7 和 Office 2010 环境. 北京：水利水电出版社，2014.1
[5] 齐迎春. 计算机应用基础教程[M].北京：北京交通大学出版社，2014.1
[6] 刘瑞新. 大学计算机基础 Windows 7+Office 2010．3 版．北京：机械工业出版社，2014.1
[7] 尤晓东. 大学计算机应用基础[M].3 版．北京：中国人民大学出版社，2013.10
[8] 王新，孙雷. 大学计算机基础[M].北京：清华大学出版社，2013.10
[9] 彭慧卿，李玮. 大学计算机基础[M].2 版：Windows 7+Office 2010．北京：清华大学出版社，2013.9
[10] 冉兆春，张家文. 大学计算机应用基础：Windows 7+Office 2010．北京：人民邮电出版社，2013.9
[11] 朱凤明，王如荣. 计算机应用基础：Windows7+Office 2010．北京：化学工业出版社，2013.10
[12] 张爱民，陈炯. 计算机应用基础[M]：Windows 7+Office 2010．北京：电子工业出版社，2013.9
[13] 陆丽娜. 计算机应用基础[M].2 版．西安：西安交通大学出版社，2013.8

反侵权盗版声明

电子工业出版社依法对本作品享有专有出版权。任何未经权利人书面许可，复制、销售或通过信息网络传播本作品的行为；歪曲、篡改、剽窃本作品的行为，均违反《中华人民共和国著作权法》，其行为人应承担相应的民事责任和行政责任，构成犯罪的，将被依法追究刑事责任。

为了维护市场秩序，保护权利人的合法权益，我社将依法查处和打击侵权盗版的单位和个人。欢迎社会各界人士积极举报侵权盗版行为，本社将奖励举报有功人员，并保证举报人的信息不被泄露。

举报电话：（010）88254396；（010）88258888
传　　真：（010）88254397
E-mail：　dbqq@phei.com.cn
通信地址：北京市万寿路173信箱
　　　　　电子工业出版社总编办公室
邮　　编：100036